工业和信息化
精品系列教材

Web 前端开发系列丛书

JavaScript+ jQuery

交互式 Web 前端开发 第2版

黑马程序员 ● 编著

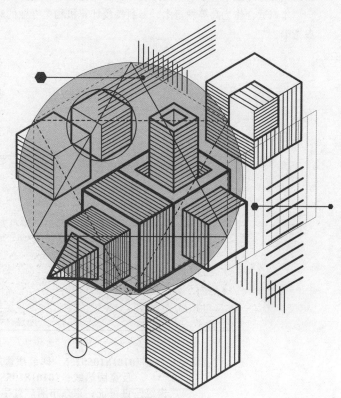

人民邮电出版社

北 京

图书在版编目（CIP）数据

JavaScript+jQuery交互式Web前端开发 / 黑马程序员编著. -- 2版. -- 北京 : 人民邮电出版社, 2024.4
工业和信息化精品系列教材
ISBN 978-7-115-63379-8

Ⅰ. ①J… Ⅱ. ①黑… Ⅲ. ①JAVA语言－网页制作工具－高等学校－教材 Ⅳ. ①TP312.8②TP393.092.2

中国国家版本馆CIP数据核字(2024)第051239号

内 容 提 要

本书是一本入门级的 Web 前端开发教材，以通俗易懂的语言、丰富实用的案例，帮助初学者快速掌握 JavaScript 技术和 jQuery 技术，并能够运用 JavaScript 技术和 jQuery 技术开发交互式 Web 前端项目。

全书共 12 章。第 1~5 章讲解 JavaScript 的基础知识；第 6~8 章讲解 DOM 和 BOM 的相关知识；第 9 章和第 10 章讲解 jQuery 的相关知识和使用方法；第 11 章讲解 JavaScript 面向对象的相关知识；第 12 章讲解正则表达式的使用。

本书配套丰富的教学资源，包括教学 PPT、教学大纲、教学设计、源代码、习题及答案等，为了帮助读者更好地学习本书中的内容，作者还提供了在线答疑服务。

本书适合作为高等教育本、专科院校计算机相关专业的教材，也可作为 Web 前端开发爱好者的参考书。

◆ 编　　著　黑马程序员
　　责任编辑　范博涛
　　责任印制　焦志炜

◆ 人民邮电出版社出版发行　　　　北京市丰台区成寿寺路 11 号
　　邮编　100164　　电子邮件　315@ptpress.com.cn
　　网址　https://www.ptpress.com.cn
　　三河市君旺印务有限公司印刷

◆ 开本：787×1092　1/16
　　印张：15.5　　　　　　　　　2024 年 4 月第 2 版
　　字数：374 千字　　　　　　　2024 年 4 月河北第 1 次印刷

定价：59.80 元

读者服务热线：(010)81055256　印装质量热线：(010)81055316
反盗版热线：(010)81055315
广告经营许可证：京东市监广登字 20170147 号

FOREWORD

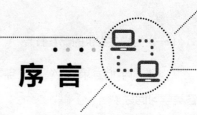

序 言

本书的创作公司——江苏传智播客教育科技股份有限公司（简称"传智教育"）作为我国第一个实现 A 股 IPO 上市的教育企业，是一家培养高精尖数字化专业人才的公司，主要培养人工智能、大数据、智能制造、软件开发、区块链、数据分析、网络营销、新媒体等领域的人才。传智教育自成立以来贯彻国家科技发展战略，讲授的内容涵盖了各种前沿技术，已向我国高科技企业输送数十万名技术人员，为企业数字化转型、升级提供了强有力的人才支撑。

传智教育的教师团队由一批来自互联网企业或研究机构，且拥有 10 年以上开发经验的 IT 从业人员组成，他们负责研究、开发教学模式和课程内容。传智教育具有完善的课程研发体系，一直走在整个行业的前列，在行业内树立了良好的口碑。传智教育在教育领域有 2 个子品牌：黑马程序员和院校邦。

一、黑马程序员——高端 IT 教育品牌

黑马程序员的学员多为大学毕业后想从事 IT 行业，但各方面的条件还达不到岗位要求的年轻人。黑马程序员的学员筛选制度非常严格，包括了严格的技术测试、自学能力测试、性格测试、压力测试、品德测试等。严格的筛选制度确保了学员质量，可在一定程度上降低企业的用人风险。

自黑马程序员成立以来，教学研发团队一直致力于打造精品课程资源，不断在产、学、研 3 个层面创新自己的执教理念与教学方针，并集中黑马程序员的优势力量，有针对性地出版了计算机系列教材百余种，制作教学视频数百套，发表各类技术文章数千篇。

二、院校邦——院校服务品牌

院校邦以"协万千院校育人、助天下英才圆梦"为核心理念，立足于中国职业教育改革，为高校提供健全的校企合作解决方案，通过原创教材、高校教辅平台、师资培训、院校公开课、实习实训、协同育人、专业共建、"传智杯"大赛等，形成了系统的高校合作模式。院校邦旨在帮助高校深化教学改革，实现高校人才培养与企业发展的合作共赢。

（一）为学生提供的配套服务

1. 请同学们登录"传智高校学习平台"，免费获取海量学习资源。该平台可以帮助同学们解决各类学习问题。

2. 针对学习过程中存在的压力过大等问题，院校邦为同学们量身打造了 IT 学习小助手——邦小苑，可为同学们提供教材配套学习资源。同学们快来关注"邦小苑"微信公众号。

（二）为教师提供的配套服务

1. 院校邦为其所有教材精心设计了"教案+授课资源+考试系统+题库+教学辅助案例"的系列教学资源。教师可登录"传智高校教辅平台"免费使用。

2. 针对教学过程中存在的授课压力过大等问题，教师可添加"码大牛"QQ（2770814393），或者添加"码大牛"微信（18910502673），获取最新的教学辅助资源。

前　言　PREFACE

　　本书在编写的过程中，结合党的二十大精神进教材、进课堂、进头脑的要求，将知识教育与素质教育相结合，通过案例加深学生对知识的认识与理解，注重培养学生的创新精神、实践能力和社会责任感。案例设计从现实需求出发，激发学生的学习兴趣，着力于提高学生动手实践的能力，充分发挥学生的主动性和积极性，增强其学习信心和学习欲望。本书在知识和案例中融入了素质教育的相关内容，引导学生树立正确的世界观、人生观和价值观，进一步提升学生的职业素养，落实德才兼备的高素质卓越工程师和高技能人才的培养要求。此外，编者依据书中的内容提供了线上学习资源，体现现代信息技术与教育教学的深度融合，进一步推动教育数字化发展。

　　本书在《JavaScript+jQuery交互式Web前端开发》第1版的基础上进行改版，对原教材的技术、知识点、案例都进行了优化升级，主要改动如下。

　　（1）将jQuery的版本从3.3.1升级到3.6.4。

　　（2）目录结构更加清晰，各章学习目标更加明确，知识点讲解的顺序更加合理。

　　（3）选取的案例更加贴合实际开发场景，且融入素质教育元素，提升读者的学习兴趣。

◆ 为什么要学习本书

　　本书面向具有网页设计基础知识（HTML、CSS）的人群，主要讲解如何将JavaScript和jQuery技术与网页设计基础知识相结合，开发具有较强交互性的网页。

　　本书采用"知识讲解+案例实践"的内容架构，有效地引导读者将学过的知识点进行串联，培养读者分析问题和解决问题的综合能力，帮助读者理解和掌握相关知识和开发技巧。

◆ 如何使用本书

　　全书共12章，各章内容介绍如下。

　　• 第1章为初识JavaScript，主要讲解JavaScript基本概念、开发工具、基本使用和变量。通过本章的学习，读者能够对JavaScript形成初步的认识，并能够使用Visual Studio Code编辑器编写代码。

　　• 第2章讲解JavaScript的基础知识，包括数据类型、数据类型转换、运算符和流程控制。通过本章的学习，读者能够掌握各种数据类型的使用方法，以及不同数据类型的转换，此外，还能够使用常用的运算符和流程控制语句编写简单的程序。

　　• 第3~5章讲解数组、函数和对象。通过这3章的学习，读者不仅可以将数据整理成数组，而且可以将特定功能封装成函数，以及通过使用对象来提升编写代码的质量。

　　• 第6章和第7章讲解DOM的相关知识。通过这两章的学习，读者能够熟练操作页面中的元素，开发网页中常见的特效。

　　• 第8章讲解BOM的相关知识。通过本章的学习，读者能够使用BOM对象中的属性和方法来实现窗口事件，以及掌握对定时器的相关操作。

● 第 9 章和第 10 章讲解 jQuery 的相关知识。通过这两章的学习，读者不仅能够掌握如何使用 jQuery 选择器获取元素，而且能够掌握 jQuery 的内容操作、样式操作、属性操作、元素操作、尺寸操作、位置操作和事件操作，并学会为元素设置动画效果。

● 第 11 章讲解 JavaScript 面向对象的相关知识。通过本章的学习，读者能够了解面向过程与面向对象的区别、熟悉面向对象的特征等，并学会运用面向对象思想进行项目开发的方法。

● 第 12 章讲解正则表达式的相关知识。通过本章的学习，读者能够掌握正则表达式的书写方法，以及如何使用正则表达式来完成 Web 开发中字符串格式的验证。

在学习过程中，读者一定要亲自动手实践本书中的案例，学习完一个知识点后，要及时进行测试，以巩固学习内容。如果在学习的过程中遇到问题，建议读者多思考、厘清思路、认真分析问题发生的原因，并在问题解决后总结经验。

◆ 致谢

本书的编写和整理工作由江苏传智播客教育科技股份有限公司完成，主要参与人员有高美云、韩冬、全建玲等。全体编写人员在编写过程中付出了很多辛勤的汗水，在此向大家表示由衷的感谢。

◆ 意见反馈

尽管编者付出了最大的努力，但本书中难免会有疏漏或不妥之处，欢迎读者朋友们提出宝贵意见。读者在阅读本书时，如果发现任何问题或不认同之处，可以通过电子邮件与编者联系。请发送电子邮件至 itcast_book@vip.sina.com。

黑马程序员
2024 年 3 月于北京

目 录
CONTENTS

第1章

初识JavaScript

学习目标

★ 了解 JavaScript 基本概念，能够描述 JavaScript 的用途、由来、组成和特点

★ 了解浏览器的组成，能够描述浏览器的特点以及作用

★ 掌握下载和安装代码编辑器的方法，能够独立下载和安装代码编辑器

★ 掌握 JavaScript 代码引入方式，能够灵活运用行内式、内部式、外部式的方式引入 JavaScript 代码

★ 掌握 JavaScript 常用的输入输出语句，能够灵活运用 prompt()、alert()、document.write()、console.log() 语句

★ 掌握 JavaScript 注释的使用，能够合理运用单行注释、多行注释增强代码的可读性

★ 了解什么是变量，能够描述变量的概念

★ 掌握变量的命名规则，能够根据变量的命名规则为变量命名

★ 掌握变量的声明与赋值，能够声明变量并为其赋值

Web 前端开发必备的技术包括 HTML（Hypertext Markup Language，超文本标记语言）、CSS（Cascading Style Sheets，串联样式表）和 JavaScript。HTML 和 CSS 用于创建美观且易于理解的网页布局和页面样式，但对于具有交互性和动态性的网页，JavaScript 是必不可少的。因此，学习 Web 前端开发并实现更为复杂的交互效果和功能不仅需要掌握 HTML 和 CSS 的基础知识，还需要掌握 JavaScript 技术。本章将介绍 JavaScript 基本概念、JavaScript 开发工具、JavaScript 基本使用和变量等内容，让读者对 JavaScript 有初步的认识。

1.1 JavaScript 基本概念

1.1.1 JavaScript 概述

JavaScript 是 Web 前端开发中用到的一门编程语言，最初主要用于开发交互式的网页，但随着技术的发展，JavaScript 的应用范围已经变得更加广泛，它还可以用来开发服务器应用、桌面应用或者移动应用。许多 JavaScript 库、框架和软件，如 jQuery、Node.js、Vue.js、

Electron、微信小程序等，丰富了其生态。

在网页中，HTML、CSS 和 JavaScript 分别代表网页的结构、样式和行为。HTML、CSS 和 JavaScript 的说明如表 1-1 所示。

表 1-1　HTML、CSS 和 JavaScript 的说明

语言	说明
HTML	决定网页的结构，相当于人的身体
CSS	决定网页呈现给用户的模样，相当于人的衣服、妆容
JavaScript	实现业务逻辑和页面控制，决定网页的行为，相当于人的各种动作

利用 JavaScript 可以实现网页中的许多交互效果，例如轮播图、选项卡、表单验证等。此外，利用 JavaScript 还可以实现网页从服务器动态获取数据，例如，用户在百度搜索引擎网站中进行搜索时，在搜索框中输入需要搜索的关键词后，网页会通过服务器智能感知用户将要搜索的内容，服务器接收到用户发出的请求后进行相应处理，并将感知结果显示到网页中。

在学习 JavaScript 时，我们应该保持认真钻研、锲而不舍的学习态度，同时也应该意识到，学习一门技术不仅仅是为了获得利益，更重要的是为社会发展作出贡献。

1.1.2　JavaScript 的由来

1995 年，网景通信公司（Netscape Communications Corporation，简称网景公司）的创始人认为网页需要一种"胶水语言"，让网页设计师和兼职程序员可以很容易地组装图片和插件之类的组件，且相关代码可以直接编写在 HTML 代码中，于是网景公司招募了工程师，为网景导航者（Netscape Navigator）浏览器开发了 JavaScript 语言。

1996 年，网景公司在网景导航者 2.0 浏览器中正式内置了 JavaScript 语言。其后，微软公司（Microsoft Corporation）开发了一种与 JavaScript 语言相近的 JScript 语言，内置于 Internet Explorer 3.0 浏览器，与网景导航者浏览器竞争。后来，网景公司面临丧失 JavaScript 语言的主导权的局面，决定将 JavaScript 语言提交给 Ecma 国际（Ecma International，前身为欧洲计算机制造商协会，即 European Computer Manufacturers Association，现名称并非为首字母缩略词），希望 JavaScript 能够成为国际标准。

Ecma 国际是一个国际性会员制的信息和电信标准组织，该组织发布了 ECMA-262 标准文件，规定了浏览器脚本语言的标准，并将这种语言称为 ECMAScript。JavaScript 和 JScript 可以理解为 ECMAScript 的实现和扩展。

需要说明的是，JavaScript 语言和 Java 语言名称比较相似，这是因为网景公司在为 JavaScript 命名时，考虑到该公司与 Java 语言的开发商 Sun 公司（2009 年被 Oracle 公司收购）的合作关系。然而，JavaScript 和 Java 只是名字相似，本质上是两种不同的语言。

1.1.3　JavaScript 的组成

JavaScript 是由 ECMAScript、DOM、BOM 这 3 部分组成的。JavaScript 的组成部分如图 1-1 所示。

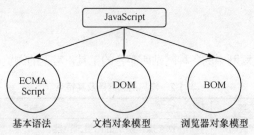

图1-1　JavaScript的组成部分

下面对 JavaScript 的组成部分进行介绍。

- ECMAScript：规定了 JavaScript 的编程语法和基础核心内容，是浏览器厂商共同遵守的一套 JavaScript 语法工业标准。
- DOM（Document Object Model）：文档对象模型，是 W3C（World Wide Web Consortium，万维网联盟）组织制定的用于处理 HTML 文档和 XML（eXtensible Markup Language，可扩展标记语言）文档的编程接口，它提供了对文档的结构化表述，并定义了一种方式使程序可以对该结构进行访问，从而改变文档的结构、样式和行为。
- BOM（Browser Object Model）：浏览器对象模型，是一套编程接口，用于对浏览器进行操作，如刷新页面、弹出警告框、控制页面跳转等。

1.1.4　JavaScript 的特点

JavaScript 具有简单易用、跨平台、面向对象的特点，下面分别对 JavaScript 的 3 个特点进行介绍。

1. 简单易用

编程语言通常分为脚本语言和非脚本语言，JavaScript 是脚本语言（Script Language）中的一种，它的语法规则比较松散，使开发人员能够快速编写程序。使用非脚本语言（如 C、C++）编写的代码一般需要编译、链接，生成独立的可执行文件后才能执行，而使用脚本语言编写的代码可以直接由解释器执行，不需要生成独立的可执行文件。由于脚本语言只在被调用时自动进行解释或编译，所以具有简单易用的特点。

2. 跨平台

JavaScript 不依赖特定的操作系统，仅需要浏览器的支持。无论用户使用的操作系统是 Windows、Linux、macOS 还是 Android、iOS，只要这些操作系统中安装了支持 JavaScript 的浏览器，就可以运行 JavaScript 代码。

3. 面向对象

面向对象是软件开发中的一种重要的编程思想。JavaScript 为面向对象提供了支持，使开发者能够通过面向对象思想进行编程。许多优秀的库和框架的诞生都离不开面向对象思想。面向对象使 JavaScript 开发变得快捷、高效，还可以降低开发成本。

1.2　JavaScript 开发工具

JavaScript 的开发工具主要包括浏览器和代码编辑器。浏览器用于运行、调试 JavaScript 代码，代码编辑器用于编写代码。本节将对浏览器和代码编辑器进行讲解。

1.2.1　浏览器

浏览器是用户访问互联网中的各种网站所必备的工具，常见的浏览器及其特点如表 1-2 所示。

表 1-2　常见的浏览器及其特点

浏览器	厂商	特点
Internet Explorer	微软公司	Windows 操作系统的内置浏览器
Edge	微软公司	Windows 10 操作系统新增的浏览器，响应速度更快、功能更多
Chrome	谷歌公司	目前市场占有率较高的浏览器，具有简洁、快速的特点
Firefox	Mozilla 公司	由 Mozilla 开发的网页浏览器，安全性高、占用系统资源少
Safari	苹果公司	主要应用在 iOS、macOS 操作系统中

在表 1-2 列举的浏览器中，Internet Explorer（简称 IE）浏览器曾经有较高的市场份额，但因为跟不上 Web 技术的发展，目前已被淘汰。本书主要基于 Chrome 浏览器进行讲解。

浏览器一般由渲染引擎和 JavaScript 引擎组成。渲染引擎负责解析 HTML 代码与 CSS 代码，用于实现网页结构和样式的渲染；JavaScript 引擎是 JavaScript 语言的解释器，用于读取网页中的 JavaScript 代码并运行。Chrome 浏览器使用的渲染引擎是 Blink，使用的 JavaScript 引擎是 V8。由于 Chrome 浏览器的下载、安装相对简单，本节不讲解，读者可在 Chrome 浏览器官方网站中下载所需的版本进行安装。

多学一招：在 Chrome 浏览器控制台中运行代码

在 Chrome 浏览器的控制台中可以直接输入 JavaScript 代码并运行。下面演示如何在 Chrome 浏览器的控制台中使用 alert()语句实现在页面中弹出一个警告框。其中，alert()语句是在 1.3.3 小节讲解的内容，此处为了演示操作，提前使用了该语句。

首先在 Chrome 浏览器中按"F12"键，或在网页的空白区域右击，并在弹出的快捷菜单中选择"检查"，启动开发者工具。然后切换到"Console"（控制台）面板，可以看到一个闪烁的光标，此时可以在控制台中输入代码，如图 1-2 所示。

在图 1-2 所示页面中，按"Enter"键，即可看到 JavaScript 代码的运行结果，如图 1-3 所示。

图 1-3 所示页面中弹出了警告框，说明在浏览器的控制台中可以直接输入 JavaScript 代码并运行。

另外，在控制台中还可以通过"Ctrl+鼠标滚轮"放大或缩小字体，通过"Shift+Enter"快捷键在输入的代码中换行。

图1-2　在控制台中输入代码

图1-3　JavaScript代码的运行结果

1.2.2　代码编辑器

"工欲善其事，必先利其器。"一款优秀的代码编辑器能够极大地提高程序的开发效率。常见的 JavaScript 代码编辑器有 Visual Studio Code、Sublime Text、HBuilder 等。本书选择基于 Visual Studio Code 代码编辑器进行讲解。

Visual Studio Code（简称 VS Code）是由微软公司推出的一款免费、开源的代码编辑器。Visual Studio Code 代码编辑器具有如下特点。

* 轻巧快速，占用系统资源较少。
* 具备代码智能补全、语法高亮显示、自定义快捷键和代码匹配等功能。
* 跨平台，可用于 Windows、Linux 和 macOS 操作系统。
* 主题界面设计人性化。例如，可以快速查找文件、分屏显示代码、自定义主题颜色、快速查看最近打开的项目文件，以及查看项目文件结构等。
* 提供丰富的扩展，用户可以根据需要自行下载和安装扩展，以增强代码编辑器的功能。

下面将讲解如何下载和安装 Visual Studio Code 代码编辑器、如何安装中文语言扩展、如何安装 Live Server 扩展以及如何创建项目文件夹。

1. 下载和安装 Visual Studio Code 代码编辑器

打开浏览器并访问 Visual Studio Code 官方网站，如图 1-4 所示。

在图 1-4 所示的页面中，单击 "Download for Windows" 按钮可以下载 Windows 操作系统的 Visual Studio Code 安装包。如需下载其他操作系统的 Visual Studio Code 安装包，单击 "▾" 按钮，即可看到其他操作系统版本的下载选项，如图 1-5 所示。

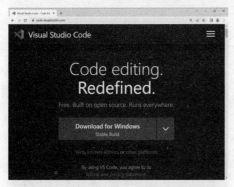
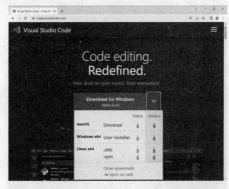

图1-4　Visual Studio Code官方网站　　　　图1-5　其他操作系统版本的下载选项

Visual Studio Code 安装包下载成功后，在下载目录中找到该安装包，双击启动安装程序，按照程序的安装向导提示操作，直到安装完成。

Visual Studio Code 安装成功后，启动该编辑器，即可进入 Visual Studio Code 初始界面，如图 1-6 所示。

由图 1-6 可知，Visual Studio Code 初始界面默认显示的语言是英文，如果要切换为中文，需要安装中文语言扩展。

2. 安装中文语言扩展

为了提高 Visual Studio Code 代码编辑器的易用性，使其界面和提示信息显示为中文，需要安装中文语言扩展。单击 Visual Studio Code 初始界面左侧的第 5 个按钮 "▨" 进入扩展界面，在该界面的搜索框中输入关键词"Chinese"找到中文语言扩展，单击"Install"按钮进行安装即可。安装中文语言扩展界面如图 1-7 所示。

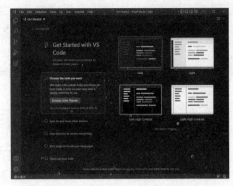

图1-6　Visual Studio Code初始界面　　　　　　图1-7　安装中文语言扩展界面

需要说明的是，中文语言扩展安装成功后，需要重新启动 Visual Studio Code 代码编辑器，该扩展才会生效。

3. 安装 Live Server 扩展

Live Server 扩展用于搭建具有实时重新加载功能的本地服务器，可以实现保存代码后浏览器自动同步刷新，即时查看网页效果。单击 Visual Studio Code 初始界面左侧的第 5 个图标按钮"▦"进入扩展界面，在该界面的搜索框中输入关键词"Live Server"找到 Live Server 扩展，单击"安装"按钮进行安装即可。安装 Live Server 扩展界面如图 1-8 所示。

安装 Live Server 扩展后，可在编写好的网页文件中右击，在弹出的快捷菜单中选择"Open with Live Server"调用浏览器打开网页文件。

4. 创建项目文件夹

在开发项目时，需要创建项目文件夹，以保存项目所需的文件。下面在本地创建一个文件夹 Chapter01，创建好文件夹后，首先在 Visual Studio Code 代码编辑器的菜单栏中单击"文件"，然后单击"打开文件夹..."并选择 Chapter01 文件夹。打开文件夹后的界面如图 1-9 所示。

在图 1-9 中，可以进行新建文件、打开文件夹等操作。

图1-8　安装Live Server扩展界面　　　　　　图1-9　打开文件夹后的界面

1.3　JavaScript 基本使用

1.1 节和 1.2 节主要介绍了 JavaScript 基本概念和 JavaScript 开发工具。为了帮助读者快速入门 JavaScript，本节将介绍 JavaScript 基本使用，包括 JavaScript 初体验、JavaScript 代码引入方式、JavaScript 常用的输入输出语句和 JavaScript 注释等内容。

1.3.1　JavaScript 初体验

为了帮助读者初次体验 JavaScript，下面将通过一个案例演示如何在 Visual Studio Code 代码编辑器中编写一段简单的 JavaScript 代码。本案例的要求是打开网页时自动弹出一个警告框，警告框中的提示内容为"锲而不舍，金石可镂"。

创建 Example1.html 文件，具体代码如例 1–1 所示。

例 1–1　Example1.html

```
1  <!DOCTYPE html>
2  <html>
3  <head>
4    <meta charset="UTF-8">
5    <title>Document</title>
6  </head>
7  <body>
8    <script>
9      alert('锲而不舍，金石可镂');
10   </script>
11 </body>
12 </html>
```

编写完 JavaScript 代码后，按"Ctrl+S"快捷键保存代码，然后右击 Visual Studio Code 代码编辑器中的 Example1.html 文件，选择"Open with Live Server"，就会自动通过浏览器打开 Example1.html 文件。

例 1–1 的运行结果如图 1–10 所示。

图1–10　例1–1的运行结果

由图 1–10 可知，浏览器的页面弹出了警告框，警告框中的内容为"锲而不舍，金石可镂"，说明 JavaScript 代码运行成功。

1.3.2　JavaScript 代码引入方式

在网页中编写 JavaScript 代码时，有 3 种引入 JavaScript 代码的方式，分别是行内式、内部式和外部式，下面分别对这 3 种引入方式进行讲解。

1. 行内式

行内式将 JavaScript 代码作为 HTML 标签的属性值使用。例如，在打开网页时自动弹出一个警告框，警告框中的提示内容为"通过行内式引入 JavaScript 代码"，示例代码如下。

```
<body onload="alert('通过行内式引入 JavaScript 代码');">
</body>
```

在上述示例代码中，<body>标签的 onload 属性表示页面加载事件，用于在网页打开时自动执行 JavaScript 代码，该属性的值为行内式 JavaScript 代码。

需要说明的是，使用行内式不适合在 HTML 标签中书写大量的 JavaScript 代码，这是因为行内式代码与 HTML 标签混合在一起，不利于代码维护。

2. 内部式

内部式将 JavaScript 代码写在<script>标签中。<script>标签可以写在<head>标签或<body>标签中。例如，在打开网页时自动弹出一个警告框，警告框中的提示内容为"通过内部式引入 JavaScript 代码"，示例代码如下。

```
<body>
  <script>
    alert('通过内部式引入 JavaScript 代码');
  </script>
</body>
```

由于通过内部式可以将多行 JavaScript 代码写在<script>标签中，相比于行内式，使用内部式更方便阅读代码，所以内部式是引入 JavaScript 代码的常用方式之一。

另外，<script>标签有一个 type 属性，该属性表示脚本类型。由于在 HTML5 中 type 属性的默认值为 text/javascript（表示 JavaScript），所以在使用 HTML5 时可以省略 type 属性。

3. 外部式

外部式将 JavaScript 代码单独写在一个文件中（一般使用".js"作为该文件的扩展名），然后在 HTML 中通过<script>标签引入该文件。外部式适合在 JavaScript 代码量较多的情况下使用。例如，创建一个 test.js 文件，在该文件中编写如下代码。

```
alert('通过外部式引入 JavaScript 代码');
```

在 HTML 文件中使用外部式引入 JavaScript 代码，示例代码如下。

```
<body>
  <script src="test.js"></script>
</body>
```

上述代码表示引入当前目录下的 test.js 文件。需要注意的是，在使用外部式时，<script>标签内不可以编写 JavaScript 代码。

以上分别介绍了引入 JavaScript 代码的 3 种方式。在实际开发中，提倡结构、样式、行为的分离，即分离 HTML、CSS、JavaScript 这 3 部分代码，这样可以提高代码的可读性和可维护性。当需要编写大量的、逻辑复杂的、具有特定功能的 JavaScript 代码时，推荐使用外部式。

外部式相比内部式，具有以下 3 点优势。

① 使用外部式 JavaScript 代码存在于独立文件中，有利于修改和维护，而使用内部式会导致 HTML 代码与 JavaScript 代码混合在一起。

② 使用外部式可以通过浏览器缓存提高响应速度。例如，在多个页面中引入相同的 JavaScript 文件时，打开第 1 个页面后，浏览器会将 JavaScript 文件缓存下来，下次打开其

他页面时就不用重新下载该文件。

③ 使用外部式有利于 HTML 页面代码结构化，可以把大量的 JavaScript 代码分离到 HTML 页面外，这样既美观，又方便文件级别的代码复用。

另外，浏览器运行 JavaScript 代码时，无论使用的是内部式还是外部式，页面的加载和渲染都会暂停，等待脚本执行完成后才会继续。为了尽可能减少对整个页面的影响，推荐将不需要提前运行的 JavaScript 代码所在的<script>标签放在 HTML 文档的底部。

▌▌▌ 多学一招：JavaScript 异步加载

使用外部式时，为了减少 JavaScript 加载过程对页面造成的影响，可以使用 HTML5 为<script>标签新增的两个可选属性 async 和 defer，实现异步加载。实现异步加载后，即使 JavaScript 文件下载失败，也不会阻塞后面的 JavaScript 代码运行。

async 属性用于异步加载，即先下载文件，不阻塞其他代码运行，下载完成后再运行，示例代码如下。

```
<script src="file.js" async></script>
```

defer 属性用于延后执行，即先下载文件，不阻塞其他代码运行，直到网页加载完成后再运行，示例代码如下。

```
<script src="file.js" defer></script>
```

1.3.3　JavaScript 常用的输入输出语句

在实际开发中，为了方便数据的输入和输出，JavaScript 提供了输入输出语句。常用的输入输出语句如表 1-3 所示。

表 1-3　常用的输入输出语句

类型	语句	作用
输入	prompt()	在网页中弹出输入框
输出	alert()	在网页中弹出警告框
	document.write()	在网页中输出内容
	console.log()	在控制台中输出内容

下面分别演示 prompt()语句、alert()语句、document.write()语句和 console.log()语句的使用。

1. prompt()语句

使用 prompt()语句实现在网页中弹出一个带有提示信息的输入框，示例代码如下。

```
prompt('请输入手机号：');
```

prompt()语句的运行结果如图 1-11 所示。

由图 1-11 可知，页面中弹出了一个输入框，提示用户"请输入手机号："，说明使用 prompt()语句可以在网页中弹出一个带有提示信息的输入框。

2. alert()语句

使用 alert()语句实现在网页中弹出一个警告框，示例代码如下。

```
alert('这是一个警告框');
```

alert()语句的运行结果如图 1-12 所示。

由图 1-12 可知，页面中弹出了一个警告框，提示用户"这是一个警告框"，说明使用

alert()语句可以在网页中弹出一个警告框。

图1-11　prompt()语句的运行结果

图1-12　alert()语句的运行结果

3. document.write()语句

使用 document.write()语句时，如果输出内容中含有 HTML 标签，则输出内容会被浏览器解析。下面使用 document.write()语句在页面中输出"谁知盘中餐，粒粒皆辛苦。"，示例代码如下。

```
document.write('谁知盘中餐，粒粒皆辛苦。');
```

document.write()语句的运行结果如图 1-13 所示。

由图 1-13 可知，页面中输出了"谁知盘中餐，粒粒皆辛苦。"，说明使用 document.write()语句能够在网页中输出内容。

4. console.log()语句

使用 console.log()语句在控制台中输出"一年之计在于春，一日之计在于晨。"，示例代码如下。

```
console.log('一年之计在于春，一日之计在于晨。');
```

上述示例代码运行后，需要在浏览器的控制台中查看输出的内容。首先按"F12"键启动开发者工具，然后切换到"Console"（控制台）面板，即可查看 console.log()语句的输出内容。

console.log()语句的运行结果如图 1-14 所示。

图1-13　document.write()语句的运行结果

图1-14　console.log()语句的运行结果

由图 1-14 可知，在控制台中输出了"一年之计在于春，一日之计在于晨。"，说明使用 console.log()语句能够在控制台中输出内容。

▌▌脚下留心：输出内容包含 JavaScript 结束标签的情况

如果输出的内容中包含 JavaScript 结束标签，则会导致代码提前结束。若要解决这个问题，需要使用"\"对结束标签的"/"进行转义，即使用"<\/script>"，示例代码如下。

```
document.write('<script>alert(1);<\/script>');
```

运行上述示例代码后，页面中会弹出一个警告框。如果没有使用"\"对结束标签进行转义，则</script>会被当成结束标签，使得页面不会弹出警告框，程序会报错。

1.3.4　JavaScript 注释

注释用于对代码进行解释和说明，其目的是让代码阅读者能够更加轻松地了解代码的设计逻辑、用途等。在实际开发中，为了提高代码的可读性、方便代码的维护和升级，可以在编写 JavaScript 代码时添加注释。注释在程序解析时会被 JavaScript 解释器忽略。

JavaScript 支持单行注释和多行注释，下面分别介绍这两种注释方式。

1. 单行注释

单行注释以"//"开始，到该行结束之前的内容都是注释。下面通过代码演示单行注释的使用。

```
prompt('请输入用户名：');                // 提示用户输入用户名
```

上述示例代码中，"//"和后面的"提示用户输入用户名"是一条单行注释，运行代码后这部分内容不会在页面中显示。

2. 多行注释

多行注释以"/*"开始，以"*/"结束。在多行注释中可以嵌套单行注释，但不可以嵌套多行注释。下面通过代码演示多行注释的使用。

```
/*
  prompt('请输入用户名：');
*/
```

上述示例代码中，从"/*"开始到"*/"结束的内容就是多行注释。

小提示：在 Visual Studio Code 代码编辑器中，可以使用快捷键对当前选中的行添加注释或取消注释，单行注释使用快捷键"Ctrl+/"，多行注释使用快捷键"Shift+Alt+A"。

1.4　变量

在程序中，变量可以作为存储数据的容器，用于保存临时数据，并在需要时可以设置、更新或读取变量中的内容。此外，变量还可以保存用户输入的数据或运算结果。本节将讲解变量的相关内容。

1.4.1　什么是变量

变量是指程序在内存中申请的一块用来存放数据的空间，用于存储程序运行过程中产生的临时数据。

变量由变量名和变量值组成，通过变量名可以访问变量值。假设把内存想象成一列火车，变量相当于火车的车厢，变量名相当于火车车厢的座位号，变量值相当于乘客。乘务员通过火车车厢的座位号就可以找到对应的乘客。例如，程序在内存中保存名为 seat01、seat02 和 seat03 的 3 个变量，变量值分别为小明、小智和小华，如图 1-15 所示。

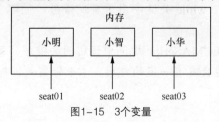

图1-15　3个变量

图 1-15 中，通过变量名 seat01 可以访问变量值"小明"，通过变量名 seat02 可以访问变量值"小智"，通过变量名 seat03 可以访问变量值"小华"。

1.4.2　变量的命名规则

在程序中，使用规范的变量名有助于代码阅读者更好地理解和阅读代码。在 JavaScript 中，变量的命名需要遵循相关规则，从而避免代码编写出错。

JavaScript 中变量的命名规则如下。

- 不能以数字开头，且不能包含+、-等运算符，如 01user、02-user 是非法的变量名。
- 严格区分大小写，如 apple 和 Apple 是两个不相同的变量名。
- 不能使用 JavaScript 中的关键字命名。关键字是指在 JavaScript 中被事先定义并赋予特殊含义的单词，如 if、this 就是 JavaScript 中的关键字。

为了提高代码的可读性，在对变量命名时应遵循以下建议。

- 使用字母、下画线或美元符号（$）命名，如 score、set_name、$a、user01。
- 尽量做到"见其名知其义"，如 age 表示年龄、sex 表示性别、num 表示数字等。
- 用下画线分隔多个单词，如 show_message；或采用驼峰命名法，变量的第 1 个单词首字母小写，后面的单词首字母大写，如 leftHand、myFirstName 等。

需要说明的是，只要程序不报错，其他字符（如中文字符）也能作为变量名使用，但是不推荐这种命名方式。

在实际开发中，我们在命名变量时不仅要遵循变量的命名规则，而且要注意变量的命名是否有意义、是否易于理解。同样，在现实生活中，我们也要遵守规则，例如交通规则、安全生产规则等，只有遵守规则，才能让社会更加和谐稳定。

多学一招：JavaScript 中常见的关键字

在 JavaScript 中，关键字分为保留关键字和未来保留关键字。保留关键字是指目前已经生效的关键字。常见的保留关键字如表 1-4 所示。

表 1-4　常见的保留关键字

break	case	catch	class	const	continue
debugger	default	delete	do	else	export
extends	finally	for	function	if	import
in	instanceof	new	return	super	switch
this	throw	try	typeof	var	void
while	with	yield	enum	let	—

在表 1-4 中，每个关键字都有特殊的含义和作用。例如，var 关键字用于声明变量、const 关键字用于声明常量、while 关键字用于实现语句的循环、typeof 关键字用于检测数据类型等。

未来保留关键字是指 ECMAScript 规范中预留的关键字，目前它们没有特殊的作用，但是在未来的某个时间可能会具有一定的作用。未来保留关键字如表 1-5 所示。

表 1-5　未来保留关键字

implements	package	public
interface	private	static
protected	—	—

在命名变量时，不建议使用表 1-5 中列举的未来保留关键字，以免未来它们转换为保留关键字时程序出错。

1.4.3　变量的声明与赋值

在程序中，经常需要使用变量来保存数据。例如，将两个数字相乘的结果保存到变量中，以便在后面的计算中使用。在使用变量时，需要先声明变量，类似于坐火车时需要先预订火车票。声明变量后，就可以为变量赋值，从而完成数据的存储。

JavaScript 中变量的声明与赋值有两种方式：第 1 种方式是先声明变量后赋值；第 2 种方式是声明变量的同时赋值。下面分别讲解这两种方式。

1. 先声明变量后赋值

JavaScript 中通常使用 var 关键字声明变量，声明变量后，变量值默认会被设定为 undefined，表示未定义。如果需要使用变量保存具体的值就需要在声明变量后为其赋值。

先声明变量后赋值的示例代码如下。

```
1  // 声明变量
2  var username;              // 声明一个名称为 username 的变量
3  var age, sex, height;      // 同时声明 3 个变量
4  // 为变量赋值
5  username = '小智';         // 为变量赋值'小智'
6  age = 20;                  // 为变量赋值 20
7  sex = '男';                // 为变量赋值'男'
8  height = 180;              // 为变量赋值 180
```

上述示例代码已经完成变量的声明和赋值，其中，'小智'和'男'属于字符串型数据，需要使用单引号标注。

当变量的值是数字型数据时，不需要将其写在单引号中，如果将数字型数据写到单引号中，则表示该数据为字符串型数据，而不是数字型数据。

如果想要查看变量的值，则可以使用 console.log()语句将变量的值输出到控制台。例如，在上述代码的下方继续编写如下代码。

```
console.log(username);      // 输出变量 username 的值
console.log(age);           // 输出变量 age 的值
console.log(sex);           // 输出变量 sex 的值
console.log(height);        // 输出变量 height 的值
```

运行上述代码，输出结果如图 1-16 所示。

由图 1-16 可知，控制台显示了"小智""20""男""180"，说明已经将变量的值输出到控制台。

小提示：ECMAScript 6.0 新增了 let 关键字，用于声明变量，它的用法类似于 var，但是 let 所声明的变量只在它所在的块级作用域内有效。

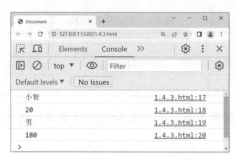

图1-16　输出结果

2. 声明变量的同时赋值

在声明变量的同时为变量赋值，这个过程又称为定义变量或初始化变量，示例代码如下。

```
var username = '小智';              // 声明 username 变量并赋值为'小智'
var age = 20;                      // 声明 age 变量并赋值为 20
var sex = '男';                    // 声明 sex 变量并赋值为'男'
var height = 180;                  // 声明 height 变量并赋值为 180
```

多学一招：使用变量的语法细节

在 JavaScript 中使用变量时，还有一些语法细节，具体介绍如下。

（1）更新变量的值

当声明一个变量并赋值后，如果重新为该变量赋值，则原来的值会被覆盖，示例代码如下。

```
var age = 20;
console.log(age);                  // 输出结果为：20
age = 22;                          // 更新变量的值
console.log(age);                  // 输出结果为：22
```

（2）同时声明多个变量

在 var 关键字后面可以同时声明多个变量，多个变量名之间使用英文逗号隔开，示例代码如下。

```
// 同时声明多个变量，没有赋值
var username, password, phone;
// 同时声明多个变量，并赋值
var username = '小智', password = '123456', phone = '13012345678';
```

如果只声明变量没有赋值，则输出结果为 undefined。如果不声明变量，直接输出变量的值，则程序会报错。

1.4.4 【案例】使用变量保存商品信息

使用变量可以保存各种各样的数据。下面将通过一个案例演示如何使用变量保存商品信息。其中，商品名称为衬衫，商品颜色为白色，商品价格为 50，商品尺寸为均码，具体代码如例 1-2 所示。

例 1-2　Example2.html

```
1  <!DOCTYPE html>
2  <html>
3  <head>
4    <meta charset="UTF-8">
```

```
5    <title>Document</title>
6  </head>
7  <body>
8    <script>
9      var goods = '衬衫';       // 商品名称
10     var color = '白色';       // 商品颜色
11     var price = 50;          // 商品价格
12     var size = '均码';        // 商品尺寸
13     console.log(goods);      // 输出 goods 的值
14     console.log(color);      // 输出 color 的值
15     console.log(price);      // 输出 price 的值
16     console.log(size);       // 输出 size 的值
17   </script>
18 </body>
19 </html>
```

例 1-2 中，第 9～12 行代码用于声明变量并赋值；第 13～16 行代码用于在控制台输出变量的值。

保存代码，在浏览器中进行测试，例 1-2 的运行结果如图 1-17 所示。

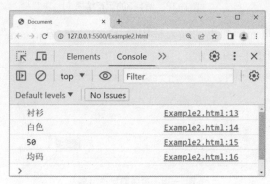

图1-17　例1-2的运行结果

由图 1-17 可知，控制台显示了"衬衫""白色""50""均码"，说明通过变量成功保存了商品的信息。

1.4.5　【案例】使用变量保存用户输入的值

在 1.3.3 小节中讲解了使用 prompt() 语句可以在页面中弹出一个输入框，提示用户输入内容。当用户输入内容后，使用变量就可以保存用户输入的内容。

下面演示如何使用变量保存用户输入的值。声明一个 email 变量，当用户打开页面时提示用户输入邮箱，用户输入邮箱并单击"确定"按钮后，页面将显示用户的邮箱，具体代码如例 1-3 所示。

例 1-3　Example3.html

```
1 <!DOCTYPE html>
2 <html>
3 <head>
4   <meta charset="UTF-8">
5   <title>Document</title>
6 </head>
```

```
7  <body>
8   <script>
9    var email = prompt('请输入您的邮箱：');
10   alert(email);
11  </script>
12 </body>
13 </html>
```

上述代码中，第 9 行的 email 变量用于保存用户在输入框中输入的值，第 10 行代码用于显示用户输入的值。

保存代码，在浏览器中进行测试，例 1-3 的运行结果如图 1-18 所示。

图1-18   例1-3的运行结果

在图 1-18 所示的页面中弹出的输入框中输入 "123456@qq.com" 并单击 "确定" 按钮后，页面的显示信息如图 1-19 所示。

图1-19   页面的显示信息

图 1-19 中，页面显示了 "123456@qq.com"，说明变量成功保存了用户输入的值。

1.4.6 【案例】交换两个变量的值

学习 JavaScript 的变量后，下面通过一个案例来练习变量的使用。本案例将实现交换两个变量的值。

首先定义两个变量 apple1 和 apple2，其中，变量 apple1 的值为红苹果，变量 apple2 的值为青苹果，然后定义第 3 个变量 temp 来保存临时数据，用于实现红苹果和青苹果的交换。

在实现红苹果和青苹果交换的过程中，我们可以想象成左手拿着红苹果（apple1），右手拿着青苹果（apple2），前面有一张桌子（temp）。为了将左手的红苹果和右手的青苹果交换，首先需要将左手的红苹果放到桌子上，然后将右手的青苹果给左手，最后右手从桌子上拿起红苹果，这样就完成了交换。

下面编写代码实现红苹果和青苹果的交换，具体代码如例 1-4 所示。

例 1-4   Example4.html

```
1  <!DOCTYPE html>
2  <html>
3  <head>
```

```
4    <meta charset="UTF-8">
5    <title>Document</title>
6  </head>
7  <body>
8    <script>
9      var apple1 = '红苹果';
10     var apple2 = '青苹果';
11     var temp = apple1;
12     apple1 = apple2;
13     apple2 = temp;
14     console.log(apple1);
15     console.log(apple2);
16   </script>
17 </body>
18 </html>
```

　　例 1-4 中，第 9 行代码用于声明变量 apple1 并赋值为"红苹果"；第 10 行代码用于声明变量 apple2 并赋值为"青苹果"；第 11～13 行代码实现了 apple1 变量值和 apple2 变量值的交换，其中第 11 行代码用于声明 temp 变量，并赋值为变量 apple1 的值；第 14～15 行代码用于在控制台输出变量 apple1 和变量 apple2 交换后的值。

　　保存代码，在浏览器中进行测试，例 1-4 的运行结果如图 1-20 所示。

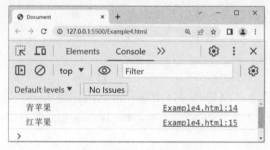

图1-20　例1-4的运行结果

　　由图 1-20 可知，控制台分别输出了"青苹果""红苹果"，说明成功交换了两个变量的值。

本章小结

　　本章首先介绍了 JavaScript 基本概念，包括 JavaScript 概述，JavaScript 的由来、组成和特点，其次介绍了 JavaScript 开发工具的相关内容，然后讲解了 JavaScript 基本使用，包括 JavaScript 代码引入方式、常用的输入输出语句及注释，最后讲解了变量，包括变量的概念、命名规则、声明与赋值，并通过案例演示变量的基本使用。

课后习题

一、填空题

1. 单行注释以_____开始。

2. console.log(alert('Hello'))在控制台的输出结果是_____。

3. JavaScript 由 ECMAScript、＿＿＿＿＿、＿＿＿＿＿组成。

4. JavaScript 具有简单易用、＿＿＿＿＿、面向对象的特点。

5. JavaScript 代码的引入方式有行内式、＿＿＿＿＿、外部式。

二、判断题

1. JavaScript 不可以跨平台。（　　　　）

2. alert('test')与 Alert('test')都表示以警告框的形式弹出"test"提示信息。（　　　　）

3. 在 JavaScript 中，如果一条语句结束后，换行书写下一条语句，则后面的分号可以省略。（　　　）

4. 通过外部式引入 JavaScript 时，可以省略</script>标签。（　　　）

5. <script>标签的 async 属性用于异步加载，即先下载文件，不阻塞其他代码运行。（　　　）

6. JavaScript 中，apple 与 Apple 代表不同的变量。（　　　）

三、单选题

1. 下列选项中，不属于 ECMAScript 6.0 保留关键字的是（　　　　）。

A. delete　　　　　　　B. this　　　　　　　C. static　　　　　　　D. new

2. 下列选项中，哪一项是 JavaScript 中为代码添加多行注释的语法（　　　　）。

A. <!-- -->　　　　　　B. //　　　　　　　C. /* */　　　　　　　D. #

3. 下列选项中，不能作为变量名开头的是（　　　　）。

A. 字母　　　　　　　B. 数字　　　　　　　C. 下画线　　　　　　　D. $

4. 下列选项中，属于 JavaScript 的合法变量的是（　　　　）。

A. typeof　　　　　　B. myName　　　　　　C. 11Age　　　　　　D. &num

5. 下列选项中，用于在浏览器中弹出输入框的语句是（　　　　）。

A. console.log()　　　B. alert()　　　　　C. document.write()　　　D. prompt()

四、编程题

编写一个 JavaScript 程序，要求声明一个变量用于存储用户名，并将其赋值为一个字符串，然后通过控制台输出用户名。

第**2**章

JavaScript基础

学习目标

★ 了解数据类型的分类，能够描述 JavaScript 中的基本数据类型和复杂数据类型

★ 掌握常用的基本数据类型，能够根据实际需求定义基本数据类型的变量

★ 掌握数据类型转换，能够根据实际需求将数据转换为布尔型数据、数字型数据或字符串型数据

★ 掌握运算符的使用，能够灵活运用运算符完成运算

★ 掌握选择结构语句，能够根据实际需求选择合适的选择结构语句

★ 掌握循环结构语句，能够根据实际需求选择合适的循环结构语句

★ 掌握跳转语句，能够灵活运用 continue 语句或 break 语句完成程序中的流程跳转

JavaScript 作为一门编程语言，在 Web 前端开发领域中扮演着至关重要的角色。作为一名初学者，掌握 JavaScript 基础是十分必要的。只有掌握了 JavaScript 基础，才能更好地理解和编写 JavaScript 程序，为后续的学习奠定坚实的基础。本章将对 JavaScript 基础进行讲解，包括数据类型、数据类型转换、运算符和流程控制。

2.1 数据类型

在计算机编程中，数据有多种不同的类型。不同数据类型的数据占用的存储空间不同，计算方式也不同。本节将对数据类型进行详细讲解。

2.1.1 数据类型分类

在 JavaScript 中，数据类型可以分为基本数据类型（或称为值类型）和复杂数据类型（或称为引用类型）。JavaScript 中的数据类型分类如图 2-1 所示。

需要说明的是，JavaScript 中的数组、函数和正则表达式都属于对象型，所以图 2-1 所示的复杂数据类型只列出了对象型。复杂数据类型的使用较难，这里读者只需了解，具体会在第 5 章中详细讲解。

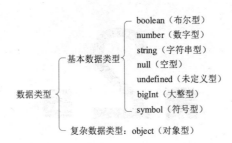

图2-1　JavaScript中的数据类型分类

多学一招：强类型语言和弱类型语言的区别

强类型语言是指一种强制类型定义的语言，当某个变量被定义数据类型后，如果不进行强制转换，则该变量的数据类型不会改变，常见的强类型语言有 Java、C++等。弱类型语言是指一种弱类型定义的语言，变量可以在运行时被赋予不同数据类型的数据，变量的数据类型是由其值来确定的，常见的弱类型语言有 JavaScript、PHP 等。

下面通过代码比较强类型语言和弱类型语言。

```
// 强类型语言（以 Java 语言为例）
int age = 24;              // 变量 age 是整型
// 弱类型语言（以 JavaScript 语言为例）
var age = 24;              // 变量 age 是数字型
age = 'abc';              // 将一个字符串值赋给变量 age，此时变量 age 变成了字符串型
```

由上述代码可知，JavaScript 变量的数据类型取决于被赋予的值的类型。

2.1.2　常用的基本数据类型

在 JavaScript 中，常用的基本数据类型有布尔型、数字型、字符串型、空型和未定义型，而大整型和符号型不常用。下面对常用的基本数据类型进行讲解。

1. 布尔型

布尔型数据有两个值，分别是 true（真）和 false（假）。布尔型数据通常用于表示程序中的逻辑判断结果，其中，true 表示事件成功或条件成立的情况，false 表示事件失败或条件不成立的情况。例如，判断数字 3 是否大于数字 2，其结果用布尔型数据表示为 true。

需要注意的是，由于在 JavaScript 中严格区分大小写，所以只有当 true 和 false 全部为小写时才表示布尔型数据。

下面通过代码演示布尔型数据的使用。首先声明两个变量，然后分别赋值为 true 和 false。

```
1  var result01 = true;
2  var result02 = false;
```

在上述示例代码中，第 1 行代码声明变量 result01 并赋值为布尔型数据 true；第 2 行代码声明变量 result02 并赋值为布尔型数据 false。

2. 数字型

JavaScript 中的数字型数据可以分为整数和浮点数（表示小数），在数字前面添加"+"表示正数，添加"−"表示负数，通常情况下省略"+"。

下面分别介绍数字型数据中的整数和浮点数。

（1）整数

在 JavaScript 中，通常使用十进制表示整数，此外还可以使用二进制、八进制或十六进制。十进制数由数字 0～9 组成，使用规则是逢十进一；二进制数由数字 0 和 1 组成，使用规则是逢二进一；八进制数由数字 0～7 组成，使用规则是逢八进一；十六进制数由数字 0～9 及字母 A～F 组成，不区分大小写，使用规则是逢十六进一。

下面通过代码演示数字型数据中整数的使用。首先声明 4 个变量，然后分别给这 4 个变量赋值为二进制、八进制、十进制、十六进制的整数。

```
1   var bin = 0b11010;        // 二进制表示的 26
2   var oct = 0o32;           // 八进制表示的 26
3   var dec = 26;             // 十进制表示的 26
4   var hex = 0x1a;           // 十六进制表示的 26
```

在上述示例代码中，以 0b 开始的数字表示二进制数，以 0o 开始的数字表示八进制数，以 0x 开始的数字表示十六进制数。其中，b、o 和 x 不区分大小写。另外，JavaScript 还允许用以 0 开始的数字表示八进制数，但不推荐。

（2）浮点数

浮点数可以使用标准格式和科学记数法格式表示。标准格式是指数学中小数的写法，如 1.10；科学记数法格式是指将数字表示成一个数与 10 的 n 次幂相乘的形式，在程序中使用 E 或 e 后面跟一个数字的方式表示 10 的 n 次幂，如 2.15E3 表示 2.15×10^3。

下面通过代码演示数字型数据中浮点数的使用。首先声明 4 个变量，然后分别使用标准格式和科学记数法格式表示浮点数。

```
1   // 使用标准格式表示浮点数
2   var fNum01 = -3.12;
3   var fNum02 = 3.12;
4   // 使用科学记数法格式表示浮点数
5   var fNum03 = 3.14E5;
6   var fNum04 = 7.35E-5;
```

在上述示例代码中，第 2 行代码声明变量 fNum01 并赋值为使用标准格式表示的浮点数 –3.12；第 3 行代码声明变量 fNum02 并赋值为使用标准格式表示的浮点数 3.12；第 5 行代码声明变量 fNum03 并赋值为使用科学记数法格式表示的浮点数 3.14×10^5；第 6 行代码声明变量 fNum04 并赋值为使用科学记数法格式表示的浮点数 7.35×10^{-5}。

▌▎▎**多学一招**：数字型数据中的最大值、最小正数值和特殊值

在 JavaScript 中，当需要获取数字型数据的取值范围时，可以使用 MAX_VALUE 和 MIN_VALUE。由于 MAX_VALUE 和 MIN_VALUE 是 Number 对象的静态属性，所以需要通过 Number.MAX_VALUE、Number.MIN_VALUE 的方式进行访问。

通过如下代码可以查询 JavaScript 中的数字型数据的最大值和最小正数值。

```
1   console.log(Number.MAX_VALUE);      // 输出结果为：1.7976931348623157e+308
2   console.log(Number.MIN_VALUE);      // 输出结果为：5e-324
```

在上述代码中，第 1 行代码使用 Number.MAX_VALUE 获取了 JavaScript 中的数字型数据的最大值；第 2 行代码使用 Number.MIN_VALUE 获取了 JavaScript 中的数字型数据的最小正数值。

在 JavaScript 中数字型数据有 3 个特殊值，分别是 Infinity（无穷大）、-Infinity（无穷小）和 NaN（Not a Number，非数字）。在计算中，当计算结果超出了 JavaScript 最大可表示的数字时，会返回 Infinity；当计算结果超出了 JavaScript 最小可表示的数字时，会返回 -Infinity；如果进行了非法的运算操作，JavaScript 会返回 NaN。

下面通过代码演示数字型数据中出现 3 个特殊值的情况。

```
1  console.log(Number.MAX_VALUE * 2);       // 输出结果为：Infinity
2  console.log(-Number.MAX_VALUE * 2);      // 输出结果为：-Infinity
3  console.log('abc' - 2);                  // 输出结果为：NaN
```

在上述代码中，第 1 行代码使用数字型数据的最大值乘 2，输出结果为 Infinity；第 2 行代码使用数字型数据的最大值的相反数乘 2，输出结果为-Infinity；第 3 行代码使用字符串'abc'减 2，输出结果为 NaN。

3. 字符串型

字符串是指计算中用于表示文本的一系列字符，在 JavaScript 中使用单引号（'）、双引号（"）和反引号（`）标注字符串。下面通过代码演示字符串型数据的使用。

```
1  // 使用单引号标注字符串
2  var a = '';                              // 表示空字符串
3  var str1 = '书籍';                       // 表示字符串'书籍'
4  // 使用双引号标注字符串
5  var b = "";                              // 表示空字符串
6  var str2 = "书籍是人类进步的阶梯";        // 表示字符串"书籍是人类进步的阶梯"
7  // 使用反引号标注字符串
8  var c = ``;                              // 表示空字符串
9  var str3 = `读万卷书，行万里路`;          // 表示字符串`读万卷书，行万里路`
```

在上述示例代码中，第 2～3 行代码使用单引号标注字符串，其中，第 2 行代码声明的变量 a 用于保存空字符串；第 3 行代码声明的变量 str1 用于保存字符串'书籍'；第 5～6 行代码使用双引号标注字符串，其中，第 5 行代码声明的变量 b 用于保存空字符串，第 6 行代码声明的变量 str2 用于保存字符串"书籍是人类进步的阶梯"；第 8～9 行代码使用反引号标注字符串，其中，第 8 行代码声明的变量 c 用于保存空字符串，第 9 行代码声明的变量 str3 用于保存字符串`读万卷书，行万里路`。

在字符串中，单引号、双引号和反引号可以嵌套使用，示例代码如下。

```
1  // 单引号中嵌套双引号
2  var fruit01 = '"apple"banana';           // 字符串内容为"apple"banana
3  // 双引号中嵌套单引号
4  var fruit02 = "'pear'blueberry";         // 字符串内容为'pear'blueberry
5  // 单引号中嵌套反引号
6  var food01 = '`noodles`rice';            // 字符串内容为`noodles`rice
7  // 双引号中嵌套反引号
8  var food02 = "`fish`meat";               // 字符串内容为`fish`meat
9  // 反引号中嵌套单引号
10 var color01 = `'pink'red`;               // 字符串内容为'pink'red
11 // 反引号中嵌套双引号
12 var color02 = `"black"white`;            // 字符串内容为"black"white
```

在上述示例代码中，第 2 行代码使用单引号嵌套具有双引号内容的字符串；第 4 行代码使用双引号嵌套具有单引号内容的字符串；第 6 行代码使用单引号嵌套具有反引号内容的字符串；第 8 行代码使用双引号嵌套具有反引号内容的字符串；第 10 行代码使用反引号嵌套具有单引号内容的字符串；第 12 行代码使用反引号嵌套具有双引号内容的字符串。

如果在单引号中使用单引号、在双引号中使用双引号，或在反引号中使用反引号，则需要使用"\"对单引号、双引号或反引号进行转义，具体如下。

- \'：单引号。
- \"：双引号。
- \`：反引号。

下面通过代码演示字符串的单引号、双引号和反引号嵌套使用的情况。

```
1  // 单引号中嵌套单引号
2  var speak = 'I\'m 小明';                // 字符串内容为 I'm 小明
3  // 双引号中嵌套双引号
4  var boyName = "\"小智\"";               // 字符串内容为"小智"
5  // 反引号中嵌套反引号
6  var girlName = `\`小丽\``;              // 字符串内容为`小丽`
```

在上述示例代码中，第 2 行代码使用单引号嵌套单引号，单引号中的\'会被转义为一个单引号字符；第 4 行代码使用双引号嵌套双引号，双引号中的\"会被转义为一个双引号字符；第 6 行代码使用反引号嵌套反引号，反引号中的\`会被转义为一个反引号字符。

字符串是由若干个字符组成的，字符的数量就是字符串的长度。在 JavaScript 中可以使用 length 属性获取整个字符串的长度，示例代码如下。

```
1  var str = 'I like running';
2  console.log(str.length);                // 输出结果为：14
```

4. 空型

空型表示声明的变量未指向任何对象，它只有一个特殊的 null 值。下面通过代码演示数据类型为空型的情况。

```
1  var age = null;
2  console.log(age);                       // 输出结果为：null
```

在上述示例代码中，第 1 行代码声明了一个变量 age，并赋值为 null；第 2 行代码用于在控制台中输出变量 age 的值。

5. 未定义型

未定义型表示声明的变量还未被赋值，此时变量的值为 undefined，表示未定义。下面通过代码演示数据类型为未定义型的情况。

```
1  var age;
2  console.log(age);                       // 输出结果为：undefined
```

在上述示例代码中，由于没有为声明的变量 age 赋值，所以输出结果为 undefined。

▌▌▌**多学一招**: 字面量

字面量是指源代码中的固定值的表示法，使用字面量可以在代码中表示某个值。在阅读代码时，通过观察字面量可以快速地判断数据的类型。JavaScript 中常见的字面量如下。

```
数字字面量: 1、2、3
字符串字面量: '用户名'、"密码"
布尔字面量: true、false
数组字面量: [1, 2, 3]
对象字面量: {username: '小智', password: 123456}
```

在上述字面量中，关于数组和对象的使用将在后续章节中讲解。

2.2　数据类型转换

数据类型转换是指将一种数据类型转换为另一种数据类型。例如，在进行乘法运算时，如果给定字符串型数据，则需要将字符串型数据转换为数字型数据后才可以进行乘法运算。下面将讲解 JavaScript 中的数据类型转换。

2.2.1　将数据转换为布尔型数据

在比较数据或进行条件判断时，经常需要将数据转换为布尔型数据。在 JavaScript 中，使用 Boolean() 可以将给定的数据转换为布尔型数据，在转换时，表示空值或否定的值（包括空字符串、数字 0、NaN、null 和 undefined）会被转换为 false，其他的值会被转换为 true。

将数据转换为布尔型数据的示例代码如下。

```
1  console.log(Boolean(''));              // 输出结果为：false
2  console.log(Boolean(0));               // 输出结果为：false
3  console.log(Boolean(NaN));             // 输出结果为：false
4  console.log(Boolean(null));            // 输出结果为：false
5  console.log(Boolean(undefined));       // 输出结果为：false
6  console.log(Boolean('小智'));          // 输出结果为：true
7  console.log(Boolean(123456));          // 输出结果为：true
```

在上述示例代码中，第 1~5 行代码用于将空字符串、数字 0、NaN、null 和 undefined 转换为布尔型数据，输出结果均为 false；第 6 行代码用于将字符串'小智'转换为布尔型数据，输出结果为 true；第 7 行代码用于将数字 123456 转换为布尔型数据，输出结果为 true。

2.2.2　将数据转换为数字型数据

在 JavaScript 的开发过程中，有时候需要将数据转换为数字型数据进行计算。例如，将字符串型数据转换为数字型数据进行算术运算。将数据转换为数字型数据的方式有 3 种，分别是 parseInt()、parseFloat() 和 Number()，这 3 种转换方式的具体介绍如下。

1. parseInt()

在使用 parseInt() 将数据转换为数字型数据时，会直接忽略数据的小数部分，返回数据的整数部分，示例代码如下。

```
console.log(parseInt('100.56'));       // 输出结果为：100
```

上述示例代码将字符串'100.56'转换为数字 100，忽略了小数部分。

需要注意的是，parseInt() 可以自动识别十进制数和十六进制数字符串。例如，'0xF'会被识别为 15。但对于其他进制数字符串，则需要通过 parseInt() 的第 2 个参数设置进制才能正确识别，该参数的取值范围为 2~36，示例代码如下。

```
console.log(parseInt('20', 8));        // 输出结果为：16
```

在上述示例代码中，parseInt() 会将'20'识别为八进制数，转换结果为 16。

2. parseFloat()

在使用 parseFloat() 将数据转换为数字型数据时，会将数据转换为数字型数据中的浮点数，示例代码如下。

```
1  console.log(parseFloat('100.56'));     // 输出结果为：100.56
2  console.log(parseFloat('314e-2'));     // 输出结果为：3.14
```

在上述示例代码中，第 1 行代码将字符串'100.56'转换为数字型数据，控制台中的输出结果为 100.56；第 2 行代码将字符串'314e-2'转换为数字 3.14。

3. Number()

使用 Number()将数据转换为数字型数据的示例代码如下。

```
1  console.log(Number('100.56'));          // 输出结果为：100.56
2  console.log(Number('100.abc'));         // 输出结果为：NaN
```

在上述示例代码中，第 1 行代码将字符串'100.56'转换为数字型数据，控制台中的输出结果为 100.56；第 2 行代码将字符串'100.abc'转换为数字型数据，控制台中的输出结果为 NaN。

不同类型数据转换为数字型数据的结果如表 2-1 所示。

表 2-1　不同类型数据转换为数字型数据的结果

待转换数据	parseInt()转换结果	parseFloat()转换结果	Number()转换结果
纯数字字符串	对应的数字	对应的数字	对应的数字
非纯数字字符串	NaN	NaN	NaN
空字符串	NaN	NaN	0
null	NaN	NaN	0
undefined	NaN	NaN	NaN
true	NaN	NaN	1
false	NaN	NaN	0

在转换纯数字字符串时，会忽略字符串前面的 0，如字符串"0333"会被转换为 333。如果字符串前后有空格，则这些空格会被忽略。如果字符串开头有正号"+"或负号"–"，则该字符串会被当成正数或负数，如'-333'会被转换为–333。

多学一招：使用 isNaN()判断一个值是否为 NaN

如果想要判断一个值是否为 NaN，可以使用 isNaN()进行判断。isNaN()在接收一个值后会将该值隐式转换为数字。如果转换结果为 NaN，那么 isNaN()将返回 true；否则，返回 false。

下面通过代码演示 isNaN()的使用。

```
1  console.log(isNaN(3));                   // 输出结果为：false
2  console.log(isNaN('abc'));               // 输出结果为：true
```

在上述代码中，由于第 1 行代码中的 3 是数字，所以输出结果为 false；由于第 2 行代码中的'abc'是不能转换为数字的字符串，即转换结果为 NaN，所以输出结果为 true。

需要注意的是，isNaN()只能判断一个值是否为 NaN，而不能判断一个值是否为有效的数字。如果需要判断一个值是否为数字，可以使用 typeof 运算符，详见 2.3.8 小节。

2.2.3　将数据转换为字符串型数据

在 JavaScript 中可以使用 String()或 toString()将数据转换为字符串型数据，它们的区别是，String()可以将任意类型的数据转换为字符串型数据；而 toString()只能将除 null 和 undefined 之外的数据转换为字符串型数据。在使用 toString()对数字进行数据类型的转换时，可以通过设置参数将数字转换为指定进制的字符串。

下面通过代码演示将数据转换为字符串型数据。

```
1  var num01 = 23;
2  var num02 = 46;
3  console.log(String(num01));              // 输出结果为：23
4  console.log(num01.toString());           // 输出结果为：23
5  console.log(num02.toString(2));          // 输出结果为：101110
```

在上述示例代码中，第 1～2 行代码声明了变量 num01 和 num02，并分别赋值为 23、46；第 3 行代码使用 String() 将变量 num01 转换为字符串型数据并在控制台输出；第 4 行代码使用 toString() 将变量 num01 转换为字符串型数据并在控制台输出；第 5 行代码使用 toString() 将十进制数 46 转换为二进制数 101110，然后将二进制 101110 转换为字符串型数据并在控制台输出。

2.3 运算符

在实际开发中，经常需要对数据进行运算，JavaScript 提供了多种类型的运算符用于运算。运算符也称为操作符，用于实现算术运算、字符串运算、赋值运算、比较运算、逻辑运算等。本节将讲解 JavaScript 中常用的运算符和运算符的优先级。

2.3.1 算术运算符

算术运算符用于对两个数字或变量进行算术运算，与数学中的加、减、乘、除运算类似。JavaScript 中常用的算术运算符如表 2-2 所示。

表 2-2 JavaScript 中常用的算术运算符

运算符	运算	示例	结果
+	加	3 + 3	6
−	减	6 − 3	3
*	乘	3 * 5	15
/	除	8 / 2	4
%	取模（取余）	5 % 7	5
**	幂运算	4 ** 2	16
++	自增（前置）	a = 2; b = ++a;	a = 3; b = 3;
	自增（后置）	a = 2; b = a++;	a = 3; b = 2;
−−	自减（前置）	a = 2; b = −−a;	a = 1; b = 1;
	自减（后置）	a = 2; b = a−−;	a = 1; b = 2;

表 2-2 中的自增和自减运算是难点，建议读者在学习的过程中反复练习，以便更好地掌握自增和自减运算。

自增和自减运算可以快速地对变量的值进行递增或递减运算，自增和自减运算符可以放在变量前也可以放在变量后。当自增（或自减）运算符放在变量前时，称为前置自增（或前置自减）；当自增（或自减）运算符放在变量后面时，称为后置自增（或后置自减）。前置和后置的区别在于，前置返回的是计算后的结果，后置返回的是计算前的结果。

下面通过代码演示自增和自减运算。

```
var a = 2, b = 2, c = 3, d = 3;
// 自增
console.log(++a);                              // 输出结果为: 3
console.log(a);                                // 输出结果为: 3
console.log(b++);                              // 输出结果为: 2
console.log(b);                                // 输出结果为: 3
// 自减
console.log(--c);                              // 输出结果为: 2
console.log(c);                                // 输出结果为: 2
console.log(d--);                              // 输出结果为: 3
console.log(d);                                // 输出结果为: 2
```

算术运算符在实际应用过程中还需要注意以下 4 点。

① 进行四则混合运算时，运算顺序要遵循数学中"先乘除后加减"的原则。例如，运行"var result = 2+8–3*2/2"后，result 的值是 7。

② 在进行取模运算时，运算结果的正负取决于被模数（％左边的数）的正负，与模数（％右边的数）的正负无关。例如，运行"var a = (–8) % 7, b = 8 % (–7)"后，a 的值为–1，b 的值为 1。

③ 在开发过程中尽量避免使用浮点数进行运算，有时 JavaScript 的精度可能导致结果产生偏差。例如，0.1 + 0.2 正常的计算结果应该是 0.3，但是 JavaScript 的计算结果却是 0.30000000000000004。此时，将参与运算的浮点数转换为整数，计算后再转换为浮点数即可。例如，将 0.1 和 0.2 分别乘 10，相加后再除 10，即可得到 0.3。

④ "+"和"–"在运算符中还可以表示正数或负数。例如，(+2.1)+(–1.1) 的计算结果为 1。

▌▌多学一招: 表达式

表达式是一组代码的集合，每个表达式的运行结果都是一个值。变量和各种类型的数据都可以用于构成表达式。一个简单的表达式可以是一个变量或字面量，下面列举一些常见的表达式。

```
var num = 3 + 3;               // 将表达式 3 + 3 的值 6 赋值给变量 num
num = 7;                       // 将表达式 7 的值赋值给变量 num
var age = 23 + num;            // 将表达式 23 + num 的值 30 赋值给变量 age
age = num = 35;                // 将表达式 num = 35 的值 35 赋值给变量 age
console.log(age);              // 将表达式 age 的值作为参数传给 console.log()
alert(prompt('a'));           // 将表达式 prompt('a') 的值作为参数传给 alert()
alert(parseInt(prompt('num')) + 1); // 由简单的表达式组合成的复杂表达式
```

当一个表达式含有多个运算符时，这些运算符会按照优先级进行运算。关于运算符优先级的知识将会在 2.3.9 小节中进行讲解。

2.3.2　字符串运算符

在 JavaScript 中，当含有"+"运算符的表达式的操作数中至少有一个为字符串时，"+"表示字符串运算符，用于实现字符串的拼接。

下面通过代码演示字符串运算符的使用。定义两个变量，第 1 个变量存放用户名'小智'，第 2 个变量存放性别'男'，如果需要显示"小智：男"，就需要将字符串'小智'、'：' 和'男'进行拼接。

```
1 var username = '小智';
```

```
2  var sex = '男';
3  // 使用 "+" 运算符实现字符串拼接
4  var str = username + ': ' + sex;
5  console.log(str);                                    // 输出结果为"小智：男"
```

在上述示例代码中，第 1 行代码用于声明 username 变量，并赋值为'小智'；第 2 行代码用于声明 sex 变量，并赋值为'男'；第 4 行代码使用字符串运算符"+"拼接变量 username、':'和变量 sex，并赋值给变量 str；第 5 行代码用于在控制台输出拼接后的字符串 str。

值得一提的是，ECMAScript 6.0 中新增了使用模板字符串的方式实现字符串的拼接。模板字符串的写法是以反引号（`）开头，以反引号（`）结尾。在使用模板字符串时，首先定义需要拼接的字符串变量，然后将字符串变量写到$\{\}$的大括号中。

使用模板字符串拼接字符串的示例代码如下。

```
1  var username = '小智';
2  var sex = '男';
3  // 使用模板字符串实现字符串拼接
4  console.log(`${username}: ${sex}`);                  // 输出结果为"小智：男"
```

在上述示例代码中，第 4 行代码使用模板字符串的方式来拼接变量 username、':'和变量 sex。

▏▎脚下留心：隐式转换

在 JavaScript 中，当操作的数据类型不符合预期时，JavaScript 会按照既定的规则进行自动类型转换，这种方式称为隐式转换，具体转换规则参考 2.2 节。例如，当判断某个值是否为 true 或 false 时，1 会被隐式转换为 true，0 会被隐式转换为 false。JavaScript 的隐式转换虽然降低了程序的严谨性，但也带来了便利，使开发人员不必处理繁琐的类型转换工作。在实际开发中，应注意隐式转换可能带来的问题，以免程序出现意想不到的结果。

下面通过代码演示如何使用隐式转换实现数据类型的转换。

```
1  // 通过隐式转换将数据转换为数字型数据
2  console.log('13' - 0);                // 输出结果为：13
3  console.log('13' * 1);                // 输出结果为：13
4  console.log('13' / 1);                // 输出结果为：13
5  // 通过隐式转换将数据转换为字符串型数据
6  console.log(13 + '');                 // 输出结果为：13
7  console.log(true + '');               // 输出结果为：true
8  console.log(null + '');               // 输出结果为：null
9  console.log(undefined + '');          // 输出结果为：undefined
```

在上述示例代码中，第 2~4 行代码使用减运算符"-"、乘运算符"*"和除运算符"/"实现了隐式转换，将字符串型数据'13'转换为数字型数据 13；第 6~9 行代码使用加运算符"+"实现了隐式转换，分别将数字型数据、布尔型数据、空型数据和未定义型数据转换为字符串型数据。

2.3.3 赋值运算符

在 JavaScript 中，赋值运算符用于将运算符右边的值赋给左边的变量。在变量的初始化过程中，就使用了最基本的赋值运算符"="。JavaScript 中常用的赋值运算符如表 2-3 所示。

表 2-3　JavaScript 中常用的赋值运算符

运算符	运算	示例	结果
=	赋值	a = 1, b = 2;	a = 1, b = 2;
+=	加并赋值	a = 1, b = 2; a += b;	a = 3, b = 2;
	字符串拼接并赋值	a = 'abc'; a += 'def';	a = 'abcdef';
−=	减并赋值	a = 4, b = 3; a −= b;	a = 1, b = 3;
*=	乘并赋值	a = 4, b = 3; a *= b;	a = 12, b = 3;
/=	除并赋值	a = 4, b = 2; a /= b;	a = 2, b = 2;
%=	取模并赋值	a = 4, b = 3; a %= b;	a =1, b = 3;
**=	幂运算并赋值	a = 4; a ** = 2;	a = 16;
<<=	左移位并赋值	a = 9, b = 2; a <<= b;	a = 36, b = 2;
>>=	右移位并赋值	a = −9, b = 2; a >>= b;	a = −3, b = 2;
>>>=	无符号右移位并赋值	a = −9, b = 2; a >>>= b;	a = 1073741821, b = 2;
&=	按位与并赋值	a = 3, b = 9; a &= b;	a = 1, b = 9;
^=	按位异或并赋值	a = 3, b = 9; a ^= b;	a = 10, b = 9;
|=	按位或并赋值	a = 3, b = 9; a |= b;	a = 11, b = 9;

表 2-3 中的 <<=、>>=、>>>=、&=、^=、|= 和位运算符有关（位运算符的内容将在 2.3.7 小节中讲解）。

下面通过代码演示赋值运算符的使用。

```
var a = 5;
a += 3;                 // 相当于 a = a + 3
console.log(a);         // 输出结果为: 8
a -= 4;                 // 相当于 a = a - 4
console.log(a);         // 输出结果为: 4
a *= 2;                 // 相当于 a = a * 2
console.log(a);         // 输出结果为: 8
a /= 2;                 // 相当于 a = a / 2
console.log(a);         // 输出结果为: 4
a %= 2;                 // 相当于 a = a % 2
console.log(a);         // 输出结果为: 0
a **= 2;                // 相当于 a = a ** 2
console.log(a);         // 输出结果为: 0
```

2.3.4　比较运算符

用户在访问电商网站的过程中，经常会在首页看到销量高的商品。在实际开发中，开发人员可以通过比较商品的销量，选出销量高的产品放到首页进行展示。

在 JavaScript 中，比较运算符用于对两个数据进行比较，比较返回的结果是布尔型数据，即 true 或 false。下面列举 JavaScript 中常用的比较运算符，如表 2-4 所示。

表 2-4　JavaScript 中常用的比较运算符

运算符	运算	示例	结果
>	大于	3 > 2	true

续表

运算符	运算	示例	结果
<	小于	3 < 2	false
>=	大于或等于	3 >= 2	true
<=	小于或等于	3 <= 2	false
==	等于	3 == 2	false
!=	不等于	3 != 2	true
===	全等	3 === 3	true
!==	不全等	3 !== 3	false

需要注意的是，运算符“==”和“!=”在比较不同类型的数据时，首先会自动将要进行比较的数据类型转换为相同的数据类型，然后进行比较。运算符“===”和“!==” 在比较不同类型的数据时，不会进行数据类型的转换。

下面通过代码演示比较运算符的使用。

```
console.log(13 > 12);           // 输出结果为：true
console.log(13 < 12);           // 输出结果为：false
console.log(13 >= 12);          // 输出结果为：true
console.log(13 <= 12);          // 输出结果为：false
console.log(13 == '13');        // 输出结果为：true
console.log(13 != 12);          // 输出结果为：true
console.log(13 === '13');       // 输出结果为：false
```

2.3.5 逻辑运算符

在开发中，有时只有多个条件同时成立才会执行后续的代码，例如，只有用户输入有效的用户名和密码，才能登录成功。在程序中，如果要实现条件的判断，可以使用逻辑运算符。

JavaScript 中常用的逻辑运算符如表 2-5 所示。

表 2-5　JavaScript 中常用的逻辑运算符

运算符	运算	示例	结果
&&	与	a && b	如果 a 的值为 true，则结果为 b 的值；如果 a 的值为 false，则结果为 a 的值
||	或	a || b	如果 a 的值为 true，则结果为 a 的值；如果 a 的值为 false，则结果为 b 的值
!	非	!a	如果 a 的值为 true，则结果为 false；如果 a 的值为 false，则结果为 true

下面通过代码演示逻辑运算符的使用。

```
// 逻辑“与”
console.log(100 && 200);        // 输出结果为：200
console.log(0 && 123);          // 输出结果为：0
console.log(3 > 2 && 4 > 3);    // 输出结果为：true
console.log(2 < 1 && 3 > 1);    // 输出结果为：false
// 逻辑“或”
console.log(100 || 200);        // 输出结果为：100
console.log(0 || 123);          // 输出结果为：123
console.log(3 > 2 || 4 < 3);    // 输出结果为：true
console.log(2 < 1 || 3 < 1);    // 输出结果为：false
```

```
// 逻辑"非"
console.log(!(2 > 1));                    // 输出结果为：false
console.log(!(2 < 1));                    // 输出结果为：true
```

需要注意的是，在使用逻辑运算符时，是按从左到右的顺序进行求值的，在运算时可能会出现"短路"的情况。"短路"是指如果通过逻辑运算符左边的表达式能够确定最终值，则不运算逻辑运算符右边的表达式，具体说明如下。

- 使用"&&"连接两个表达式，语法为"左边表达式 && 右边表达式"。如果左边表达式的值为 true，则结果为右边表达式的值；如果左边表达式的值为 false，则结果为左边表达式的值。
- 使用"||"连接两个表达式，语法为"左边表达式 || 右边表达式"。如果左边表达式的值为 true，则结果为左边表达式的值；如果左边表达式的值为 false，则结果为右边表达式的值。

下面通过代码演示出现"短路"的情况。

```
1  var a = 1;
2  false && a++;                         // &&短路情况
3  console.log(a);                       // 输出结果为：1
4  true || a++;                          // ||短路情况
5  console.log(a);                       // 输出结果为：1
```

在上述示例代码中，第 1 行代码用于声明变量 a 并赋值为 1；第 2 行代码中左边表达式的值为 false，所以不运行 a++；第 3 行代码用于输出 a 的值，因为 a++未运行，所以输出变量 a 的值为 1；第 4 行代码中左边表达式的值为 true，所以不运行 a++；第 5 行代码用于输出 a 的值，因为 a++未运行，所以输出变量 a 的值为 1。

2.3.6　三元运算符

三元运算符包括"?"和":"，用于组成三元表达式。三元表达式用于根据条件表达式的值来决定是"?"后面的表达式被运行还是":"后面的表达式被运行。

三元表达式的语法格式如下。

```
条件表达式 ? 表达式 1 : 表达式 2
```

上述语法格式中，如果条件表达式的值为 true，则返回表达式 1 的运行结果；如果条件表达式的值为 false，则返回表达式 2 的运行结果。

下面通过代码演示三元运算符的使用。

```
var age = prompt('请输入您的年龄');
var status = age >= 18 ? '已成年' : '未成年';
document.write(status);
```

上述示例代码用于根据用户输入的年龄判断用户是已成年还是未成年。如果用户输入的年龄是 13，则首先运行条件表达式"age >= 18"，因为 age 的值是 13，而 13 小于 18，所以条件表达式的值为 false，此时就会将'未成年' 赋值给变量 status，最后在页面中输出的结果为"未成年"。同理，如果用户输入的年龄是 18，则页面中输出的结果为"已成年"。

2.3.7　位运算符

位运算符用于对数据进行二进制运算。在运算时，位运算符会将参与运算的操作数视为由二进制数（0 和 1）组成的 32 位的串。例如，十进制数字 9 用二进制表示为 00000000

00000000 00000000 00001001，可以简写为 1001。位运算符在运算时，会将二进制的每一位进行运算。

需要注意的是，JavaScript 中位运算符仅能对数字型数据进行运算。在对数字型数据进行位运算之前，程序会将所有的操作数转换为二进制数，然后逐位运算。

JavaScript 中常用的位运算符如表 2-6 所示。

表 2-6　JavaScript 中常用的位运算符

运算符	名称	示例	说明
&	按位"与"	a & b	将操作数进行按位"与"运算，如果两个二进制位都是 1，则该位的运算结果为 1，否则为 0
|	按位"或"	a | b	将操作数进行按位"或"运算，如果二进制位上有一个值是 1，则该位的运算结果就是 1，否则为 0
~	按位"非"	~a	将操作数进行按位"非"运算，如果二进制位为 0，则按位"非"的结果为 1；如果二进制位为 1，则按位"非"的结果为 0
^	按位"异或"	a ^ b	将操作数进行按位"异或"运算，如果二进制位相同，则按位"异或"的结果为 0，否则为 1
<<	左移	a << b	将操作数的二进制位按照指定位数向左移动，运算时，右边的空位补 0，左边移走的部分舍去
>>	右移	a >> b	将操作数的二进制位按照指定位数向右移动，运算时，左边的空位根据原数的符号位补 0 或者 1，原来是负数就补 1，是正数就补 0
>>>	无符号右移	a >>> b	将操作数的二进制位按照指定位数向右移动，不考虑原数的正负，运算时，左边的空位补 0

下面通过代码演示位运算符的使用。

```
console.log(15 & 9);      // 输出结果为：9（相当于 1111 & 1001 = 1001）
console.log(15 | 9);      // 输出结果为：15（相当于 1111 | 1001 = 1111）
console.log(~15);         // 输出结果为：-16（相当于~1111 = -10000）
console.log(15 ^ 9);      // 输出结果为：6（相当于 1111 ^ 1001 = 110）
console.log(9 << 2);      // 输出结果为：36（相当于 1001 << 2 = 100100）
console.log(9 >> 2);      // 输出结果为：2（相当于 1001 >> 2 = 10）
console.log(19 >>> 2);    // 输出结果为：4（相当于 10011 >>> 2 = 100）
```

2.3.8　数据类型检测运算符

在进行数学计算时，需要确保参与运算的数据是数字型数据，否则会产生错误的计算结果。因此，需要在运算前检测数据的类型。在 JavaScript 中，可以使用 typeof 运算符进行数据类型的检测。typeof 运算符以字符串形式返回检测结果，语法格式如下。

```
// 第 1 种语法格式
typeof 需要进行数据类型检测的数据
// 第 2 种语法格式
typeof(需要进行数据类型检测的数据)
```

在上述语法格式中，第 1 种语法格式只能检测单个操作数；第 2 种语法格式可以对表达式进行检测。

下面通过代码演示如何使用 typeof 运算符检测数据类型。

```
1  console.log(typeof 23);          // 输出结果为：number
2  console.log(typeof '水果');       // 输出结果为：string
```

```
3 console.log(typeof false);                    // 输出结果为：boolean
4 console.log(typeof null);                      // 输出结果为：object
5 console.log(typeof undefined);                 // 输出结果为：undefined
```

在上述示例代码中，第 1 行代码中的 23 是数字型数据，使用 typeof 运算符检测数据类型时输出 number；第 2 行代码中的'水果'是字符串型数据，使用 typeof 运算符检测数据类型时输出 string；第 3 行代码中的 false 是布尔型数据，使用 typeof 运算符检测数据类型时输出 boolean；第 4 行代码中的 null 是空型数据，在使用 typeof 运算符检测数据类型时输出 object，而没有输出 null，这是 JavaScript 为了兼容已经存在的旧代码而导致的历史遗留问题；第 5 行代码中的 undefined 是未定义型数据，使用 typeof 运算符检测数据类型时输出 undefined。

此外，使用 typeof 运算符还可以很方便地检测输入变量的数据类型，示例代码如下。

```
1 var password = prompt('请输入您的密码:');
2 console.log(password);
3 console.log(typeof password);
```

上述示例代码运行后，页面会出现一个输入框，如果用户未输入密码，直接单击“确定”按钮，则 password 的值为空字符串，控制台输出的结果为 string；如果用户单击“取消”按钮，则 password 的值为 null，控制台输出的结果为 object；如果用户输入的是数字，则 password 的值是用字符串保存的数字，控制台输出的结果为 string。

值得一提的是，在 JavaScript 中，typeof 是一个一元运算符，如果 typeof 放在一个操作数之前，则操作数可以是任意类型的数据，其返回结果是字符串。使用比较运算符“==”可以判断 typeof 返回的检测结果是否符合预期，示例代码如下。

```
1 var password = '123456';
2 console.log(typeof password == 'string');      // 输出结果为：true
3 console.log(typeof password == 'number');      // 输出结果为：false
```

在上述示例代码中，password 在与'string'比较时，控制台输出的结果为 true，表示 password 是 string 类型数据；在与'number'比较时，控制台输出的结果为 false，表示 password 不是 number 类型数据。

运算符是 JavaScript 中的基础知识，在学习的过程中，读者要保持仔细认真的态度，并具备创新思维，要充分发挥运算符的组合和嵌套能力，善于使用运算符，创造出新颖、优秀的程序。在工作中，保持仔细认真的态度，可以提高工作的效率和质量，有利于在职场中获得更好的发展机会。

2.3.9　运算符优先级

在日常生活中，我们经常会在车站、港口、机场等场所看到“军人依法优先”的标示牌，表示军人在出行过程中享有优先的权利，彰显了国家和社会对军人职业的尊崇。在 JavaScript 中，运算符也遵循先后顺序，这种顺序称作运算符优先级。JavaScript 中的运算符优先级如表 2-7 所示。

表 2-7　JavaScript 中的运算符优先级

结合方向	运算符
无	()
左（new 除外）	.、[]、new（有参数，无结合性）

续表

结合方向	运算符
右	new（无参数）
无	++（后置）、--（后置）
右	!、~、-（负数）、+（正数）、++（前置）、--（前置）、typeof、void、delete
右	**
左	*、/、%
左	+、-
左	<<、>>、>>>
左	<、<=、>、>=、in、instanceof
左	==、!=、===、!==
左	&
左	^
左	|
左	&&
左	||
右	?:
右	=、+=、-=、*=、/=、%=、<<=、>>=、>>>=、&=、^=、|=
左	,

表 2-7 中，运算符的优先级由上到下递减，同一单元格中的运算符具有相同的优先级。左结合方向表示同级运算符的运算顺序为从左向右，右结合方向表示同级运算符的运算顺序为从右向左。

由表 2-7 可知，在 JavaScript 的运算符中小括号"()"的优先级最高，在进行运算时要首先计算小括号内的表达式。如果表达式中有多个小括号，则最内层小括号的优先级最高。

下面通过代码演示未加小括号的表达式和加小括号的表达式的运算顺序。

```
1  console.log(3 + 4 * 5);              // 输出结果为：23
2  console.log((3 + 4) * 5);            // 输出结果为：35
```

在上述示例代码中，第 1 行代码中的表达式"3 + 4 * 5"按照运算符优先级，先进行乘法运算，再进行加法运算，最终结果为 23；第 2 行代码中的表达式"(3 + 4) * 5"按照运算符优先级，先进行小括号中的加法运算，再进行乘法运算，最终结果为 35。

当表达式中有多种运算符时，可根据需要为表达式添加小括号，这样可以使代码更清楚，并且可以避免错误的发生。

2.3.10　【案例】计算圆的周长和面积

学习了 2.3.1~2.3.9 小节的内容后，下面将通过一个案例巩固前面所学的知识。

本案例要求运用运算符的知识，计算圆的周长和面积。计算圆的周长的公式为 $2\pi r$，计算圆的面积的公式为 πr^2。公式中，π 表示圆周率，在代码中使用圆周率的近似值 3.14；r 表示圆的半径。下面根据公式编写代码来计算圆的周长和面积，具体代码如例 2-1 所示。

例 2-1　Example1.html

```
1  <!DOCTYPE html>
```

```
2  <html>
3  <head>
4    <meta charset="UTF-8">
5    <title>Document</title>
6  </head>
7  <body>
8    <script>
9      var radius = prompt('请输入圆的半径: ');          // radius 表示圆的半径
10     radius = parseFloat(radius);
11     var c = 2 * 3.14 * radius;                      // c 表示圆的周长
12     var s = 3.14 * radius * radius;                 // s 表示圆的面积
13     console.log('圆的周长为: ' + c.toFixed(2));      // 输出圆的周长
14     console.log('圆的面积为: ' + s.toFixed(2));      // 输出圆的面积
15   </script>
16 </body>
17 </html>
```

例 2-1 中，第 9 行代码声明变量 radius，用于接收用户输入的半径；第 10 行代码用于将变量 radius 转换为数字型数据；第 11 行代码声明变量 c，用于保存圆的周长；第 12 行代码声明变量 s，用于保存圆的面积。

保存代码，在浏览器中进行测试，例 2-1 的页面初始效果如图 2-2 所示。

图2-2　例2-1的页面初始效果

在图 2-2 所示的页面中弹出的输入框中输入 3，单击"确定"按钮后，进入控制台查看例 2-1 的输出结果，会发现控制台中的输出结果为"圆的周长为：18.84"和"圆的面积为：28.26"，说明已经实现了计算圆的周长和面积。

2.4　流程控制

在 JavaScript 中，当需要实现复杂的业务逻辑时，需要对程序进行流程控制。根据流程控制的需要，通常将程序分为 3 种结构，分别是顺序结构、选择结构和循环结构。顺序结构是指程序按照代码的先后顺序自上而下地运行，由于顺序结构比较简单，所以不过多介绍。本节主要讲解选择结构、循环结构，以及在循环结构中用到的跳转语句。

2.4.1　选择结构

JavaScript 提供了选择结构语句（或称为条件判断语句）来实现程序的选择结构。选择结构语句是指根据语句中的条件进行判断，进而运行与条件相对应的代码。常用的选择结构语句有 if 语句、if…else 语句、if…else if…else 语句和 switch 语句。下面分别讲解这 4 种选择结构语句。

1. if 语句

if 语句也称为单分支语句、条件语句，具体语法格式如下。

```
if (条件表达式) {
  代码段
}
```

上述语法格式中，条件表达式的值是一个布尔值，当该值为 true 时，运行大括号"{}"中的代码段，否则不进行任何处理。如果代码段中只有一条语句，则可以省略大括号"{}"。

if 语句的运行流程如图 2-3 所示。

由图 2-3 可知，当条件表达式的结果为 true 时，才会运行代码段，否则不运行代码段。

下面通过代码演示 if 语句的使用，实现只有当年龄大于或等于 18 周岁时，才输出"已成年"，否则不输出任何信息。

```
var age = 23;                    // 声明变量 age 并赋值为 23
if (age >= 18) {
  console.log('已成年');          // 在控制台输出"已成年"
}
```

在上述示例代码中，声明了变量 age 并赋值为 23，由于变量 age 的值为 23，23 大于 18，所以条件表达式"age >= 18"的值为 true，运行"{}"中的代码段，控制台中的输出结果为"已成年"。如果将上述示例代码中变量 age 的值修改为 16，则条件表达式"age >= 18"的值为 false，此时不做任何处理。

2. if...else 语句

if...else 语句也称为双分支语句，具体语法格式如下。

```
if (条件表达式) {
  代码段 1
} else {
  代码段 2
}
```

上述语法格式中，当条件表达式的值为 true 时，运行代码段 1；当条件表达式的值为 false 时，运行代码段 2。

if...else 语句的运行流程如图 2-4 所示。

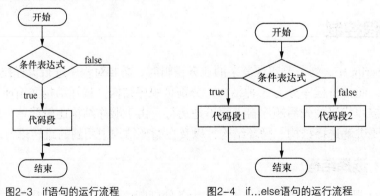

图2-3 if语句的运行流程　　　　　图2-4 if...else语句的运行流程

下面通过代码演示 if...else 语句的使用，实现当年龄大于或等于 18 周岁时，输出"已成年"，否则输出"未成年"。

```
var age = 17;                    // 声明变量 age 并赋值为 17
if (age >= 18) {
```

```
    console.log('已成年');          // 当 age >= 18 时在控制台输出 "已成年"
  } else {
    console.log('未成年');          // 当 age < 18 时在控制台输出 "未成年"
  }
```

在上述示例代码中，声明了变量 age 并赋值为 17，由于变量 age 的值为 17，17 小于 18，所以条件表达式 "age >= 18" 的值为 false，运行 else 后 "{}" 中的代码段，控制台的输出结果为 "未成年"。如果将上述示例代码中变量 age 的值修改为 18，则条件表达式 "age >= 18" 的值为 true，将会在控制台输出 "已成年"。

3. if…else if…else 语句

if…else if…else 语句也称为多分支语句，是指有多个条件的语句，可针对不同情况进行不同的处理，具体语法格式如下。

```
if (条件表达式 1) {
  代码段 1
} else if (条件表达式 2) {
  代码段 2
}
…
else if (条件表达式 n) {
代码段 n
} else {
  代码段 n+1
}
```

上述语法格式中，当条件表达式 1 的值为 true 时，运行代码段 1；当条件表达式 1 的值为 false 时，继续判断条件表达式 2 的值，当条件表达式 2 的值为 true 时，运行代码段 2，以此类推。如果所有表达式的值都为 false，则运行最后 else 中的代码段 n+1，如果最后没有 else，则直接结束。

if…else if…else 语句的运行流程如图 2-5 所示。

下面通过代码演示 if…else if…else 语句的使用，实现对学生考试成绩按分数进行等级的划分：90～100 分为优秀；80～90 分为良好；70～80 分为中等；60～70 分为及格；小于 60 分为不及格。

```
var score = 78;                    // 声明变量 score 并赋值为 78
if (score >= 90) {
  console.log('优秀');              // 当 score >= 90 时在控制台输出 "优秀"
} else if (score >= 80) {
  console.log('良好');              // 当 score >= 80 时在控制台输出 "良好"
} else if (score >= 70) {
  console.log('中等');              // 当 score >= 70 时在控制台输出 "中等"
} else if (score >= 60) {
  console.log('及格');              // 当 score >= 60 时在控制台输出 "及格"
} else {
  console.log('不及格');            // 当 score < 60 时在控制台输出 "不及格"
}
```

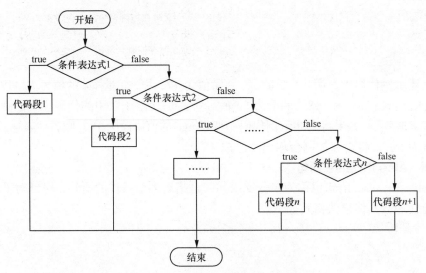

图2-5　if...else if...else语句的运行流程

在上述示例代码中，声明了变量 score 并赋值为 78 后，首先判断表达式"score >= 90"的值，由于 78 小于 90，所以表达式"score >= 90"的值为 false；继续判断表达式"score >= 80"的值，由于 78 小于 80，所以表达式"score >= 80"的值也为 false；再继续判断表达式"score >= 70"的值，由于 78 大于 70，所以表达式"score >= 70"的值为 true，运行"console.log('中等');"代码段，最终在控制台输出"中等"。

4. switch 语句

switch 语句也称为多分支语句，该语句与 if...else if...else 语句类似，区别是 switch 语句只能针对某个表达式的值做出判断，从而决定运行哪一段代码。与 if...else if...else 语句相比，switch 语句可以使代码更加清晰简洁、便于阅读。

switch 语句的具体语法格式如下。

```
switch（表达式）{
  case 值 1
    代码段 1；
    break；
  case 值 2
    代码段 2；
    break；
  …
  default：
    代码段 n；
}
```

上述语法格式中，首先计算表达式的值，然后将表达式的值和每个 case 的值进行比较，当数据类型不同时会自动进行数据类型转换，如果表达式的值和 case 的值相等，则运行 case 后对应的代码段。当遇到 break 语句时跳出 switch 语句，如果省略 break 语句，则将继续运行下一个 case 后面的代码段。如果所有 case 的值与表达式的值都不相等，则运行 default 后面的代码段。需要说明的是，default 是可选的，可以根据实际需要进行设置。

switch 语句的运行流程如图 2-6 所示。

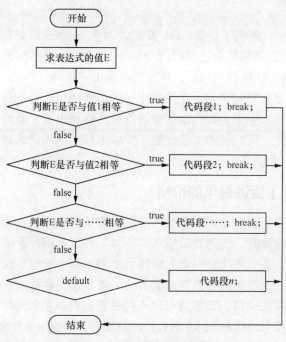

图2-6　switch语句的运行流程

　　下面通过代码演示 switch 语句的使用，实现判断变量 week 的值，当 week 变量的值为 1～6 时，输出星期一～星期六，当变量 week 的值为 0 时，输出星期日；如果没有与变量 week 的值相等的 case 值，则输出"输入错误，请重新输入"。

```
var week = 3;
switch (week) {
  case 0:
    console.log('星期日');
    break;
  case 1:
    console.log('星期一');
    break;
  case 2:
    console.log('星期二');
    break;
  case 3:
    console.log('星期三');
    break;
  case 4:
    console.log('星期四');
    break;
  case 5:
    console.log('星期五');
    break;
  case 6:
    console.log('星期六');
    break;
  default:
    console.log('输入错误，请重新输入');
```

```
  };
```

在上述示例代码中，声明了变量 week 并赋值为 3，switch 语句首先计算表达式的值，表达式 week 的值为 3，然后将表达式的值与 case 值比较，当匹配到与表达式相等的 case 值时，运行 "console.log('星期三');"，在控制台输出 "星期三"。

以上讲解了 4 种选择结构语句。在编程中，通过选择结构语句可以根据条件执行不同的分支语句。同样，在人生中，我们也会面临各种选择和决策，然而我们并非每次做出的选择都是正确的。因此，我们在做出选择前，要仔细权衡不同的选择潜在的风险及其带来的影响。

2.4.2 【案例】查询蔬菜的价格

在日常生活中，我们去超市购买蔬菜，结账时售货员会通过查询蔬菜的价格来计算总价。例如，在对蔬菜称重时，当售货员输入 "芹菜" 时，查询芹菜的价格；输入 "黄瓜" 时，查询黄瓜的价格。下面将通过一个案例演示使用 switch 语句实现查询蔬菜的价格。

本案例要求定义一个用于保存售货员输入的蔬菜名称的变量 vegetable，然后使用 switch 语句实现查询对应蔬菜的价格。当售货员输入需要查询的蔬菜名称后，控制台会输出对应的蔬菜价格，其中，芹菜的价格是 3.2 元/kg；黄瓜的价格是 2.5 元/kg；莲藕的价格是 9.0 元/kg；土豆的价格是 1.2 元/kg。如果输入的蔬菜名称不存在，则输出 "没有此蔬菜"，具体实现代码如例 2-2 所示。

例 2-2   Example2.html

```
1  <!DOCTYPE html>
2  <html>
3  <head>
4    <meta charset="UTF-8">
5    <title>Document</title>
6  </head>
7  <body>
8    <script>
9      var vegetable = prompt('请输入查询的蔬菜：');
10     switch (vegetable) {
11       case '芹菜':
12         console.log('芹菜的价格是 3.2 元/kg');
13         break;
14       case '黄瓜':
15         console.log('黄瓜的价格是 2.5 元/kg');
16         break;
17       case '莲藕':
18         console.log('莲藕的价格是 9.0 元/kg');
19         break;
20       case '土豆':
21         console.log('土豆的价格是 1.2 元/kg');
22         break;
23       default:
24         console.log('没有此蔬菜')
25     }
26   </script>
```

```
27 </body>
28 </html>
```

例 2-2 中，第 9 行代码通过 vegetable 变量保存售货员输入的蔬菜名称；第 10~25 行代码使用 switch 语句实现根据售货员输入的蔬菜名称查询对应蔬菜的价格，当 case 后面没有和 vegetable 变量匹配的值时，运行 default 后面的代码，输出"没有此蔬菜"。

保存代码，在浏览器中进行测试，例 2-2 的初始页面效果如图 2-7 所示。

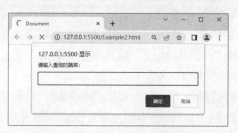

图2-7　例2-2的初始页面效果

在图 2-7 所示的页面弹出的输入框中输入"莲藕"，单击"确定"按钮后，进入控制台查看例 2-2 的输出结果，会看到控制台输出了"莲藕的价格是 9.0 元/kg"，说明使用 switch 语句实现了查询蔬菜的价格。

2.4.3　循环结构

循环结构是为了在程序中反复运行某个功能而设置的一种程序结构，它用于实现一段代码的重复运行。例如，连续输出 1~100 的整数，如果不使用循环结构，则需要编写 100 次输出代码才能实现，而使用循环结构，仅使用几行代码就能让程序自动输出。

在循环结构中，由循环体和循环的终止条件组成的语句称为循环语句，一组被重复运行的语句称为循环体，循环结束的条件称为终止条件。循环体能否重复运行，取决于循环的终止条件。在 JavaScript 中，提供了 3 种循环语句，分别是 for 语句、while 语句、do…while 语句，下面将详细讲解这 3 种循环语句。

1. for 语句

在程序开发中，for 语句通常用于循环次数已知的情况，其语法格式如下。

```
for (初始化变量；条件表达式；操作表达式) {
    循环体
}
```

上述语法格式的具体介绍如下。

● *初始化变量*：初始化一个用于作为计数器的变量，通常使用 var 关键字声明一个变量并赋初始值。

● *条件表达式*：决定循环是否继续，即循环的终止条件。

● *操作表达式*：通常用于对计数器变量进行更新（递增或递减），是每次循环中最后运行的代码。

for 语句的运行流程如图 2-8 所示。

下面演示 for 语句的使用。使用 for 语句实现在控制台中输出 1~100 的整数，示例代码如下。

```
for (var i = 1; i <= 100; i++) {
```

```
    console.log(i);              // 输出 1 2 3 4 5 6, …, 100
  }
```

在上述示例代码中，"var i = 1"表示声明计数器变量 i 并赋初始值为 1；"i <= 100"是条件表达式，作为循环的终止条件，当计数器变量 i 小于或等于 100 时运行循环体中的代码；"i++"是操作表达式，用于在每次循环中为计数器变量 i 加 1。

上述示例代码的运行流程如下。

① 运行"var i = 1"以初始化变量。

② 判断"i <= 100"的值是否为 true，如果为 true，则进入第③步，否则结束循环。

③ 运行循环体，通过"console.log(i)"输出变量 i 的值。

④ 运行"i++"，将 i 的值加 1。

⑤ 判断"i <= 100"的值是否为 true，和第②步相同。只要满足"i <= 100"这个条件，就会一直循环。当 i 的值加到 101 时，判断结果为 false，循环结束。

2. while 语句

while 语句和 for 语句可以相互转换，都能够实现循环。在无法确定循环次数的情况下，while 语句更适合用于实现循环。while 语句的语法格式如下。

```
while (条件表达式) {
  循环体
}
```

上述语法格式中，如果条件表达式的值为 true，则循环运行循环体，直到条件表达式的值为 false 才结束循环。

while 语句的运行流程如图 2-9 所示。

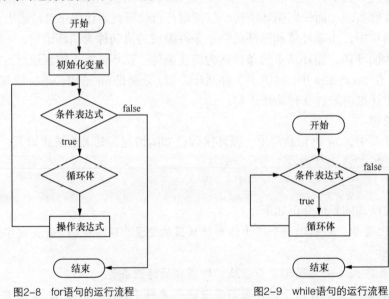

图2-8 for语句的运行流程   图2-9 while语句的运行流程

由图 2-9 可知，如果条件表达式的值一直为 true，则会出现死循环。为了保证循环可以正常结束，应确保条件表达式的值存在 false 的情况。

下面使用 while 语句实现在控制台中输出 1～100 的整数，示例代码如下。

```
1 var i = 1;
2 while (i <= 100) {
3   console.log(i);
4   i++;
5 }
```

在上述示例代码中，第 1 行代码用于声明变量 i 并赋值为 1；第 2 行代码的 "i <= 100" 是循环终止条件；第 3 行代码用于循环输出变量 i 的值；第 4 行代码用于实现变量 i 的自增。

上述示例代码的运行流程如下。

① 运行 "var i = 1" 以初始化变量。

② 判断 "i <= 100" 的值是否为 true，如果为 true，则进入第③步，否则结束循环。

③ 运行循环体，通过 "console.log(i)" 输出变量 i 的值。

④ 运行 "i++"，将 i 的值加 1。

⑤ 判断 "i <= 100" 的值是否为 true，和第②步相同。只要满足 "i <= 100" 这个条件，就会一直循环。当 i 的值加到 101 时，判断结果为 false，循环结束。

3. do…while 语句

do…while 语句和 while 语句类似，其区别在于 while 语句是先判断条件表达式的值，再根据条件表达式的值决定是否运行循环体，而 do…while 语句会无条件地运行一次循环体，然后判断条件表达式的值，根据条件表达式的值决定是否继续运行循环体。

do…while 语句的语法格式如下。

```
do {
  循环体
} while (条件表达式);
```

do…while 语句的运行流程如图 2-10 所示。

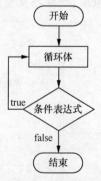

图2-10　do…while语句的运行流程

由图 2-10 可知，do…while 语句先运行一次循环体，然后判断条件表达式的值。如果条件表达式的值为 true，则进行下一次循环，否则结束循环。

下面演示 do…while 语句的使用。使用 do…while 语句实现在控制台中输出 1～100 的整数，示例代码如下。

```
1 var i = 1;
2 do {
3   console.log(i);
4   i++;
5 } while (i <= 100)
```

在上述示例代码中，第 1 行代码用于声明变量 i 并赋值为 1；第 3 行代码用于输出变量 i 的值；第 4 行代码用于实现变量 i 的自增；第 5 行代码的 "i <= 100" 是循环终止条件。

上述示例代码的运行流程如下。

① 运行 "var i = 1" 以初始化变量。

② 运行循环体，通过 "console.log(i)" 输出变量 i 的值。

③ 运行 "i++"，将 i 的值加 1。

④ 判断 "i <= 100" 的值是否为 true，如果为 true，则继续运行第②步。只要条件表达式的值为 true 就一直循环，当 i 的值加到 101 时结束循环。

多学一招：断点调试

在程序开发中，使用断点调试可以帮助开发者更好地观察程序的运行过程。断点调试是指在程序的某一行设置一个断点进行调试。在进行断点调试时，程序运行到设置了断点的某一行就会停住，然后就可以控制代码一步一步地运行，在这个过程中可以看到每个变量当前的值。

在 Chrome 浏览器的开发者工具中可以进行断点调试。按 "F12" 键启动开发者工具后，切换到 "Sources" 面板，如图 2-11 所示。

由图 2-11 可知，"Sources" 面板中①展示了目录结构，②展示了网页源代码，③是 JavaScript 调试区。

在网页源代码中，单击某一行代码前面的行号，即可添加断点，再次单击，可以取消断点。例如，为 for 语句添加断点，如图 2-12 所示。

在添加断点后，刷新网页，程序就会在断点的位置暂停，此时按 "F11" 键让程序单步运行，可在 JavaScript 调试区的 "Watch" 中观察变量的值的变化。

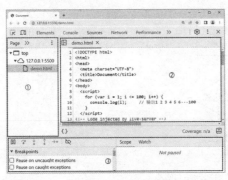

图2-11　"Sources" 面板

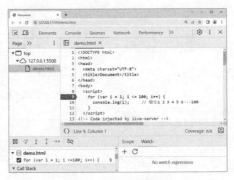

图2-12　为for语句添加断点

2.4.4　【案例】for 语句的使用

在开发中，使用 for 语句可以实现各种不同的功能，例如，使用 for 语句可以重复运行相同代码、重复运行不同代码、计算某个数值范围内的平均值等。为了帮助读者巩固 for 语句的相关知识，下面通过 6 个小案例分别进行演示。

1. 重复运行相同代码

使用 for 语句可以重复运行相同代码，例如，重复运行 10 次相同代码，示例代码如下。

```
for (var num = 1; num <= 10; num++) {
```

```
  console.log('重要的事情说10遍');
}
```

结合上述示例代码，还可以使用 prompt() 让用户输入循环的次数，示例代码如下。

```
var num = prompt('请输入次数');
for (var i = 1; i <= num; i++) {
  console.log(`重要的事情说${num}遍`);
}
```

2. 重复运行不同代码

在 for 循环中可以使用 if 语句进行判断，根据变量 i 的不同值，进行不同的处理。例如，判断当前循环进行到第几次，示例代码如下。

```
for (var i = 1; i <= 100; i++) {
  if (i == 1) {
    console.log('当前是第1次');
  } else if (i == 100) {
    console.log('当前是第100次');
  }
}
```

3. 计算 1～100 所有整数的和与平均值

在 for 语句的循环体中，计数器变量 i 每次循环后的值都会加 1，如果将计数器变量 i 的值进行累加，就可以对所有整数求和，将求和结果除以所有整数的数量，即可计算平均值，示例代码如下。

```
var sum = 0;
for (var i = 1; i <= 100; i++) {
  sum += i;
}
console.log('1～100所有整数的和为: ' + sum);                    // 输出结果为: 5050
console.log('1～100所有整数的平均值为: ' + (sum / 100));        // 输出结果为: 50.5
```

4. 计算 1～100 所有整数中偶数的和与奇数的和

计算 1～100 所有整数中偶数的和与奇数的和有两种常见的方式，第 1 种方式是首先在循环中判断当前计数器变量 i 是偶数还是奇数，然后声明 even 和 odd 两个变量，分别用于保存偶数和奇数的累加结果，示例代码如下。

```
var even = 0;
var odd = 0;
for (var i = 1; i <= 100; i++) {
  if (i % 2 == 0) {                           // 判断i是奇数还是偶数
    even += i;
  } else {
    odd += i;
  }
}
console.log('1～100所有整数中偶数的和为' + even);      // 输出结果为: 2550
console.log('1～100所有整数中奇数的和为' + odd);       // 输出结果为: 2500
```

第 2 种方式是修改 i 的初始值和每次循环的增长量，示例代码如下。

```
var even = 0;
for (var i = 2; i <= 100; i += 2) {              // i从2开始每次加2
  even += i;
}
```

```
var odd = 0;
for (var i = 1; i <= 100; i += 2) {              // i 从 1 开始每次加 2
  odd += i;
}
console.log('1～100 所有整数中偶数的和为' + even);   // 输出结果为：2550
console.log('1～100 所有整数中奇数的和为' + odd);    // 输出结果为：2500
```

5. 计算 1～100 所有整数中能被 5 整除的整数之和

通过学习 2.3.1 小节的算术运算符可知，使用%运算符可以计算一个数除以另一个数的余数，如果余数为 0，则表示这个数可以被另一个数整除，示例代码如下。

```
var result = 0;
for (var i = 1; i <= 100; i++) {
  if (i % 5 == 0) {
    result += i;
  }
}
console.log(result);                             // 输出结果为：1050
```

6.   自动生成字符串

使用 for 循环可以很方便地按照某个规律来生成字符串。例如，在页面中弹出一个输入框，提示用户输入星星的个数，程序会根据用户输入的数字自动生成对应数量的星星字符串，示例代码如下。

```
var num = prompt('请输入星星的个数');
var str = '';
for (var i = 1; i <= num; i++) {
  str = str + '☆';
}
console.log(str);
```

> ▌▌**多学一招**：记录 for 语句的运行流程

for 语句的使用非常灵活，为了帮助读者更好地理解 for 语句，下面通过编写代码演示 for 语句的运行流程。

```
var str = '';
var i = 4;                                       // 控制循环的次数
for (str += '1'; i-- && (str += '2'); str += '4-') {
  str += '3';
}
console.log(str);                                // 输出结果为：1234-234-234-234-
```

在上述示例代码中，用于控制循环次数的变量 i 的声明语句并没有写在 for 语句中，而是写在了 for 语句外面，然后在条件表达式中对 i 的值进行了修改，直到 i 的值减为 0，判断条件表达式的值为 false，结束循环。由输出结果可知，字符串 str 记录了 for 语句中的每个表达式的运行顺序。

2.4.5　循环嵌套

循环嵌套是指在一个循环语句中再定义一个循环语句。在 for 语句、while 语句、do…while 语句中都可以进行嵌套，并且它们之间可以互相嵌套。

下面以 for 语句循环嵌套 for 语句为例进行演示，语法格式如下。

```
for (初始化变量; 条件表达式; 操作表达式) {
  for (初始化变量; 条件表达式; 操作表达式) {
  }
}
```

上述语法格式中，内层循环位于外层循环的循环体中，内层循环的运行顺序遵循 for 语句的运行顺序，且外层循环每运行一次，内层循环运行全部次数。

下面通过 3 个案例演示 for 语句循环嵌套 for 语句的使用。

1. 生成指定行列的星星图案

如果想要生成 5 行 5 列的星星图案，则可以使用内层循环输出一行中的 5 个星星，然后使用外层循环将内层循环重复 5 次，并在每次内层循环结束后添加一个换行符，这样就可以得到 5 行星星，具体代码如例 2-3 所示。

例 2-3　Example3.html

```
1  <!DOCTYPE html>
2  <html>
3  <head>
4    <meta charset="UTF-8">
5    <title>Document</title>
6  </head>
7  <body>
8    <script>
9      var rows = prompt('请输入行数: ');
10     var cols = prompt('请输入列数: ');
11     var str = '';
12     for (var i = 1; i <= rows; i++) {
13       for (var j = 1; j <= cols; j++) {
14         str += '☆';
15       }
16       str += '\n';  // 换到下一行
17     }
18     console.log(str);
19   </script>
20 </body>
21 </html>
```

保存例 2-3 中的代码，在浏览器中测试，在页面弹出的输入框中分别输入行数 5 和列数 5，例 2-3 的运行结果如图 2-13 所示。

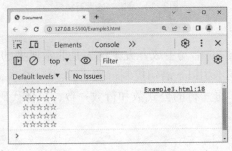

图2-13　例2-3的运行结果

由图 2-13 可知，使用 for 语句循环嵌套 for 语句成功实现了生成 5 行 5 列的星星图案。

2. 生成由星星构成的三角形图案

如果想要生成由星星构成的三角形图案，则可以在外层循环中使用 for 语句控制行数 i，在内层循环中使用 for 语句控制每行的星星个数 j。由于每行的星星个数 j 都不相同，所以内层循环中 j 的初始值会随着 i 的改变而改变，具体代码如例 2-4 所示。

例 2-4　　Example4.html

```
1  <!DOCTYPE html>
2  <html>
3  <head>
4    <meta charset="UTF-8">
5    <title>Document</title>
6  </head>
7  <body>
8    <script>
9      var str = '';
10     for (var i = 1; i <= 5; i++) {
11       for (var j = i; j <= 5; j++) {          // j的初始值为i
12         str = str + '☆';
13       }
14       str += '\n';
15     }
16     console.log(str);
17   </script>
18 </body>
19 </html>
```

保存例 2-4 中的代码，在浏览器中测试，例 2-4 的运行结果如图 2-14 所示。

由图 2-14 可知，使用 for 语句循环嵌套 for 语句成功实现了由星星构成的三角形图案。

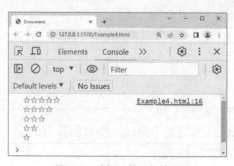

图2-14　例2-4的运行结果

3. 生成九九乘法表

使用 for 语句循环嵌套 for 语句生成九九乘法表是非常典型的案例。如果想要生成九九乘法表，则可以在外层循环使用 for 语句控制行数 i，共循环 9 次，在内层循环使用 for 语句控制每行的乘法公式数 j，每一行的公式数和行数一致，具体代码如例 2-5 所示。

例 2-5　　Example5.html

```
1  <!DOCTYPE html>
2  <html>
3  <head>
4    <meta charset="UTF-8">
```

```
5    <title>Document</title>
6  </head>
7  <body>
8    <script>
9      var str = '';
10     for (var i = 1; i <= 9; i++) {
11       for (var j = 1; j <= i; j++) {
12         str += j + 'x' + i + '=' + i * j + '\t';
13       }
14       str += '\n';
15     }
16     console.log(str);
17   </script>
18 </body>
19 </html>
```

保存例 2-5 中的代码，在浏览器中测试，例 2-5 的运行结果如图 2-15 所示。

图2-15　例2-5的运行结果

由图 2-15 可知，使用 for 语句循环嵌套 for 语句成功生成了九九乘法表。

2.4.6　跳转语句

循环语句运行后，会根据设置好的循环终止条件停止运行。在循环运行过程中，如果需要跳出本次循环或跳出整个循环，就需要用到跳转语句。在 JavaScript 中常用的跳转语句有 continue 语句和 break 语句，下面分别讲解这两个跳转语句的使用。

1. continue 语句

continue 语句可以在 for 语句、while 语句和 do…while 语句的循环体中使用，用于立即跳出本次循环，即跳过 continue 语句后面的代码，继续下一次循环。例如，小智在吃桃子，一共有 6 个桃子，吃到第 2 个桃子时，小智发现里面有虫子，就扔掉第 2 个桃子，继续吃剩下的 4 个桃子。下面通过代码演示小智扔掉第 2 个桃子，继续吃剩下的 4 个桃子的过程。

```
1  for (var i = 1; i <= 6; i++) {
2    if (i == 2) {
3      continue;                               // 跳出本次循环，直接跳到 i++
4    }
5    console.log(`小智吃完了第${i}个桃子`);
6  }
```

在上述示例代码中，使用 for 语句表示小智吃桃子的过程，第 2～4 行代码用于判断变量 i 是否等于 2，即判断小智当前是否正在吃第 2 个桃子，如果判断结果为 true，则跳出本次循环，继续下一次循环，表示小智扔掉第 2 个桃子，继续吃剩下的 4 个桃子。

Continue 语句示例代码的输出结果如图 2-16 所示。

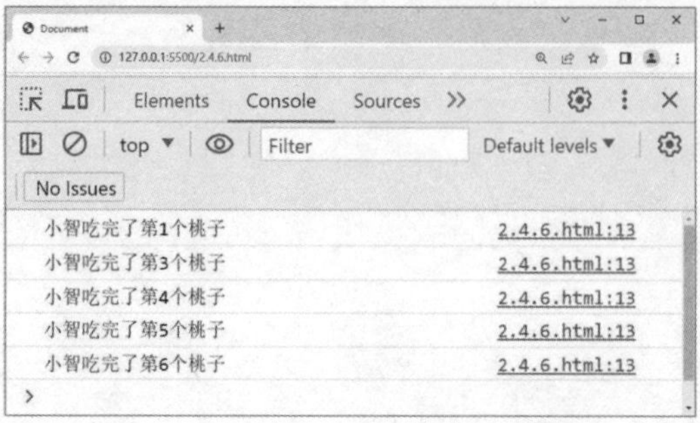

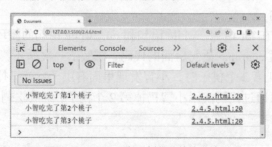

图2-16　continue语句示例代码的输出结果

由图 2-16 可知，在控制台依次输出了"小智吃完了第 1 个桃子""小智吃完了第 3 个桃子""小智吃完了第 4 个桃子""小智吃完了第 5 个桃子""小智吃完了第 6 个桃子"，说明使用 continue 语句跳出了第 2 次循环，表示小智扔掉了第 2 个桃子。

2. break 语句

当在 for 语句、while 语句和 do…while 语句中使用 break 语句时，表示立即跳出整个循环，也就是将循环结束。例如，小智在吃桃子，一共有 6 个桃子，吃到第 4 个桃子时，小智发现里面有虫子，于是扔掉了有虫子的桃子并且不再吃剩下的桃子。下面通过代码演示小智吃桃子的过程。

```
1 for (var i = 1; i <= 6; i++) {
2   if (i == 4) {
3     break;                           // 跳出整个循环
4   }
5   console.log(`小智吃完了第${i}个桃子`);
6 }
```

在上述示例代码中，使用 for 语句表示小智吃桃子的过程，第 2～4 行代码用于判断变量 i 是否等于 4，即判断小智是否吃到第 4 个桃子，如果判断结果为 true，则跳出整个循环，表示小智不再继续吃第 4 个、第 5 个、第 6 个桃子。

break 语句示例代码的输出结果如图 2-17 所示。

图2-17　break语句示例代码的输出结果

由图 2-17 可知，在控制台依次输出了"小智吃完了第 1 个桃子""小智吃完了第 2 个桃子""小智吃完了第 3 个桃子"，说明使用 break 语句跳出了整个循环，表示小智不再继续吃第 4 个、第 5 个、第 6 个桃子。

break 语句还可以用于跳转到指定的标签语句处，实现循环嵌套中的多层跳转。在使用

break 语句前，需要先为语句添加标签。为语句添加标签的语法格式如下。

```
label:
statement
```

为语句添加标签后，可使用 break 语句跳转到指定的标签语句，语法格式如下。

```
break label;
```

在上述语法格式中，label 表示标签名称，可以设置为任意合法的标识符，如 start、end 等；statement 表示对应的语句，如 if、while、变量的声明等。

需要注意的是，标签语句必须在使用之前定义，否则会出现找不到标签的情况。

下面通过代码演示标签语句的使用。

```
1  outerloop:
2  for (var i = 0; i < 10; i++) {
3    for (var j = 0; j < 1; j++) {
4      if (i == 5) {
5        break outerloop;
6      }
7      console.log('i = ' + i + ', j = ' + j);
8    }
9  }
```

在上述示例代码中，第 1 行代码用于定义一个名称为 outerloop 的标签语句；第 2～8 行代码用于嵌套循环，当 i 等于 5 时，结束循环，跳转到指定的标签语句的位置。

标签语句示例代码的输出结果如图 2–18 所示。

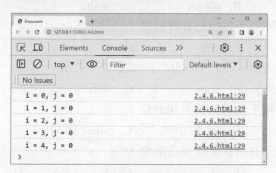

图2–18　标签语句示例代码的输出结果

由图 2–18 可知，当 i 等于 5 时结束循环。

本章小结

本章主要对 JavaScript 基础进行讲解，首先讲解了数据类型和数据类型转换，然后讲解了运算符，最后讲解了流程控制。其中，流程控制部分需要读者重点掌握选择结构、循环结构和跳转语句。通过本章的学习，读者应能够掌握 JavaScript 的基础知识，并能够使用 JavaScript 编写简单的程序。

课后习题

一、填空题

1. 数据类型可以分为两大类，分别是基本数据类型和＿＿＿＿＿。

2. 使用＿＿＿＿＿运算符可以进行数据类型的检测。

3. 表达式"5 % 7"的值为 ＿＿＿＿＿。

4. 表达式"var a = 1, b = 1; console.log(a++);"的值为＿＿＿＿＿。

5. Boolean(NaN)的值为＿＿＿＿＿。

6. 使用＿＿＿＿＿或 toString()可以将数据转换为字符串型数据。

二、判断题

1. JavaScript 中，未定义型数据只有一个特殊的值，即 undefined。（　　　）

2. JavaScript 中，使用"."可以实现字符串的拼接。（　　　）

3. JavaScript 中的数字型数据可以分为整数和浮点数。（　　　）

4. 表达式"console.log(5 % (–3));"的值为 2。（　　　）

5. continue 语句用于立即跳出整个循环。（　　　）

三、单选题

1. 下列选项中，不属于基本数据类型的是（　　　）。

A. null　　　　　　　B. object　　　　　C. string　　　　　　　　D. number

2. 下列选项中，不属于逻辑运算符的是（　　　）。

A. !=　　　　　　　　B. &&　　　　　　　C. !　　　　　　　　　　D. ||

3. 下列选项中，表达式"123 || 456"的值是（　　　）。

A. 123　　　　　　　　B. true　　　　　　C. 456　　　　　　　　　D. false

4. 下列选项中，属于选择结构语句的是（　　　）。

A. for 语句　　　　　　B. while 语句　　　C. break 语句　　　　　D. switch 语句

5. 下列选项中，运算符优先级最高的是（　　　）。

A. ++　　　　　　　　B. ()　　　　　　　　C. *　　　　　　　D. []

四、简答题

1. 请列举 JavaScript 中的循环结构语句。

2. 请简述 continue 语句和 break 语句的区别。

五、编程题

请使用 JavaScript 中的 for 语句计算 1～100 所有能被 4 整除的整数之和。

第 3 章

数组

数组用于将一组数据集合在一起。将数组赋值给一个变量后，通过变量就可以访问一组数据。在 JavaScript 中，使用数组可以很方便地对数据进行分类和批量处理。本章将对数组进行详细讲解，包括初识数组、创建数组、数组的基本操作、数组元素排序和二维数组。

3.1 初识数组

在实际开发中，经常需要保存一批相关联的数据并进行处理。例如，保存一个班级中所有学生的语文考试成绩并计算这些成绩的平均分。虽然我们可以通过多个变量分别保存每位学生的考试成绩，再将这些变量相加后除以班级人数，求出平均分，但是这种方式非常麻烦和低效。此时，可以使用 JavaScript 中的数组来保存班级内每位学生的成绩，然后通过对数组的处理求出平均分，这种方式不仅简单，而且开发效率更高。

数组由一个或多个元素组成，数组中的每个元素由索引和值构成，其中，索引也称为下标，用数字表示，默认情况下从 0 开始依次递增，用于标识元素；值为元素的内容，可以是任意类型的数据，例如数字、字符串、数组等。

假设某个数组包含 5 个数字型的元素，这 5 个元素的值分别是 55、65、75、85、95，该数组中索引和值的关系如图 3-1 所示。

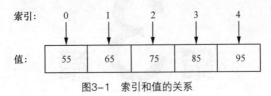

索引：　　0　　　　1　　　　2　　　　3　　　　4

值：
| 55 | 65 | 75 | 85 | 95 |

图3-1　索引和值的关系

图 3-1 中，第 1～5 个元素的索引依次为 0、1、2、3、4。

3.2　创建数组

若要使用数组，首先需要将数组创建出来。在 JavaScript 中创建数组的方式有两种，第 1 种方式是使用数组字面量 "[]" 创建数组；第 2 种方式是使用 new Array()创建数组。本节主要讲解比较常用的第 1 种创建数组的方式，第 2 种创建数组的方式与对象的语法有关，具体会在 5.6.1 小节中进行讲解。

使用数组字面量 "[]" 创建数组的语法格式如下。

```
[元素 1, 元素 2, …]
```

在上述语法格式中，元素的数量可以是 0 个或多个，各元素之间使用逗号分隔。若元素的数量是 0 个，则表示创建一个空数组。数组中的最后一个元素后面的逗号可以存在也可以省略，通常省略。

在 JavaScript 中，允许数组中含有空位，数组中的空位表示没有任何值，具体语法格式如下。

```
[元素 1, , 元素 2, …]
```

在上述语法格式中，元素 1 和元素 2 之间含有 1 个空位。

下面通过代码演示如何使用数组字面量 "[]" 创建数组。

```
1  var arr01 = [];
2  var arr02 = ['小明', , , '小智'];
3  var arr03 = ['草莓', '苹果', '香蕉'];
4  var arr04 = [13, '玉米', true, null, undefined, [22, 33]];
```

在上述示例代码中，第 1 行代码用于创建一个空数组；第 2 行代码用于创建含有空位的数组，在该数组中的'小明'元素和'小智'元素之间含有 2 个空位；第 3 行代码用于创建含有 3 个元素的数组；第 4 行代码用于创建一个保存数字型元素、字符串型元素、布尔型元素、空型元素、未定义型元素和数组元素的数组。

3.3　数组的基本操作

3.1～3.2 节主要讲解了数组的概念以及创建数组的方式。在实际开发中，经常需要对数组进行操作，例如获取和修改数组长度、访问数组、遍历数组以及添加、修改、删除数组元素等。本节将讲解数组的基本操作。

3.3.1　获取和修改数组长度

数组长度是指数组中元素的个数，取值范围为 $0 \sim 2^{32}-1$（包括 $2^{32}-1$）之间的整数。若将数组长度设置为负数或小数，则程序会报错。

在实际开发中，对于一个现有的数组，有时候需要获取和修改其长度。下面分别讲解获取数组长度和修改数组长度。

1. 获取数组长度

在 JavaScript 中，获取数组长度的语法格式如下。

```
数组名.length
```

在上述语法格式中，数组名是指用于保存数组的变量名。如果数组中包含空位，则空位也会被计算在数组长度内。

下面通过代码演示如何获取数组长度。

```javascript
var arr1 = [0, 30, 60, 90];
var arr2 = ['a', , , , 'b', 'c'];
console.log(arr1.length);            // 输出结果为：4
console.log(arr2.length);            // 输出结果为：6
```

在上述示例代码中，数组 arr1 中包含 4 个元素，使用 arr1.length 获取数组的长度为 4；数组 arr2 中包含 3 个有值的元素和 3 个空位，由于空位也会被计算在数组长度内，所以使用 arr2.length 获取数组的长度为 6。

2. 修改数组长度

在 JavaScript 中，修改数组长度的语法格式如下。

```
数组名.length = 数字
```

在修改数组长度时，如果修改的数组长度大于数组原长度，则数组的末尾会出现空位；如果修改的数组长度等于数组原长度，则数组长度不变；如果修改的数组长度小于数组原长度，则多余的数组元素将会被舍弃。

下面通过代码演示如何修改数组长度。

```javascript
1  var arr3 = [0, 1];
2  arr3.length = 4;                 // 修改数组长度为 4
3  console.log(arr3);               // 输出结果为：(4) [0, 1, empty × 2]
4  var arr4 = [0, 1];
5  arr4.length = 2;                 // 修改数组长度为 2
6  console.log(arr4);               // 输出结果为：(2) [0, 1]
7  var arr5 = [0, 1, 2, 3];
8  arr5.length = 3;                 // 修改数组长度为 3
9  console.log(arr5);               // 输出结果为：(3) [0, 1, 2]
```

在上述示例代码中，第 1～3 行代码首先创建原长度为 2 的数组 arr3，然后修改数组 arr3 的长度为 4，由于修改的数组长度大于数组原长度，所以在控制台输出数组 arr3 时，数组会存在 2 个空位。

第 4～6 行代码首先创建原长度为 2 的数组 arr4，然后修改数组 arr4 的长度为 2，由于修改的数组长度等于数组原长度，所以在控制台输出数组 arr4 时，数组 arr4 的长度不变。

第 7～9 行代码首先创建原长度为 4 的数组 arr5，然后修改数组 arr5 的长度为 3，修改的数组长度小于数组原长度，所以在控制台输出数组 arr5 时，多余的数组元素被舍弃。

3.3.2　访问数组

当创建数组后，就可以访问数组中的某个元素。在 JavaScript 中，访问数组的语法格式如下。

```
数组名[索引]
```

在上述语法格式中，若索引大于或等于数组长度，则访问结果为 undefined。

下面通过代码演示如何在创建数组后访问数组。

```
1  var course = ['语文', '数学', '英语', '政治', '历史'];
2  console.log(course);          // 输出结果为: (5) ['语文', '数学', '英语', '政治', '历史']
3  console.log(course[0]);   // 输出结果为: 语文
4  console.log(course[1]);   // 输出结果为: 数学
5  console.log(course[2]);   // 输出结果为: 英语
6  console.log(course[3]);   // 输出结果为: 政治
7  console.log(course[4]);   // 输出结果为: 历史
8  console.log(course[5]);   // 输出结果为: undefined
```

在上述示例代码中，第 1 行代码用于创建包含 5 个元素的数组 course；第 2 行代码用于在控制台输出 course 数组，输出结果中包含数组长度和所有数组元素；第 3～8 行代码用于在控制台输出 course 数组中索引为 0～5 的元素，由于 course 数组的最大索引为 4，所以当访问 course 数组中索引为 5 的元素时，控制台的输出结果为 undefined，表示该数组元素不存在。

3.3.3　遍历数组

通常在数组中会有多个元素，如果需要访问数组中的所有元素，使用"数组名[索引]"的方式进行访问不仅麻烦，还增加了代码量，这时可以使用遍历数组的方式访问数组中的所有元素。遍历数组是指将数组中的元素全部访问一遍。使用 for 语句可以对数组进行遍历。

在 JavaScript 中，遍历数组的语法格式如下。

```
for (var i = 0; i < 数组名.length; i++) {
  数组名[i]
}
```

在上述语法格式中，变量 i 表示循环计数器，其名称可以自定义。

为了让读者更好地掌握遍历数组，下面以求班级中语文成绩的平均分为例进行演示。首先使用数组保存班级中所有学生的语文成绩，然后通过遍历数组对数组元素求和，最后使用求和结果除以数组的长度求出班级的语文成绩平均分，示例代码如下。

```
1  var score = [75, 78, 83, 88, 89, 60, 56, 95, 93, 67];
2  var sum = 0;
3  for (var i = 1; i < score.length; i++) {
4   sum += score[i];
5  }
6  console.log(sum / score.length);
```

在上述示例代码中，第 1 行代码用于创建保存班级中所有学生语文成绩的数组 score；第 2 行代码用于通过 sum 变量保存数组元素的求和结果；第 3～5 行代码使用 for 语句实现数组的遍历，其中，第 4 行代码实现了数组元素的累加；第 6 行代码使用求和结果 sum 除以数组长度 score.length 实现班级语文成绩平均分的计算，其中 sum 表示班级中所有学生的语文成绩总和，score.length 表示班级中语文成绩的数量。

上述示例代码运行后，控制台会输出"70.9"，说明使用 for 语句可以遍历数组并成功求出班级中的语文成绩平均分。

3.3.4　添加和修改数组元素

在现实生活中，若公司的某个部门有新来的员工，则需要录入新员工的信息，如果新员工的信息录入错误就需要进行修改。同理，程序中有一个保存员工信息的数组，若加入了新员工，则需要向数组中添加元素；若某个员工的姓名录入错误，则需要修改员工的姓名，也就是修改数组元素。

添加数组元素是指向数组中增加新的元素，修改数组元素是指修改数组中已有的元素，如果数组中有空位，也可以将空位修改成指定的元素。

在 JavaScript 中，添加和修改数组元素的语法格式如下。

```
数组名[索引] = 值
```

在上述语法格式中，若索引大于或等于数组长度则表示添加数组元素，否则表示修改数组元素。

下面通过代码演示如何添加和修改数组元素。

```
1  var employee = ['小明', '小智'];
2  employee [2] = '小娜';
3  employee [4] = '小王';
4  employee [0] = '小丽';
5  console.log(employee);
   // 输出结果为：(5) ['小丽', '小智', '小娜', empty, '小王']
```

在上述示例代码中，第 1 行代码用于创建包含 2 个元素的数组 employee；第 2 行代码用于在 employee 数组中添加索引为 2 的元素，该元素的值为'小娜'；第 3 行代码用于在 employee 数组中添加索引为 4 的元素，该元素的值为'小王'；第 4 行代码用于修改 employee 数组中索引为 0 的元素，修改后的元素值为'小丽'；第 5 行代码用于输出 employee 数组。

由上述示例代码的输出结果可知，当不按照索引的顺序向数组中添加元素时，程序默认会按照索引从小到大的顺序输出，空位的输出结果为"empty"。

值得一提的是，通过 for 语句可以很方便地为数组添加多个数组元素，示例代码如下。

```
var arr = [];
for (var i = 0; i < 5; i++) {
  arr[i] = i + 1;
}
console.log(arr);                        // 输出结果为：(5) [1, 2, 3, 4, 5]
```

由上述示例代码的输出结果可知，通过 for 语句成功为 arr 数组添加了 5 个数组元素。

3.3.5　删除数组元素

在实际开发中，有时需要根据实际情况，删除数组中的某个元素。例如，有一个保存部门员工信息的数组，如果该部门中的某个员工离职了，则在这个保存部门员工信息的数组中就需要删除该离职员工的信息。

在 JavaScript 中，删除数组元素的语法格式如下。

```
delete 数组名[索引]
```

在上述语法格式中，使用 delete 关键字可以删除数组中指定索引的元素，删除数组中的某个元素后，该元素在数组中依然会占用一个空位。

下面通过代码演示如何删除数组元素。

```
var employee = ['小丽', '小智', '小娜', '小王'];
delete employee [0];      // 删除数组中索引为 0 的元素
delete employee [2];      // 删除数组中索引为 2 的元素
console.log(employee);  // 输出结果为：(4) [empty, '小智', empty, '小王']
```

由上述示例代码的输出结果可知，在 employee 数组中，被删除的元素依然会占用一个空位。

3.3.6　筛选数组元素

在实际开发中，经常会遇到需要筛选数组元素的情况。通过 for 语句和 if 语句可以实现筛选数组元素。例如，将班级中所有学生的数学成绩保存到数组中，教师需要筛选所有大于或等于 80 分的学生成绩，并将筛选出来的成绩保存到一个新的数组中，示例代码如下。

```
1 var arr = [92, 83, 69, 78, 95, 88, 75, 64, 90, 81];
2 var newArr = [];
3 for (var i = 0; i < arr.length; i++) {
4   if (arr[i] >= 80) {
5     newArr[newArr.length] = arr[i];            // 新数组的索引从 0 开始依次递增
6   }
7 }
8 console.log(newArr);          // 输出结果为：(6) [92, 83, 95, 88, 90, 81]
```

在上述示例代码中，第 5 行代码使用 newArr.length 作为新添加元素的索引，用于在每次添加元素时，自动为索引加 1。

由上述示例代码的输出结果可知，输出的数组中一共有 6 个元素，且每个元素的值均大于或等于 80，说明使用 for 语句和 if 语句实现了数组元素的筛选。

3.3.7　反转数组元素顺序

反转数组元素顺序是指将一个数组中所有元素的顺序反转。例如，有一个数组为['tiger', 'elephant', 'cat', 'dog', 'bear', 'monkey']，将该数组元素顺序反转后的结果为['monkey', 'bear', 'dog', 'cat', 'elephant', 'tiger']。如果想要实现这个效果，则需要改变数组遍历的顺序，从数组的最后一个元素遍历到第一个元素，并将遍历到的每个元素添加到新的数组中，具体示例代码如下。

```
var arr = ['tiger', 'elephant', 'cat', 'dog', 'bear', 'monkey'];
var newArr = [];
for (var i = arr.length - 1; i >= 0; i--) {
  newArr[newArr.length] = arr[i];
}
console.log(newArr);
// 输出结果为：(6) ['monkey', 'bear', 'dog', 'cat', 'elephant', 'tiger']
```

由上述示例代码的输出结果可知，成功实现了 arr 数组元素顺序的反转。

||| 脚下留心：数组的易错点

数组是一种复杂数据类型，它属于对象，具有对象的一些特征。关于对象的具体内容将在第 5 章中讲解。下面通过代码演示数组的易错点。

① 数组并不是一种单独的数据类型，而是对象型，示例代码如下。

```
console.log(typeof []);                    // 输出结果为: object
```

从上述示例代码可以看出，使用 typeof 检测数组的数据类型的结果为 object。

② 为数组添加元素时，如果将索引指定为字符串，则相当于为数组对象添加了一个属性，示例代码如下。

```
var arr = [];
arr['fruit'] = 'apple';
console.log(arr['fruit']);                 // 输出结果为: apple
```

上述示例代码相当于为 arr 数组添加了 fruit 属性，属性值为 apple。

③ 当对数组类型的变量进行赋值时，会发生引用传递，而不是值传递，示例代码如下。

```
var arr1 = [1, 2];
var arr2 = arr1;                           // 引用传递，arr2 和 arr1 引用同一个数组
arr2[2] = 3;                               // 此时 arr2 相当于 arr1
console.log(arr1);                         // 输出结果为: (3) [1, 2, 3]
```

由上述示例代码可知，将一个变量赋值给另一个变量后，两个变量都引用同一个数组，此时通过其中一个变量修改数组元素，通过另一个变量也可访问到修改后的数组。

▌ 多学一招: 解构赋值

除了在 1.4.3 小节学习过的变量声明与赋值方式，ECMAScript 6.0 中还提供了解构赋值的方式。解构赋值是指从数组和对象中提取值，并对变量进行赋值。解构赋值是对赋值运算符的扩展。

在 JavaScript 中，数组解构赋值的语法格式如下。

```
[变量1, 变量2, …] = [元素1, 元素2, …]
```

在上述语法格式中，等号右侧是一个数组，JavaScript 会将数组中的元素依次赋值给等号左侧的变量。如果等号左侧变量的数量少于等号右侧元素的数量，则忽略多余的元素；如果等号左侧变量的数量多于等号右侧元素的数量，则多余的变量会被初始化为 undefined。

下面通过代码演示传统的赋值方式与解构赋值方式的区别。例如，把数组['pink', 'red', 'blue']中的元素分别赋值给 a、b、c，传统的赋值方式是单独声明变量并赋值。

```
var arr = ['pink', 'red', 'blue'];
var a = arr[0];
var b = arr[1];
var c = arr[2];
```

使用解构赋值方式的示例代码如下。

```
var [a, b, c] = ['pink', 'red', 'blue'];
```

由上述示例代码可知，使用传统的赋值方式把数组['pink', 'red', 'blue']中的元素分别赋值给 a、b、c 时，需要编写 4 行代码，而使用解构赋值方式只需要编写 1 行代码就能实现。

除此之外，进行解构赋值时等号右侧的内容还可以是变量名，示例代码如下。

```
// 当等号左侧变量的数量少于等号右侧元素的数量时
var arr = ['pink', 'red', 'blue'];
[a, b] = arr;
console.log(a + ' - ' + b);                // 输出结果为: pink - red
// 当等号左侧变量的数量多于等号右侧元素的数量时
var arr1 = ['pink', 'red'];
[d, e, f] = arr1;
```

```
console.log(d + ' - ' + e + ' - ' + f);        // 输出结果为: pink - red - undefined
// 两个变量值的交换
var name1 = '小智', name2 = '小红';
[name1, name2] = [name2, name1];
console.log(name1 + ' - ' + name2);            // 输出结果为: 小红 - 小智
```

由上述代码可知，将 arr 数组进行解构赋值后，变量 a 和变量 b 的值分别是 pink 和 red；变量 d、e、f 的值分别是 pink、red、undefined；变量 name1 和 name2 在通过解构赋值后完成了值的交换。

3.3.8　【案例】查找班级最高分和最低分

在班级管理中，数学老师为了能够更好地帮助到班级中的学生，经常会在考试后邀请分数最高的学生为大家分享学习经验，并且为分数最低的学生分析原因。下面以查找班级数学考试中的最高分和最低分为例进行讲解。首先把所有学生的分数保存到数组中，然后通过查找该数组中的最大值和最小值找到班级中分数最高和分数最低的学生。

实现本案例的具体思路如下。假设数组中第一个元素为最大值，使用 for 语句从数组索引为 1 的元素开始遍历到最后一个元素，将当前元素与预先设置的最大值比较。如果当前元素比最大值大，则将当前元素设置为最大值，再继续比较下一个元素，遍历完成后即可找到最大值。查找最小值的方法与查找最大值的方法类似。

下面通过代码演示如何查找班级中的最高分和最低分，具体代码如例 3-1 所示。

例 3-1　Example1.html

```
1  <!DOCTYPE html>
2  <html>
3  <head>
4   <meta charset="UTF-8">
5   <title>Document</title>
6  </head>
7  <body>
8   <script>
9    var arr = [75, 95, 63, 86, 89, 92];
10   var max = min = arr[0];    // 假设第 1 个元素为最大值和最小值
11   for (var i = 1; i < arr.length; i++) {
12    if (arr[i] > max) {      // 若当前元素比最大值大，设置最大值为当前元素
13     max = arr[i];
14    }
15    if (arr[i] < min) {      // 若当前元素比最小值小，设置最小值为当前元素
16     min = arr[i];
17    }
18   }
19   console.log(`班级中最高分为${max}`);
20   console.log(`班级中最低分为${min}`);
21  </script>
22 </body>
23 </html>
```

例 3-1 中，第 9 行代码用于创建保存学生成绩的数组 arr；第 10 行代码通过 max 变量和 min 变量预先设置最大值和最小值；第 11～18 行代码使用 for 语句遍历数组，从数组的

第 2 个元素开始，到最后一个元素结束，最终找到最大值和最小值，其中第 12～14 行代码使用 if 语句判断当前元素是否比最大值大，如果结果为 true，则设置最大值为当前元素，第 15～17 行代码使用 if 语句判断当前元素是否比最小值小，如果结果为 true，则设置最小值为当前元素；第 19～20 行代码用于在控制台输出最大值和最小值。

保存代码，在浏览器中进行测试，例 3-1 的运行结果如图 3-2 所示。

图3-2　例3-1的运行结果

由图 3-2 可知，控制台输出了"班级中最高分为 95""班级中最低分为 63"，说明通过数组遍历实现了查找数组中的最大值和最小值。

3.4　数组元素排序

数组元素排序是指将数组中的元素排列成一个有序的序列。排序需要使用算法来完成，例如，开发一个短视频软件，要求在热搜榜中展示播放量较高的短视频，此时就需要一种算法，能够比较短视频的播放量，并按照播放量的降序将短视频排列在热搜榜中。常见的数组元素排序算法有冒泡排序和插入排序，本节将详细讲解冒泡排序和插入排序。

3.4.1　冒泡排序

冒泡排序是计算机科学领域中较简单的排序算法。冒泡排序是通过不断比较数组中相邻两个元素的值，将较小或较大的元素前移，从而实现将数组中的元素从小到大排序或从大到小排序的。由于冒泡排序的过程类似于水杯中气泡上浮的过程，所以称为冒泡排序。

下面演示对一组数字"98, 31, 5, 27, 2, 78"通过冒泡排序按照从小到大的顺序进行排序，具体排序过程如图 3-3 所示。

由图 3-3 可知，排序前待排序数组中共有 6 个元素，使用冒泡排序算法经过 5 轮排序实现了数组元素按照从小到大的顺序排序。第 1 轮排序的具体过程如下。

① 比较 98 和 31，98 大于 31，进行顺序交换。

② 比较 98 和 5，98 大于 5，进行顺序交换。

③ 比较 98 和 27，98 大于 27，进行顺序交换。

④ 比较 98 和 2，98 大于 2，进行顺序交换。

⑤ 比较 98 和 78，98 大于 78，进行顺序交换。

经过第 1 轮排序，找到了数组中值最大的元素，并将其位置调整到最后。第 2～5 轮排序过程与第 1 轮排序过程相似，即比较两个相邻的元素，如果前面元素的值大于后面元素的值，则进行交换。

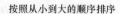

按照从小到大的顺序排序

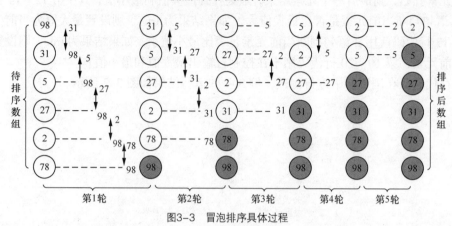

图3-3　冒泡排序具体过程

通过分析冒泡排序过程可知，冒泡排序比较的轮数是数组长度减 1，每轮比较的次数等于数组的长度减当前的轮数。了解冒泡排序的原理后，下面通过代码演示冒泡排序的实现。创建一个无序数组，使用冒泡排序实现数组元素按照从小到大的顺序排序，具体代码如例 3-2 所示。

例 3-2　Example2.html

```
1  <!DOCTYPE html>
2  <html>
3  <head>
4    <meta charset="UTF-8">
5    <title>Document</title>
6  </head>
7  <body>
8    <script>
9      var arr = [98, 31, 5, 27, 2, 78];
10     console.log(`待排序数组${arr}`);
11     for (var i = 1; i < arr.length; i++) {          // 控制需要比较的轮数
12       for (var j = 0; j < arr.length - i; j++) {    // 控制参与比较的元素
13         if (arr[j] > arr[j + 1]) {                  // 比较相邻的两个元素
14           var temp = arr[j];
15           arr[j] = arr[j + 1];
16           arr[j + 1] = temp;
17         }
18       }
19     }
20     console.log(`排序后数组${arr}`);
21   </script>
22 </body>
23 </html>
```

例 3-2 中，第 11～19 行代码使用 for 语句和 if 语句实现了冒泡排序，其中，第 12～18 行代码用于比较数组中两个相邻的元素，如果当前元素大于后一个元素，则交换两个元素的值。

保存代码，在浏览器中进行测试，例 3-2 的运行结果如图 3-4 所示。

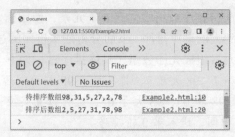

图3-4　例3-2的运行结果

图 3-4 中，控制台首先输出"待排序数组 98,31,5,27,2,78"，然后输出"排序后数组 2,5,27,31,78,98"，并且输出结果正确，说明使用冒泡排序实现了数组元素按照从小到大的顺序排序。

数组元素排序的算法对于编程非常重要。其实，在现实生活中，我们也会遇到各种需要排序的场景。例如，走进餐厅的时候，需要排队等候；在购物时，需要按价格或者按需求来筛选商品。此外，在工作中，我们需要有效地管理时间和任务，按照优先级对工作任务排序，以提高效率和准确性，避免忽视或拖延重要事项。没有排序，我们就可能会错过重要的机会，从而造成不必要的损失。

3.4.2　插入排序

插入排序是一种直观的简单排序算法，实现原理是把 n 个待排序的元素看成一个有序数组和一个无序数组，默认第一个元素为有序数组，开始排序时，有序数组中只包含一个元素，无序数组中包含 $n-1$ 个元素，在排序过程中，首先从无序数组中取出第一个元素，然后依次与有序数组中的元素进行比较，最后将无序数组中的元素插入有序数组中的合适位置。

相比冒泡排序，如果待排序数组在一定程度上是有序的，使用插入排序可以减少比较和交换的次数，从而提高效率。

下面演示如何对一组数字"98, 7, 65, 54, 12, 6"通过插入排序按照从小到大的顺序进行排序，具体排序过程如图 3-5 所示。

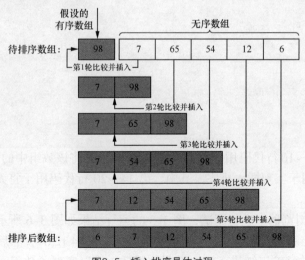

图3-5　插入排序具体过程

　　由图 3-5 可知，排序前待排序数组中共有 6 个元素，使用插入排序算法经过 5 轮排序实现了数组元素按照从小到大的顺序排序。下面分析插入排序的过程，首先将 98 看作有序数组中的一个元素，剩余元素组成无序数组，具体排序过程如下。

- 第 1 轮：比较 98 和 7，98 大于 7，将 7 插入 98 前面，插入后进入第 2 轮排序。
- 第 2 轮：首先比较 98 和 65，98 大于 65，进行位置交换；然后比较 7 和 65，7 小于 65，将 65 插入 7 和 98 中间，进入第 3 轮排序。
- 第 3 轮：首先比较 98 和 54，98 大于 54，进行位置交换；然后比较 65 和 54，65 大于 54，进行位置交换；最后比较 7 和 54，7 小于 54，将 54 插入 7 和 65 中间，进入第 4 轮排序。
- 第 4 轮、第 5 轮的比较方式与前 3 轮的类似，最终完成数组元素排序。

　　了解插入排序的具体过程后，下面通过代码演示插入排序的实现。创建一个无序数组，使用插入排序实现数组元素按照从小到大的顺序排序，具体代码如例 3-3 所示。

　　例 3-3　　Example3.html

```
1  <!DOCTYPE html>
2  <html>
3  <head>
4   <meta charset="UTF-8">
5   <title>Document</title>
6  </head>
7  <body>
8   <script>
9    var arr = [98, 7, 65, 54, 12, 6];              // 待排序数组
10   console.log(`待排序数组${arr}`);
11   // 按照从小到大的顺序排序
12   for (var i = 1; i < arr.length; i++) {         // 遍历无序数组索引
13     // 遍历有序数组，将无序数组中的元素插入有序数组
14     for (var j = i; j > 0; j--) {
15       if (arr[j - 1] > arr[j]) {
16         var temp = arr[j - 1];
17         arr[j - 1] = arr[j];
18         arr[j] = temp;
19       }
20     }
21   }
22   console.log(`排序后数组${arr}`);
23  </script>
24 </body>
25 </html>
```

　　例 3-3 中，第 9~10 行代码用于创建待排序数组 arr 并将该数组中的元素输出到控制台；第 12~21 行代码用于实现插入排序，其中，第 14~20 行代码用于将无序数组中的元素插入有序数组。

　　保存代码，在浏览器中进行测试，例 3-3 的运行结果如图 3-6 所示。

　　图 3-6 中，控制台首先输出"待排序数组 98,7,65,54,12,6"，然后输出"排序后数组 6,7,12,54,65,98"，并且输出结果正确，说明使用插入排序实现了数组元素按照从小到大的顺序排序。

图3-6　例3-3的运行结果

上述示例代码演示了插入排序的实现。其实，排序算法是一项非常关键的计算机科学基础内容，学习和理解它不仅对我们的日常开发工作有益，还可以帮助我们更好地理解计算机科学的基础概念，为未来的学习和职业发展奠定良好的基础。因此，不论是在实际工作中还是在日常学习中，我们都应该重视排序算法的学习和应用。

3.5　二维数组

在 JavaScript 中，使用二维数组保存数据是一个常见的需求。本节将讲解二维数组的相关内容，包括创建与访问二维数组、遍历二维数组。

3.5.1　创建与访问二维数组

根据维数，数组可以分为一维数组、二维数组等。一维数组中数组元素的值是非数组类型的数据，二维数组是以一维数组作为数组元素的数组。二维数组在实际编程中应用广泛。例如，二维数组可以用于表示二维表格、矩阵、图像等。因此，掌握二维数组的用法对于完成日常编程任务非常有帮助。

在 JavaScript 中，可以使用"[]"创建二维数组，语法格式如下。

```
[[元素 1，元素 2，…]，[ 元素 1，元素 2，…]，…]
```

在上述语法格式中，一个二维数组中可以包含 0 个或多个一维数组，一维数组中的元素是非数组。在访问二维数组中的元素时需要使用两个"[]"。

下面结合生活中的示例讲解如何创建与访问二维数组。期末考试结束后，老师要统计班级中小明、小智、小强的语文、数学和英语成绩，小明、小智、小强的各科成绩如表 3-1 所示。

表 3-1　各科成绩

姓名	语文成绩	数学成绩	英语成绩
小明	89	98	80
小智	95	83	85
小强	93	86	79

若使用一维数组保存表 3-1 中的各科成绩将非常烦琐，这时可以使用二维数组来保存。使用二维数组保存小明、小智、小强的各科成绩，如图 3-7 所示。

图 3-7 中，假设二维数组名称为 arr，则 arr 数组中共有 3 个元素，每个元素都是一维数组。arr 数组中的第 1 个成绩 89 使用 arr[0][0]访问，第 2 个成绩 98 使用 arr[0][1]访问，第

3 个成绩 80 使用 arr[0][2]访问。

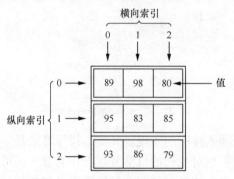

图3-7　使用二维数组保存各科成绩

下面通过代码演示如何创建与访问二维数组。

```
// 创建二维数组
var arr = [[89, 98, 80], [95, 83, 85], [93, 86, 79]];
// 访问二维数组
console.log(arr[0][0]);                 // 输出结果为：89
console.log(arr[0][1]);                 // 输出结果为：98
console.log(arr[0][2]);                 // 输出结果为：80
console.log(arr[1][0]);                 // 输出结果为：95
console.log(arr[1][1]);                 // 输出结果为：83
console.log(arr[1][2]);                 // 输出结果为：85
console.log(arr[2][0]);                 // 输出结果为：93
console.log(arr[2][1]);                 // 输出结果为：86
console.log(arr[2][2]);                 // 输出结果为：79
console.log(arr[0]);                    // 输出结果为：(3) [89, 98, 80]
console.log(arr[1]);                    // 输出结果为：(3) [95, 83, 85]
console.log(arr[2]);                    // 输出结果为：(3) [93, 86, 79]
```

由上述示例代码的输出结果可知，实现了二维数组的创建与访问。

3.5.2　遍历二维数组

通过前面的学习可知，创建一维数组后可以通过 for 语句进行遍历。二维数组的遍历方法与一维数组的遍历方法类似，下面通过代码演示如何遍历二维数组。

```
var arr = [[10, 20, 30], [40, 50, 60]];              // 创建二维数组
for (var i = 0; i < arr.length; i++) {               // 遍历二维数组中的元素
  for(var j = 0; j < arr[i].length; j++) {           // 遍历一维数组中的元素
    console.log(arr[i][j]);                          // 输出二维数组中的每个元素
  }
}
```

在上述示例代码中，只需要遍历二维数组中的元素后，再次遍历一维数组中的元素，即可获取到二维数组中的元素值。

上述示例代码的运行结果如图 3-8 所示。

图 3-8 中，控制台分别输出了 arr 数组中的每个元素值，说明使用 for 语句实现了二维数组的遍历。

为了让读者更好地掌握二维数组的遍历方法，下面通过一个求和的案例进行演示。首

先创建二维数组 arr，然后使用 for 语句遍历二维数组中的元素，最后进行求和，具体代码如例 3-4 所示。

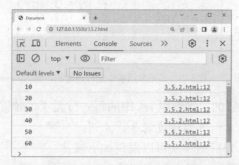

图3-8　上述示例代码的运行结果

例 3-4　Example4.html

```
1  <!DOCTYPE html>
2  <html>
3  <head>
4    <meta charset="UTF-8">
5    <title>Document</title>
6  </head>
7  <body>
8    <script>
9    var arr = [[10, 20, 30], [40, 50, 60], [70, 80, 90]];
10   var sum = 0;
11   for (var i = 0; i < arr.length; i++) {
12     for (var j = 0; j < arr[i].length; j++) {
13       sum += arr[i][j];
14     }
15   }
16   console.log(sum);
17   </script>
18 </body>
19 </html>
```

例 3-4 中，第 9 行代码用于创建一个待求和的二维数组 arr；第 10 行代码声明变量 sum，并赋初始值为 0，变量 sum 用于保存二维数组中所有一维数组元素相加之和；第 11 行代码用于遍历二维数组中的元素；第 12 行代码用于遍历二维数组中一维数组的元素；第 13 行代码用于实现二维数组中所有一维数组元素的累加；第 16 行代码用于在控制台输出累加结果。

运行例 3-4 中的代码后，控制台输出"450"，说明实现了二维数组的求和。

3.5.3　【案例】使用二维数组实现矩阵转置

二维数组能够以矩阵的形式存储数据，矩阵由行和列组成，矩阵的每一行元素称为横向元素，每一列元素称为纵向元素。在实际开发中，我们可以使用二维数组实现矩阵转置。矩阵转置是指将二维数组的横向元素转换为纵向元素。

为了让读者掌握使用二维数组实现矩阵转置，下面使用二维数组存储矩阵中的数据，并通过二维数组实现矩阵转置的示意进行讲解，如图 3-9 所示。

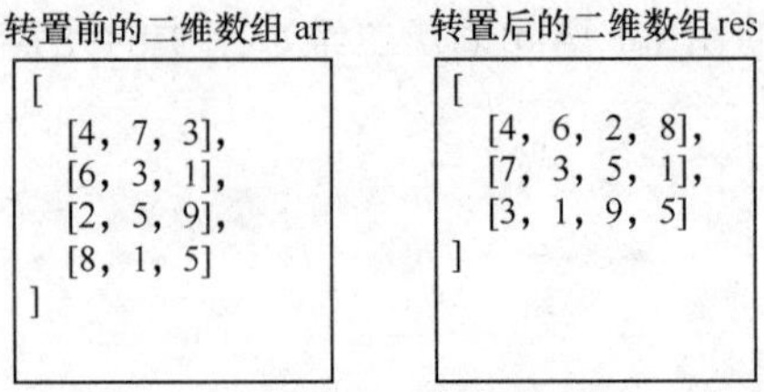

转置前的二维数组 arr 转置后的二维数组 res

```
[                       [
  [4, 7, 3],              [4, 6, 2, 8],
  [6, 3, 1],              [7, 3, 5, 1],
  [2, 5, 9],              [3, 1, 9, 5]
  [8, 1, 5]             ]
]
```

图3-9　二维数组实现矩阵转置的示意

由图 3-9 可知，转置后的二维数组 res 中的每一行元素是转置前的二维数组 arr 中的每一列元素，即二维数组由 4 行 3 列转置为 3 行 4 列。

通过二维数组的索引分析图 3-9 可以发现如下规律。

```
res[0][0] = arr[0][0];
res[0][1] = arr[1][0];
res[0][2] = arr[2][0];
res[0][3] = arr[3][0];
```

根据上述规律，可以得出使用二维数组实现矩阵转置的公式为 res[i][j]=arr[j][i]。

下面通过代码演示使用二维数组实现矩阵转置。首先创建二维数组 arr，然后根据公式 res[i][j] = arr[j][i]完成矩阵的转置，具体代码如例 3-5 所示。

例 3-5　Example5.html

```
1  <!DOCTYPE html>
2  <html>
3  <head>
4    <meta charset="UTF-8">
5    <title>Document</title>
6  </head>
7  <body>
8    <script>
9      var arr = [
10       [4, 7, 3],
11       [6, 3, 1],
12       [2, 5, 9],
13       [8, 1, 5]
14     ];
15     var res = [];
16     for (var i = 0; i < arr[0].length; ++i) { // i 表示 arr 数组的纵向元素索引
17       res[i] = [];
18       for(var j = 0; j < arr.length; ++j){    // j 表示 arr 数组的横向元素索引
19         res[i][j] = arr[j][i];                // 为二维数组赋值
20       }
21     }
22     console.log(arr);
23     console.log(res);
24   </script>
25 </body>
26 </html>
```

例 3-5 中，第 9～14 行代码用于创建转置前的二维数组 arr；第 15 行代码用于创建 res 数组以保存转置后的结果；第 16～21 行代码用于实现二维数组中数据的转置，其中，第

16 行代码用于获取 arr 数组的纵向元素索引，第 18 行代码用于获取 arr 数组的横向元素索引，第 19 行代码用于为二维数组赋值。

保存代码，在浏览器中进行测试，例 3-5 的运行结果如图 3-10 所示。

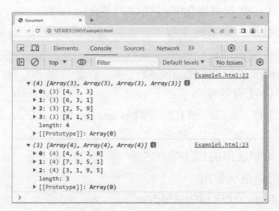

图3-10　例3-5的运行结果

由图 3-10 可知，控制台首先输出了转置前的二维数组 arr，二维数组 arr 的长度为 4，二维数组 arr 中的一维数组长度为 3，然后输出了转置后的二维数组 res，二维数组 res 的长度为 3，二维数组 res 中的一维数组长度为 4，说明使用二维数组实现了矩阵的转置。

本章小结

本章主要讲解了数组的基本使用，首先讲解了初识数组和创建数组，然后讲解了数组的基本操作，包括获取和修改数组长度、访问数组、遍历数组、添加数组元素、修改数组元素、删除数组元素、筛选数组元素、反转数组元素顺序，最后讲解了数组元素排序和二维数组。通过本章的学习，读者应能够掌握创建数组的方式，并且能够对数组进行相关操作，能够使用冒泡排序、插入排序实现数组元素的排序以及实现二维数组的创建、访问、遍历。

课后习题

一、填空题
1. 数组由一个或多个_____组成。
2. 在 JavaScript 中，可以使用_____获取数组长度。
3. 在 JavaScript 中，可以使用_____关键字删除数组元素。
4. 二维数组是以_____作为数组元素的数组。

二、判断题
1. 遍历数组是指将数组中的元素全部访问一遍。（　　）
2. 数组长度为数组元素的最大索引。（　　）
3. 数组['a', 'b', 'c', 'd']中，元素'a'的索引是 1。（　　）
4. 使用数组字面量"[]"的方式创建数组时，不能创建含有空位的数组。（　　）

5. 当删除数组中的某个元素后，该元素依然会占用一个空位。（　　　）

6. 二维数组可以用于表示二维表格、矩阵、图像等。（　　　）

三、单选题

1. 下列选项中，关于数组长度的描述错误的是（　　　）。

A. 数组长度是指数组中元素的个数

B. 数组中的空位也会被计算在数组长度内

C. 使用数组名.length 可以获取数组长度

D. 数组长度可以设置为负数

2. 下列选项中，运行 "var arr = [1, 2, 3, 4]; delete arr[1];" 后，arr.length 的值是（　　　）。

A. 1　　　　　　　　B. 2　　　　　　　　C. 3　　　　　　　　D. 4

3. 下列选项中，关于数组的描述错误的是（　　　）。

A. 使用 for 语句可以遍历数组

B. 添加数组元素时必须按照索引顺序添加

C. 数组中各元素之间使用逗号分隔

D. 修改数组元素与添加数组元素的写法相同

4. 下列选项中，运行 "var arr = [1, 2, 3]; arr.length = 4;" 后，arr.length 的值是（　　　）。

A. 1　　　　　　　　B. 2　　　　　　　　C. 3　　　　　　　　D. 4

四、简答题

1. 请简述修改数组长度的 3 种情况。

2. 请简述插入排序的实现原理。

五、编程题

1. 将数组['星期一', '星期二', '星期三', '星期四', '星期五', '星期六', '星期日']反转，反转后的数组为['星期日', '星期六', '星期五', '星期四', '星期三', '星期二', '星期一']。

2. 使用冒泡排序将数组[23, 35, 15, 60, 88, 90]中的元素从大到小排序。

第 **4** 章

函数

学习目标

★ 了解函数的概念，能够阐述函数的作用

★ 掌握函数的定义与调用，能够根据实际需求在程序中定义并调用函数

★ 掌握函数参数的设置，能够根据实际需求在程序中设置相关参数

★ 掌握函数的返回值，能够通过函数的返回值将函数的处理结果返回

★ 掌握函数表达式，能够实现函数表达式的定义与调用

★ 掌握匿名函数，能够实现匿名函数的定义与调用

★ 掌握回调函数，能够实现回调函数的定义与调用

★ 掌握递归函数，能够实现递归函数的定义与调用

★ 熟悉作用域，能够区别全局变量、局部变量和块级变量，并且能够归纳什么是作用域链

★ 掌握闭包函数，能够实现闭包函数的定义与调用

★ 熟悉预解析，能够说明 JavaScript 代码如何进行预解析

JavaScript 中的函数用于封装一些复杂的代码或可以重复使用的代码段等。例如，编写程序计算班级学生成绩的平均分时，如果每计算一个学生的平均分，都编写一段功能相同的代码，非常麻烦。此时，可以使用函数将计算平均分的代码进行封装，在使用时直接调用。本章将详细讲解 JavaScript 中的函数。

4.1 初识函数

在实际项目开发中，团队协作与开发效率非常重要。使用函数不仅可以避免代码的重复编写，减少开发者的工作量，提高开发效率，而且可以使程序结构更加清晰易懂，提高代码的可读性和可维护性。本节将讲解什么是函数、函数的定义与调用、函数的参数和函数的返回值。

4.1.1　什么是函数

函数是指实现某个特定功能的一段代码，相当于将包含一条或多条语句的代码块包裹起来，用户在使用时只需关心参数和返回值，就能实现特定的功能。对开发人员来说，使用函数实现某个功能时，可以把精力放在要实现的具体功能上，而不用研究函数内的代码是如何编写的。函数的优势在于可以提高代码的复用性，降低程序的维护难度。

在 JavaScript 中，函数分为内置函数和自定义函数。内置函数是指可以直接使用的函数，例如，使用 parseInt()函数能够实现返回解析字符串后的整数值。自定义函数是指实现某个特定功能的函数。自定义函数在使用之前首先要定义，定义后才能调用，在实现功能时可以调用相对应的函数。

4.1.2　函数的定义与调用

在开发一个功能复杂的模块时，可能需要多次用到相同的代码，这时可以使用自定义函数将相同的代码封装，在需要使用时直接调用函数。在 JavaScript 中可以根据实际需求定义函数，定义函数的语法格式如下。

```
function 函数名([参数 1, 参数 2, …]) {
  函数体
}
```

由上述语法格式可知，函数的定义是由 function 关键字、函数名、参数和函数体组成的。关于上述语法格式的具体介绍如下。

● function：定义函数的关键字。

● 函数名：一般由字母、数字、下画线和$组成。需要注意的是，函数名不能以数字开头，且不能是 JavaScript 中的关键字。

● 参数：是外界传递给函数的值，此时的参数称为形参，它是可选的，多个参数之间使用逗号"，"分隔，"[]"用于在语法格式中标识可选参数，实际编写代码时不用写"[]"。

● 函数体：由函数内所有代码组成的整体，专门用于实现特定功能。

定义完函数后，如果想要在程序中调用函数，只需要通过"函数名()"的方式调用即可，小括号中可以传入参数，函数调用的语法格式如下。

```
函数名([参数 1, 参数 2, …])
```

上述语法格式中，参数表示传递给函数的值，也称为实参，"([参数 1, 参数 2, …])"表示实参列表，实参个数可以是 0 个、1 个或多个。通常，函数的实参列表与形参列表顺序一致。当函数体内不需要参数时，调用函数时可以不传参。

需要说明的是，在程序中定义函数和调用函数的编写顺序不分前后。

下面通过代码演示函数的定义与调用。

```
// 定义函数
function sayHello() {
  console.log('hello');
}
// 调用函数
sayHello();                          // 输出结果为：hello
```

为了让读者更好地掌握函数的使用，下面演示一个自定义函数的使用场景。假设程序中有两处代码，分别用于求 1～100 和 50～100 的累加和。其中，求 1～100 的累加和的示例代码如下。

```
var sum = 0;
for (var i = 1; i <= 100; i++) {
  sum += i;
}
console.log(sum);                    // 输出结果为：5050
```

求 50～100 的累加和的示例代码如下。

```
var sum = 0;
for (var i = 50; i <= 100; i++) {
  sum += i;
}
console.log(sum);                    // 输出结果为：3825
```

通过对比求 1～100 和 50～100 的累加和的示例代码可以发现，累加的数字范围可能会根据需求而改变，而累加的功能代码本质是相同的。此时使用自定义函数，可以将相同的代码进行封装，提高代码的复用性，示例代码如下。

```
// 定义一个 getSum() 函数，将代码写在大括号 "{}" 中
function getSum(num1, num2) {
  var sum = 0;
  for (var i = num1; i <= num2; i++) {
    sum += i;
  }
  console.log(sum);                  // 函数运行结束后，将结果输出到控制台
}
// 调用 getSum() 函数，在调用时需要写上小括号，并在小括号里传入参数
getSum(1, 100);                      // 输出结果为：5050
getSum(50, 100);                     // 输出结果为：3825
```

由上述示例代码可知，使用函数只需将原本重复的代码编写一次，就可以重复调用。在调用函数时，只需要传入两个参数即可按照相同的方式进行处理，最终得到不同的运行结果。

函数的定义与调用是编程中非常重要的开发技能，希望读者在学习的过程中能够不断探索和尝试，培养独立思考的能力，同时也要积极与他人交流、分享经验，并不断改善自己的思考方式和学习方法，这样才能提升自己的学习能力。

4.1.3　函数的参数

在函数体中，当某些值不能确定时，可以通过函数的参数从外部接收相应的值，函数可以通过传入的不同参数实现不同的操作。

函数的参数分为形参和实参，在定义函数时，可以在函数名后面的小括号中添加参数，这些参数被称为形参。在调用函数时，也需要传递相应的参数，这些参数被称为实参。

函数的形参是形式上的参数，由于在定义函数时，函数还没有被调用，所以无法确定具体会传递什么样的值。而函数的实参是实际上的参数，当函数被调用时，实参的值就是确定的。

函数的形参和实参的语法格式如下。

```
function 函数名(parameter1, parameter2, …) {
```

```
    函数体
  }
  函数名(argument1, argument2, …)
```

上述语法格式中，parameter1 和 parameter2 是函数的形参，argument1 和 argument2 是函数的实参。形参和实参可以有多个，各参数之间使用逗号分隔。需要说明的是，在定义函数时可以不传递参数。

下面通过代码演示函数的参数的使用。

```
function fruit(arg) {
  console.log(arg);
}
fruit('apple');                        // 输出结果为：apple
```

在上述示例代码中，定义了一个 fruit()函数，arg 是该函数的形参，类似于一个变量，当 fruit()函数被调用时，arg 形参的值就是调用函数时传入的值，即 apple。

下面通过代码演示如何使用函数求任意两个数的乘积。

```
1  function getProduct(num01, num02) {
2    console.log(num01 * num02);
3  }
4  getProduct(3, 4);                   // 输出结果为：12
5  getProduct(6, 7);                   // 输出结果为：42
```

上述示例代码中，第 1 行代码用于定义 getProduct()函数，该函数定义了两个形参，分别是 num01 和 num02；第 2 行代码用于实现两个数的乘积运算，并将运算结果输出到控制台；第 4 行代码在调用 getProduct()函数时传入了 3 和 4 这两个实参，这两个实参对应函数中的形参 num01 和 num02，因此进行乘积运算后得到的输出结果为 12；第 5 行代码在调用 getProduct()函数时传入了 6 和 7 这两个实参，因此进行乘积运算后得到的输出结果为 42。

函数的形参和实参的数量可以不相同。当实参的数量多于形参的数量时，函数可以正常运行，多余的实参没有形参接收，会被忽略；当实参的数量少于形参的数量时，多余的形参类似于一个已声明但未赋值的变量，其值为 undefined。

下面通过代码演示函数参数的数量问题。

```
function getProduct(num01, num02) {
  console.log(num01, num02);
}
getProduct(7, 8, 9);                   // 输出结果为：7 8
getProduct(5);                         // 输出结果为：5 undefined
```

从上述示例代码可以看出，当实参数量多于形参数量时，函数能够正常运行；当实参数量少于形参数量时，多余的形参的值为 undefined。

当不确定函数中接收到多少个实参时，可以使用 arguments 对象获取所有实参，示例代码如下。

```
function fn() {
  console.log(arguments);        // 输出结果为：arguments(3) [1, 2, 3, …]
  console.log(arguments.length); // 输出结果为：3
  console.log(arguments[1]);     // 输出结果为：2
}
fn(1, 2, 3);
```

由上述代码可知，在函数中访问 arguments 对象，可以获取函数调用时传递过来的所有实参。需要注意的是，虽然可以使用 "[]" 访问 arguments 中的元素，但 arguments 并不是一个真正的数组，而是一个类似数组的对象。

为了帮助读者更好地掌握 arguments 对象的使用，下面编写一个 getMax() 函数，该函数可以接收任意数量的参数，使用该函数求所有参数中的最大值，并将最大值输出，示例代码如下。

```
1  function getMax() {
2    var max = arguments[0];
3    for (var i = 1; i < arguments.length; i++) {
4      if (arguments[i] > max) {
5        max = arguments[i];
6      }
7    }
8    console.log(max);
9  }
10 getMax(11, 22, 33);                    // 输出结果为：33
11 getMax(10, 20, 30, 40, 50);            // 输出结果为：50
12 getMax(43, 19, 67, 89, 30, 29);        // 输出结果为：89
```

在上述示例代码中，第 1～9 行代码定义了 getMax() 函数，第 2 行代码使用函数的内置对象 arguments 将参数列表中的第一个值赋值给 max 变量，作为最大值的初始值，第 3～7 行代码使用 for 循环语句遍历参数列表中的每个参数，第 4 行代码使用 if 语句判断当前参数值是否大于 max，如果大于，则将其赋值给 max，循环遍历完所有参数后，输出 max 的值。

由上述示例代码的输出结果可知，使用 getMax() 函数成功求出了所有参数中的最大值。

4.1.4　函数的返回值

若调用函数后需要返回函数的结果，在函数体中可以使用 return 关键字，返回的结果称为返回值。

函数返回值的语法格式如下。

```
function 函数名() {
  return 需要返回的值;
}
```

下面通过代码演示函数的返回值的使用。

```
function getResult() {
  return 123456;
}
// 通过变量接收返回值
var result = getResult();
console.log(result);                    // 输出结果为：123456
// 直接将函数的返回值输出
console.log(getResult());               // 输出结果为：123456
```

由上述示例代码的输出结果可知，使用 return 关键字可以获取函数的返回值。

如果 getResult() 函数没有使用 return 返回一个值，则调用函数后获取到的返回值为 undefined，示例代码如下。

```
function getResult() {
}
// 直接将函数的返回值输出
```

```
console.log(getResult());                 // 输出结果为：undefined
```

4.1.5　【案例】函数的综合应用

为了帮助读者更好地掌握函数的使用，下面将通过案例演示函数的综合应用。读者可以扫描二维码查看具体内容。

4.2　函数进阶

4.1 节主要讲解了函数的基础知识。学完后，相信读者已经掌握了函数的使用。为了让读者能够更深入地理解函数，并且能够在实际开发中灵活应用函数，本节将对函数进阶的内容进行讲解，包括函数表达式、匿名函数、回调函数和递归函数。

4.2.1　函数表达式

函数表达式是指以表达式的形式将定义的函数赋值给一个变量，赋值后，通过"变量名()"的方式完成函数的调用，在小括号"()"中可以传递参数。函数表达式也是 JavaScript 中另一种实现自定义函数的方式。

下面通过代码演示函数表达式。

```
// 定义求两个数乘积的函数表达式
var fn = function product(num01, num02) {
  return num01 * num02;
};
// 调用函数并将结果输出到控制台
console.log(fn(3, 5));                     // 输出结果为：15
```

由上述示例代码可知，函数表达式的定义方式与函数的定义方式几乎相同，不同的是，函数表达式的定义必须在调用前完成，并且使用"变量名()"的方式进行调用，不能使用函数名称（如 product()）进行调用，而函数的定义则不限制定义与调用的顺序。如果不需要使用函数表达式中的函数名，则可以省略。

4.2.2　匿名函数

在实际项目开发中，通常需要团队合作才能完成一个完整的项目，团队中的每个程序员在编写代码实现功能时，经常会定义一些函数，在给函数命名时经常会遇到与其他程序员命名相同的问题。在 JavaScript 中，使用匿名函数可以有效避免函数名冲突的问题。

匿名函数是指没有名字的函数，即在定义函数时省略函数名。下面介绍匿名函数的使用场景。

1. 在函数表达式中省略函数名

在函数表达式中，如果不需要函数名，则可以省略，调用时使用"变量名()"的方式即可，示例代码如下。

```
var fn = function (num01, num02) {
  return num01 - num02;
};
fn(6, 3);
```

在上述示例代码中，函数表达式中省略了函数名，此时该函数为匿名函数。

2. 匿名函数自调用

匿名函数自调用是指将匿名函数写在小括号"()"内，然后对其进行调用。在实际开发中，如果希望某个功能只能实现一次，则可以使用匿名函数自调用。

匿名函数自调用的示例代码如下。

```
(function (num01, num02) {
  console.log(num01 * num02);
})(7, 8);
```

在上述示例代码中，将匿名函数写在了小括号内，匿名函数所在的小括号后面的小括号表示给匿名函数传递参数并立即运行，完成函数的自调用。

在实际开发中，经常会使用匿名函数处理事件。关于事件的相关知识将在后面的章节中详细讲解，此处读者了解即可。例如，使用匿名函数处理单击事件，示例代码如下。

```
document.body.onclick = function () {
  alert('会当凌绝顶，一览众山小');
};
```

在上述示例代码中，使用匿名函数处理单击事件，实现在页面中弹出警告框，提示"会当凌绝顶，一览众山小"。

学习了匿名函数后，我们可以使用匿名函数提高代码的简洁度，解决团队协作中出现的命名冲突问题。在实际工作中，团队成员在任务分配、人际关系等方面也会产生冲突，解决团队成员之间冲突的办法是进行有效的沟通，并坦诚交流，积极寻找解决方案，以便团队成员之间能够互补互助，共同完成任务。

4.2.3 回调函数

假设有函数 A 和函数 B，当把函数 A 作为参数传给函数 B，然后在函数 B 中调用函数 A 时，函数 A 就被称为回调函数。在开发中，如果想要函数体中某部分功能由调用者决定，则可以使用回调函数。

为了方便读者理解，下面举一个生活中的例子。假设有一家饭店，为了满足顾客的需求，该饭店允许顾客自行选择调味料，然后将调味料交给厨师进行加工。当顾客"调用"厨师做菜后，厨师又"调用"顾客选择调味料，厨师"调用"顾客的过程可以称为"回调"。

为了让读者更好地掌握回调函数的使用，下面通过代码演示如何使用回调函数。首先定义一个 cooking() 函数，用于实现厨师做菜，然后将菜作为参数传递给 flavour() 函数，flavour() 函数用于为菜添加调味料，示例代码如下。

```
1 function cooking(flavour) {
2   var food = '香辣土豆丝';
3   food = flavour(food);
4   return food;
5 }
6 var food = cooking(function (food) {
7   return food += '微辣';
8 });
9 console.log(food);
```

在上述示例代码中，第 1～5 行代码定义了 cooking() 函数，该函数用于实现厨师做菜并调用 flavour() 函数为菜添加调味料，其中，第 2 行代码声明 food 变量，表示厨师做的菜，第 3 行代码用于调用 flavour()函数，并将 food 作为参数；第 6～8 行代码用于调用 cooking()函数，并将该函数作为参数，实现为菜添加调味料的功能；第 9 行代码用于在控制台输出添加调味料后的菜品。

运行上述示例代码，控制台会输出"香辣土豆丝微辣"，说明使用回调函数成功实现了为厨师做的菜添加调味料的功能。

4.2.4　递归函数

JavaScript 中有一种特殊的调用函数的方式，即一个函数在其函数体内调用自身，这种调用方式称为递归调用，被递归调用的函数称为递归函数。递归函数只能在特定的情况下使用，例如计算阶乘、遍历维数不固定的多维数组。

下面通过代码演示递归函数的使用，要求根据用户输入的指定数据计算阶乘。

```javascript
function factorial(n) {              // 定义递归函数
  if (n == 1) {
    return 1;                        // 递归出口
  }
  return n * factorial(n - 1);
}
var n = prompt('请输入大于或等于 1 的正整数');
// 处理用户传递的数据，符合要求则调用 factorial()函数，否则在控制台给出提示信息
n = parseInt(n);
if (isNaN(n)) {
  console.log('输入的 n 值不合法');
} else {
  console.log(`${n}的阶乘为：`+ factorial(n));
}
```

上述示例代码中，定义了递归函数 factorial()，用于实现 n 的阶乘计算，当 n 不等于 1 时，计算 n 乘 factorial(n−1)，当 n 等于 1，返回 1。

上述示例代码运行后，页面会弹出一个输入框，并提示"请输入大于或等于 1 的正整数"，在输入框中输入 4 并单击"确定"按钮后，在控制台会输出"4 的阶乘为：24"，说明使用递归函数可以计算阶乘。

为了便于读者理解递归调用，假设用户输入的数字是 4，递归调用的运行过程如图 4-1所示。

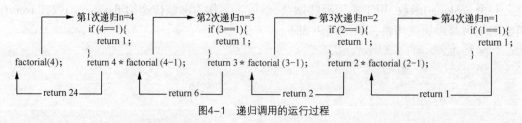

图4-1　递归调用的运行过程

由图 4-1 可知，factorial()函数被调用了 4 次，每次调用时，n 的值都会减 1。当 n 的值为 1 时，所有递归调用的函数都会以相反的顺序相继结束，最终得到的结果为 24。

需要注意的是，递归调用占用的内存和资源较多，一旦使用不当可能会造成程序死循环，因此在实际开发中要慎重使用函数的递归调用。

多学一招：箭头函数

箭头函数是 ECMAScript 6.0 中新增的函数，该函数是一个匿名函数，用于简化自定义函数的语法。箭头函数以小括号开头，在小括号中可以放置参数，小括号后面跟着箭头"=>"，箭头后面跟着函数体。箭头函数的语法格式如下。

```
() => {};
```

将箭头函数赋值给一个变量后，可以通过变量名实现箭头函数的调用。箭头函数的示例代码如下。

```
var fn = (num01, num02) => {
  return num01 * num02;
};
```

在上述示例代码中，定义了箭头函数并将箭头函数值赋给变量 fn，其中小括号"()"中的 num01 和 num02 是箭头函数的参数，大括号"{}"中的"return num01 * num02;"是函数体，使用 fn() 可以实现箭头函数的调用。

箭头函数有两种特殊写法，第 1 种特殊写法是省略大括号和 return 关键字，第 2 种特殊写法是省略参数外部的小括号。下面分别讲解这两种特殊写法。

1. 省略大括号和 return 关键字

在箭头函数中，当函数体中只有一条语句，且该语句的运行结果就是函数的返回值时，可以省略函数体的大括号和 return 关键字，示例代码如下。

```
var fn = (num01, num02) => num01 * num02;
```

上述示例代码中，定义了一个箭头函数，用于接收两个参数，计算两个参数值相乘的结果并返回。

2. 省略参数外部的小括号

在箭头函数中，当只有一个参数时，可以省略参数外部的小括号，示例代码如下。

```
var fn = age => {
  console.log(age);
};
```

上述示例代码中，定义了一个箭头函数并且只接收一个参数，因此省略了参数外部的小括号。

4.3　作用域

作用域是指变量的作用范围。通常，一段程序代码中所用到的名字并不总是有效和可用的，而限定这个名字的可用性的代码范围就是这个名字的作用域。使用作用域可以提高程序的可靠性，减少命名的冲突。本节将对作用域进行讲解。

4.3.1　作用域的分类

通过前面的学习可知，变量需要声明后才能使用，但并不意味着声明变量后就可以在任意位置使用该变量。例如，定义一个 info() 函数，并在该函数中声明一个 student 变量，在 info() 函数外访问 student 变量就会出现 student 未定义的错误，示例代码如下。

```
function info() {
  var student = '小智';
```

```
      }
      info();
      console.log(student);        // 报错，提示 student is not defined（student 变量未定义）
```

由上述代码可知，student 变量只能在它的作用范围内（即 info()函数体内）才能被调用，这个作用范围称为变量的作用域。

在 JavaScript 中，根据作用域的不同，可以将变量划分为全局变量、局部变量，具体说明如下。

● 全局变量：不在任何函数内声明的变量（显式定义）或在函数内省略 var 关键字声明的变量（隐式定义）都称为全局变量，它的作用域称为全局作用域，在同一个页面文件中的所有脚本内都可以使用。

● 局部变量：在函数体内使用 var 关键字声明的变量称为局部变量，它的作用域称为函数作用域，仅在该函数体内有效。

小提示：在 ECMAScript 6.0 中，使用 let 关键字声明的变量称为块级变量，仅在大括号"{}"中有效，如 if 语句、for 语句、while 语句等的"{}"中。

为了让读者更好地理解变量的作用域，下面通过代码演示。定义两个变量名都为 student 的变量，其中一个 student 变量定义为全局变量并赋值为小强，另一个 student 变量定义为局部变量并赋值为小明，在控制台中输出这两个变量，示例代码如下。

```
1  var student = '小强';          // 全局变量
2  function test() {
3    var student = '小明';         // 局部变量
4    console.log(student);
5  }
6  test();
7  console.log(student);
```

在上述示例代码中，第 1 行代码定义了一个全局变量 student；第 2～5 行代码定义了一个 test()函数，其中第 3 行代码在 test()函数中使用 var 关键字定义了一个局部变量 student。

运行上述示例代码，控制台会输出"小明"和"小强"，说明全局变量和局部变量的变量名虽然相同，但是互不影响。

4.3.2　作用域链

在实际开发中，通常需要定义多个函数来完成复杂的功能，对于其中一个函数而言，它可能依赖另外一些函数才能运行。如果希望这些依赖的函数只能在本函数内部访问，其他函数不能访问，这时候可以把这些依赖的函数定义在本函数内部，这样在一个函数内部定义其他函数就形成了嵌套函数。

对于嵌套函数而言，内层函数只能在外层函数的作用域内运行，在内层函数运行的过程中，若需要引入某个变量，首先会在当前作用域中寻找，若未找到，则继续向上一级的作用域寻找，直到找到全局作用域。这种链式的查询关系称为作用域链。

为了让读者了解在嵌套函数中作用域链的运行流程，下面通过代码演示。定义 fn01()、fn02()、fn03()函数，在 fn03()函数中输出变量 num 的值。

```
1  var num = 13;
2  function fn01() {               // 定义第 1 个函数 fn01()
3    var num = 26;
```

```
4    function fn02() {              // 定义第 2 个函数 fn02()
5      function fn03() {            // 定义第 3 个函数 fn03()
6        console.log(num);
7      }
8      fn03();
9    }
10   fn02();
11 }
12 fn01();
```

在上述示例代码中，fn01()函数内嵌套了 fn02()函数，fn02()函数内嵌套了 fn03()函数，并在 fn03()函数体中输出变量 num。由于在 fn02()函数和 fn03()函数中都没有声明变量 num，所以程序会继续向上层寻找，最后在 fn01()函数中找到了变量 num 的声明，并且变量 num 的值为 26。

运行上述示例代码后，控制台会输出"26"，说明 num 的值为 fn01()函数中声明的 num 的值。

4.4　闭包函数

在 JavaScript 中，闭包（Closure）是函数和其周围词法环境（Lexical Environment）的组合，通过闭包可以让开发者由内层函数访问外层函数作用域中的变量和函数，其中，内层函数被称为闭包函数。

实现闭包函数的示例代码如下。

```
1  function greeting() {
2    var name = '小智';
3    function sayHello() {
4      console.log('你好' + name);
5    }
6    sayHello();
7  }
```

在上述代码中，第 2 行代码在外层函数 greeting()中定义了局部变量 name；第 4 行代码在内层函数 sayHello()中访问了外层函数 greeting()中定义的局部变量 name。第 2～6 行代码形成了闭包，函数 sayHello()就是一个闭包函数。

利用闭包函数可以实现在函数外读取或修改函数内的局部变量，示例代码如下。

```
1  function greeting() {
2    var name = '小智';
3    return [function () {
4      return name;
5    }, function(newName) {
6      name = newName;
7    }];
8  }
9  var [getName, setName] = greeting();
10 console.log('你好' + getName());
11 setName('小明');
12 console.log('你好' + getName());
```

　　在上述代码中，第 3~7 行代码返回了两个闭包函数；第 9 行代码以解构赋值的方式接收这两个闭包函数，分别保存为函数 getName()和函数 setName()；第 10 行代码调用了函数 getName()，用于读取局部变量 name 的值；第 11 行代码调用了函数 setName()，用于将局部变量 name 的值修改为"小明"；第 12 行代码用于查看修改结果。

　　在上述示例代码运行后，控制台会输出"你好小智"和"你好小明"，说明利用闭包函数可以实现在函数外读取或修改函数内的局部变量。

　　当把闭包函数作为返回值返回后，只要闭包函数一直被引用，闭包函数所访问的变量和函数就始终在内存中。基于此现象，可以统计闭包函数被调用的次数，下面通过代码进行演示。首先定义 fn01()函数和 fn02()函数，然后使用闭包函数实现在 fn02()函数中访问 fn01()函数内定义的局部变量 num，并统计 fn02()函数被调用的次数，示例代码如下。

```
1  function fn01() {
2    var num = 0;
3    function fn02() {
4      ++num;
5      console.log(`第${num}次被调用`);
6    }
7    return fn02;
8  }
9  var fn02 = fn01();
10 fn02();
11 fn02();
12 fn02();
```

　　在上述示例代码中，第 1~8 行代码定义了 fn01()函数，其中，第 2 行代码在 fn01()函数内部定义了一个局部变量 num，用于统计 fn02()函数被调用的次数，第 3~6 行代码在 fn01()函数内定义了 fn02()函数，用于输出调用的次数，第 7 行代码使用 return 关键字返回了 fn02()函数，第 9 行代码声明了变量 fn02 并赋值为 fn01()函数的返回值，此时 fn02()函数是闭包函数。

　　运行上述示例代码，控制台会输出"第 1 次被调用""第 2 次被调用""第 3 次被调用"，说明使用闭包函数实现了在 fn02()函数中访问 fn01()函数内部的局部变量，并输出 fn02()函数被调用的次数。

4.5　预解析

　　JavaScript 代码是由浏览器中的 JavaScript 引擎运行的，JavaScript 引擎在运行 JavaScript 代码时会进行预解析，即提前对代码中 var 关键字声明的变量和 function 关键字定义的函数进行解析，再运行其他代码。

　　为了让读者更好地理解预解析，下面通过代码演示 var 关键字的预解析效果。

```
1  // 以下代码中的 var name01 变量声明会被预解析
2  console.log(name01);              // 输出结果为：undefined
3  var name01 = '小智';
4  // 以下代码由于没有声明 name02，所以会报错
5  console.log(name02);                // 报错，提示 name02 is not defined (name 02 未定义)
```

　　在上述示例代码中，第 2 行代码在变量 name01 声明前就进行了访问，但是没有出现类

似第 5 行代码的报错，这是因为第 3 行代码中的 var name01 会被预解析，相当于如下代码。

```
var name01;                      // 变量 name01 的声明由于预解析而被提到前面
console.log(name01);             // 输出结果为：undefined
name01 = '小智'
```

由此可见，由于变量 name01 被预解析，所以程序运行"console.log(name01)"时不会报错。在为变量 name01 赋值"小智"时不会被预解析，因此 name01 的值为 undefined。

在 JavaScript 中，函数的定义也具有预解析效果，示例代码如下。

```
fn();
function fn() {
  console.log('fn');
}
```

在上述示例代码中，虽然调用 fn()函数的代码写在了自定义函数之前，但是 fn()函数仍然可以被正常调用，这是因为使用 function 关键字定义函数时被预解析。

需要注意的是，函数表达式不会被预解析，示例代码如下。

```
1 fruit();              // 报错，提示 fun is not a function（fun 不是一个函数）
2 var fruit = function () {
3   console.log('fruit');
4 };
```

在上述示例代码中，fruit 不是一个函数，这是因为 var fruit 变量声明会被预解析，预解析后，fruit 的值为 undefined，此时的 fruit 还不是一个函数，因此无法调用。只有第 2~4 行代码运行后，才可以通过 fun()调用函数。

本章小结

本章主要讲解了函数的相关知识，首先讲解了什么是函数、函数的定义与调用、函数的参数、函数的返回值，并通过案例帮助读者更好地掌握函数的使用；然后讲解了函数表达式、匿名函数、回调函数、递归函数；最后讲解了作用域、闭包函数和预解析。通过本章的学习，读者应能够熟练掌握函数的使用。

课后习题

一、填空题

1. 通过_____方式调用函数。
2. 使用_____关键字可以返回函数的结果。
3. 根据作用域，可以将变量划分为全局变量和_____。
4. 使用_____可以有效避免函数名冲突的问题。

二、判断题

1. 函数 showTime()和 showtime()表示的是同一个函数。（　　）
2. 在程序中广泛使用闭包函数可以提高程序的处理速度。（　　）
3. 声明变量后就可以在任意位置使用。（　　）
4. 函数是完成某个特定功能的一段代码。（　　）
5. 在程序中定义函数和调用函数的编写顺序不分前后。（　　）

三、单选题

1. 下列选项中，函数名命名错误的是（   ）。

A. const   B. getNum   C. show   D. it_info

2. 下列选项中，属于匿名函数的是（   ）。

A. function sum(a, b) {}   B. function(a, b){}

C. function show(a, b){}   D. function maxNum(a, b){}

3. 下列选项中，关于函数表达式的说法错误的是（   ）。

A. 函数表达式的定义可以在调用前，也可以在调用后

B. 函数表达式通过"变量名()"的方式进行调用

C. 函数表达式是指将定义的函数赋值给一个变量

D. 函数表达式也是 JavaScript 中另一种实现自定义函数的方式

4. 阅读以下代码，运行 fn01(4, 5)的返回值是（   ）。

```
function fn01(a, b){
  return (++a) + (b++);
}
```

A. 9   B. 10   C. 11   D. 12

5. 阅读以下代码，运行 fn(7)的返回值是（   ）。

```
var x = 10;
function fn(myNum) {
  var x = 11;
  return x + myNum;
}
```

A. 18   B. 17   C. 10   D. NaN

6. 下列选项中，可以用于获取用户传递的实参值的是（   ）。

A. theNums   B. params   C. arguments   D. arguments.length

四、简答题

1. 请简述闭包函数的主要用途。

2. 请简述什么是 JavaScript 中的作用域链。

五、编程题

使用函数求数组[3, 9, 25, 18, 35]中的最大值。

第 **5** 章

对象

在日常生活中，对象通常是指具体的事物，如桌子、水杯、计算机等看得见、摸得着的实物。在 JavaScript 中，也有对象的概念。JavaScript 中的对象属于复杂数据类型，使用对象可以方便地管理多个数据，例如，保存网站用户的姓名、年龄、电话号码等信息。相对于将数据保存为基本数据类型，将数据保存为对象不仅更加灵活，而且更易于区分各种数据。本章将对 JavaScript 中的对象进行详细讲解。

5.1　初识对象

在现实生活中，通过描述对象的特征可以区分不同的对象，例如，通过描述员工的姓名、年龄、身高等特征来区分不同的员工对象。在学习对象前，如果需要在程序中描述员工的特征，可能需要声明多个变量，例如，声明变量 name 描述员工的姓名、声明变量 age 描述员工的年龄、声明变量 height 描述员工的身高等。当需要描述多个员工的特征时，如果每个员工的姓名、年龄、身高等特征都通过声明变量来描述，会使程序出现大量的变量，导致程序代码冗余，难以维护。因此，可以使用对象来描述员工的特征，将员工的多个特征保存在对象中，能够更加方便地管理和操作员工的特征。

对象是一种复杂数据类型，由属性和方法组成。其中，属性是指对象的特征，如学生的姓名、性别、年龄等；方法是指对象的行为，如学生唱歌、跳舞、写作业等。对象的属性和方法统称为对象的成员。通过对象可以更直观地描述一个实体的特征和行为，并提供访问和操作方法。

在 JavaScript 中，属性可以看成保存在对象中的变量，使用"对象.属性名"进行访问；方法可以看成保存在对象中的函数，使用"对象.方法名()"进行访问。

5.2　对象的创建

在 JavaScript 中，创建对象的常见方式有 3 种，分别是利用字面量创建对象、利用构造函数创建对象和利用 Object()创建对象。本节将详细讲解这 3 种创建对象的方式。

5.2.1　利用字面量创建对象

利用字面量创建对象就是指用大括号"{}"来标注对象成员，每个对象成员通过键值对的形式保存，即"key:value"的形式。对象字面量的语法格式如下。

```
{key1: value1, key2: value2, …}
```

上述语法格式中，key1 和 key2 表示对象成员的名称，即属性名或方法名；value1 和 value2 表示对象成员的值，即属性名对应的值或方法名对应的值。多个对象成员之间使用逗号","隔开。

需要说明的是，当对象中没有成员时，键值对可以省略，此时"{}"表示空对象。

下面通过代码演示如何利用字面量创建对象。

```html
<script>
  // 创建一个空对象
  var obj = {};
  // 创建一个学生对象
  var student = {
    name: '小智',                  // name 属性
    sex: '男',                     // sex 属性
    age: '20',                     // age 属性
    sayHello: function () {        // sayHello()方法
      console.log('Hello');
    }
  };
</script>
```

在上述示例代码中，obj 是一个空对象，该对象中没有任何成员；student 对象中包含 4 个成员，分别是 name、sex、age 和 sayHello()，其中 name、sex、age 是 student 对象的属性，sayHello()是 student 对象的方法。

当创建对象后，如果想要访问对象的成员，可以使用两种方式，第 1 种方式是使用"."，第 2 种方式是使用"[]"，示例代码如下。

```javascript
// 第 1 种方式：使用"."访问对象的成员
console.log(student.name);              // 输出对象的属性，输出结果为：小智
student.sayHello();                     // 调用对象的方法，输出结果为：Hello
// 第 2 种方式：使用"[]"访问对象的成员
console.log(student['sex']);            // 输出对象的属性，输出结果为：男
student['sayHello']();                  // 调用对象的方法，输出结果为：Hello
```

　　如果对象的成员名中包含特殊字符，则可以用字符串来表示成员名，通过"[]"进行访问，示例代码如下。

```
var student02 = {
  'name-sex': '小强-男',
};
console.log(student02['name-sex']);  // 输出结果为：小强-男
```

　　如果一个对象中没有任何成员，则可以通过为属性或方法赋值的方式来添加对象成员，示例代码如下。

```
1 <script>
2   var obj = {};                     // 创建一个空对象
3   obj.name = '小娜';                // 为对象添加 name 属性（使用"."语法）
4   obj['sex'] = '女';                // 为对象添加 sex 属性（使用"[]"语法）
5   obj.sayHello = function() {       // 为对象添加 sayHello()方法（使用"."语法）
6     console.log('Hello');
7   };
8   obj['dance'] = function() {       // 为对象添加 dance()方法（使用"[]"语法）
9     console.log('小娜在跳民族舞');
10  };
11  console.log(obj.name);            // 访问 name 属性，输出结果为：小娜
12  console.log(obj.sex);             // 访问 sex 属性，输出结果为：女
13  obj.sayHello();                   // 调用对象的方法，输出结果为：Hello
14  obj.dance();                      // 调用对象的方法，输出结果为：小娜在跳民族舞
15 </script>
```

　　如果访问对象中不存在的成员，则返回 undefined，示例代码如下。

```
var obj = {};
console.log(obj.name);               // 输出结果为：undefined
```

5.2.2　利用构造函数创建对象

　　当需要创建一个班级中所有的学生对象时，如果利用字面量的方式逐一创建学生对象，需要编写很多重复的代码，开发效率比较低。为此，可以利用构造函数的方式来创建对象。首先将学生看成一类对象，并将学生拥有的共同特征和行为写在构造函数中，然后通过构造函数一次性创建整个班级中的所有学生对象。

　　构造函数是一种特殊的函数，它提供了生成对象的模板，并描述了对象基本结构，主要用于在创建对象时进行初始化，即为对象的成员赋初始值。通过一个构造函数可以创建多个具有相同结构的对象，这个过程称为实例化，通过构造函数创建出来的对象被称为构造函数的实例对象。

　　定义构造函数的语法格式和定义普通函数的语法格式类似，二者的区别是，构造函数的名称推荐首字母大写。定义构造函数的语法格式如下。

```
function 构造函数名([参数1, 参数2, ...]) {
  函数体
}
```

　　上述语法格式中，构造函数名要以大写字母开头，以便与普通函数区分；构造函数的参数可以有一个或多个，也可以省略。

　　在构造函数的函数体中，可以为新创建的对象添加成员，其语法格式如下。

```
this.属性 = 值;
```

```
this.方法 = function ([参数 1, 参数 2, ...]) {
  方法体
};
```

上述语法格式中，this 表示新创建的对象。

定义构造函数后，使用构造函数创建对象的语法格式如下。

```
var 变量名 = new 构造函数 ([参数 1, 参数 2, ...]);
```

上述语法格式中，参数可以有一个或多个，当不需要传入参数时，参数可以省略，且小括号也可以省略。

为了让读者更好地理解如何利用构造函数创建对象，下面通过代码进行演示。定义一个 Student() 构造函数，利用 Student() 构造函数创建学生对象，实现学生的自我介绍，示例代码如下。

```
1  <script>
2    // 定义一个 Student() 构造函数
3    function Student(name, age) {
4      this.name = name;
5      this.age = age;
6      this.introduce = function () {
7        console.log(`大家好，我叫${this.name}，今年${this.age}岁`);
8      };
9    }
10   // 使用 Student() 构造函数创建对象
11   var stu1 = new Student('小智', 20);
12   stu1.introduce();
13   var stu2 = new Student('小丽', 19);
14   stu2.introduce();
15   var stu3 = new Student('小娜', 18);
16   stu3.introduce();
17 </script>
```

在上述示例代码中，第 3～9 行代码用于定义一个 Student() 构造函数，其中，第 4～5 行代码表示学生对象的 name 属性和 age 属性，这两个属性的值由创建对象时传入的实参决定，第 6～8 行代码表示学生对象的方法 introduce()，调用该方法可以实现学生的自我介绍；第 11～16 行代码利用 Student() 构造函数创建 stu1 对象、stu2 对象和 stu3 对象，并分别调用 introduce() 方法。

上述示例代码运行后，在控制台查看运行结果，如图 5-1 所示。

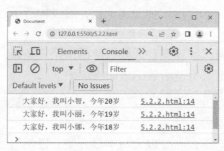

图5-1 运行结果

图 5-1 中，通过观察控制台的输出结果可知，使用构造函数成功创建了多个学生对象并实现了学生的自我介绍。

多学一招：静态成员和实例成员

在 JavaScript 中，构造函数也属于对象，因此，构造函数也有成员。为了区分构造函数的成员和实例对象的成员，我们将构造函数的成员称为静态成员，将实例对象的成员称为实例成员。下面通过代码演示静态成员和实例成员在创建与使用过程中的区别。

```
1  <script>
2    function Cat(name) {
3      // 创建实例成员
4      this.name = name;
5      this.say = function () {
6        console.log('喵喵喵');
7      };
8    }
9    // 创建静态成员
10   Cat.type = '小猫';
11   Cat.run = function () {
12    console.log('抓老鼠');
13   };
14   // 使用静态成员
15   console.log(Cat.type);              // 输出结果为：小猫
16   Cat.run();                          // 输出结果为：抓老鼠
17   // 使用实例成员
18   var cat1 = new Cat('小花');
19   console.log(cat1.name);             // 输出结果为：小花
20   cat1.say();                         // 输出结果为：喵喵喵
21 </script>
```

在上述示例代码中，Cat()构造函数的 type 属性和 run()方法属于静态成员，实例对象 cat1 的 name 属性和 say()方法属于实例成员。

5.2.3　利用 Object()创建对象

在 JavaScript 中，除了可以利用字面量或构造函数创建对象，还可以利用 Object()创建对象。对象也有构造函数，它的构造函数是 Object()。

使用 Object()创建对象的示例代码如下。

```
var obj = new Object();
```

上述示例代码使用 new 关键字和 Object()构造函数创建了一个空对象，并将其赋值给 obj 变量。

使用 Object()创建对象后，可以为对象添加成员，示例代码如下。

```
1  <script>
2    var obj = new Object();
3    obj.name = '小智';
4    obj.sex = '男';
5    obj.sayHello = function () {
6      console.log('Hello');
7    };
8  </script>
```

在上述示例代码中，第 2 行代码利用 Object()构造函数创建了一个空对象 obj；第 3 行代码为 obj 对象添加 name 属性，该属性值为小智；第 4 行代码为 obj 对象添加 sex 属性，该属性值为男；第 5~7 行代码为 obj 对象添加 sayHello()方法。

多学一招：this 的指向

在定义函数时并不能确定 this 的指向，只有在运行函数的过程中才能确定 this 的指向。通常，this 指向的是调用的对象。为了让读者更好地理解 this 的指向问题，下面通过 3 个具体场景进行讲解。

① 在全局作用域或者普通函数中，this 指向全局对象 window，示例代码如下。

```
console.log(this);            // this 指向全局对象 window
function fn() {
  console.log(this);
}
fn();
```

② 在方法中，this 指向调用它所在方法的对象，示例代码如下。

```
var user = {
  sayHi: function () {
    console.log(this);
  }
};
user.sayHi();                 // sayHi()方法中的 this 指向 user 对象
```

③ 在构造函数中，this 指向新创建的实例，示例代码如下。

```
function Fun() {
  console.log(this);
}
var fun = new Fun();          // Fun()中的 this 指向新创建的实例 fun
```

5.3　对象的遍历

在实际开发中，如果需要查询对象的属性和方法，就需要进行对象的遍历。对象的遍历是指访问对象中的所有成员。在 JavaScript 中，使用 for...in 语法可以实现对象的遍历，其语法格式如下。

```
for (var 变量 in 对象) {
  具体操作
}
```

在上述语法格式中，变量表示对象中的成员名；对象表示需要进行遍历的对象；在具体操作中，可以通过"console.log(对象[变量])"访问对象的属性，通过"对象[变量]()"调用对象的方法。另外，由于数组也属于对象，所以上述语法也可以对数组进行遍历，其中，变量的值为数组元素的索引。

下面通过代码演示如何进行对象的遍历。

```
1  // 准备一个待遍历的学生对象 student
2  var student = {
3    name: '小智',
4    sex: '男',
5    age: 20
6  };
```

```
7  // 遍历学生对象 student
8  for (var a in student) {
9    console.log(a);
10   console.log(student[a]);
11 }
```

在上述示例代码中，第 2~6 行代码用于创建一个 student 对象，该对象中包含 3 个属性，分别是 name、sex 和 age；第 8~11 行代码用于遍历 student 对象，其中，第 9 行代码用于在控制台输出 student 对象中的属性名称，第 10 行代码用于在控制台输出 student 对象中属性名称对应的值。

▌多学一招：判断对象成员是否存在

当需要判断对象中的某个成员是否存在时，可以使用 in 运算符，如果判断的结果为 true，则表示该成员存在，如果判断的结果为 false，则表示该成员不存在，示例代码如下。

```
var obj = {name: '小娜', sex: '女'};
console.log('name' in obj);        // 输出结果为：true
console.log('age' in obj);         // 输出结果为：false
```

在上述示例代码中，obj 对象有两个成员，分别是 name 和 sex。在判断 name 成员是否存在时，控制台的输出结果为 true；在判断 age 成员是否存在时，控制台的输出结果为 false。

5.4　Math 对象

在实际开发中，有时需要进行与数学相关的运算，例如获取圆周率、绝对值、最大值、最小值等，为了提高开发效率可以通过 Math 对象提供的属性和方法，快速完成开发。本节将详细讲解 Math 对象。

5.4.1　Math 对象的使用

Math 对象表示数学对象，用于进行与数学相关的运算，该对象不是构造函数，不需要实例化，可以直接使用其属性和方法。Math 对象的常用属性和方法如表 5-1 所示。

表 5-1　Math 对象的常用属性和方法

属性和方法	作用
PI	获取圆周率，结果为 3.141592653589793
abs(x)	获取 x 的绝对值
max([value1[, value2, ...]])	获取所有参数中的最大值
min([value1[, value2, ...]])	获取所有参数中的最小值
pow(base,exponent)	获取基数（base）的指数（exponent）次幂，即 $base^{exponent}$
sqrt(x)	获取 x 的平方根，若 x 为负数，则返回 NaN
ceil(x)	获取大于或等于 x 的最小整数，即向上取整
floor(x)	获取小于或等于 x 的最大整数，即向下取整
round(x)	获取 x 的四舍五入后的整数值
random()	获取大于或等于 0 且小于 1 的随机值

下面通过代码演示 Math 对象的使用。

① 使用 PI 属性获取圆周率，并计算半径为 6 的圆的面积，示例代码如下。

```
console.log(Math.PI * 6 * 6);          // 输出结果为: 113.09733552923255
```

② 使用 abs()方法计算数字–13 的绝对值，示例代码如下。

```
console.log(Math.abs(-13));            // 输出结果为: 13
```

③ 使用 max()方法和 min()方法计算一组数"12, 9, 21, 36, 15"的最大值和最小值，示例代码如下。

```
console.log(Math.max(12, 9, 21, 36, 15));// 输出结果为: 36
console.log(Math.min(12, 9, 21, 36, 15));// 输出结果为: 9
```

④ 使用 pow()方法计算 3 的 4 次幂，然后使用 sqrt()方法对计算结果求平方根，示例代码如下。

```
var a = Math.pow(3, 4);
console.log(a);                        // 输出结果为: 81
console.log(Math.sqrt(a));             // 输出结果为: 9
```

⑤ 使用 ceil()方法计算大于或等于 3.1 和 3.9 的最小整数，使用 floor()方法计算小于或等于 3.1 和 3.9 的最大整数，示例代码如下。

```
console.log(Math.ceil(3.1));           // 输出结果为: 4
console.log(Math.ceil(3.9));           // 输出结果为: 4
console.log(Math.floor(3.1));          // 输出结果为: 3
console.log(Math.floor(3.9));          // 输出结果为: 3
```

⑥ 使用 round()方法实现计算数字 2.1、2.5、2.9、–2.5 和–2.6 四舍五入后的整数值，示例代码如下。

```
console.log(Math.round(2.1));          // 输出结果为: 2
console.log(Math.round(2.5));          // 输出结果为: 3
console.log(Math.round(2.9));          // 输出结果为: 3
console.log(Math.round(-2.5));         // 输出结果为: -2
console.log(Math.round(-2.6));         // 输出结果为: -3
```

⑦ 使用 random()方法生成一个大于或等于 0 且小于 1 的随机数，示例代码如下。

```
console.log(Math.random());            // 输出结果为: 0.44156518524455257
```

使用 Math 对象可以快速高效地处理各种数学计算和数据。在实际开发中，我们要学会灵活应用 Math 对象提供的各种数学计算方法，并结合实际开发需求，合理选择和组合使用，以达到最佳效果。同时，我们也要勇于探索和创新，不断挑战自己，提高自己的技术能力和数学素养，充分发挥求真务实、勇攀科技高峰的精神，提高数据处理效率和准确性，创造出更加有价值和有意义的应用程序。

5.4.2　生成指定范围的随机数

在使用 random()方法生成随机数时，每次调用输出的结果都不相同，并且返回结果是一个很长的浮点数，如 0.44156518524455257，其范围是 0～1（不包括 1）。若希望生成指定范围内的随机数，可使用下列方式。

```
// 生成大于或等于 m 且小于 n 的随机数
Math.random() * (n - m) + m;
// 生成大于或等于 m 且小于或等于 n 的随机整数
Math.floor(Math.random() * (n - m + 1) + m);
// 生成大于或等于 0 且小于或等于 n 的随机整数
```

```
Math.floor(Math.random() * (n + 1));
// 生成大于或等于 1 且小于或等于 n 的随机整数
Math.floor(Math.random() * n + 1);
```

下面通过代码演示如何获取 1～5 的随机整数。

```
1  function getRandom(min, max) {
2    return Math.floor(Math.random() * (max - min + 1) + min);
3  }
4  console.log(getRandom(1, 5));
```

在上述示例代码中，第 2 行代码用于生成大于或等于 min 且小于或等于 max 的随机整数；第 4 行代码用于在控制台输出 1～5 的随机整数，返回的结果可能是 1、2、3、4、5。

使用随机数可以实现在数组中随机获取一个元素，示例代码如下。

```
var arr = ['老虎', '狮子', '熊猫', '袋鼠', '斑马', '大象'];
// 调用前面定义的 getRandom() 函数获取随机数
console.log(arr[getRandom(0, arr.length - 1)]);
```

5.4.3 【案例】猜数字游戏

某班级开展活动日，老师提出了猜数字游戏，游戏的规则是：老师随机抽取一个 1～10 的数字，然后邀请一位同学来猜这个数字，如果该同学猜的数字比老师抽取的数字大，则提示"猜大了"；如果该同学猜的数字比老师抽取的数字小，则提示"猜小了"；如果该同学猜的数字等于老师抽取的数字，则提示"恭喜，猜对了"。

下面通过代码演示使用 Math 对象实现猜数字游戏。首先定义 getRandom() 函数，实现随机生成一个 1～10 的数字，然后使用循环结构实现让程序一直运行，在程序中接收用户输入的数字，并判断输入的数字和随机数的大小关系。如果输入的数字大于随机数，则程序提示"猜大了"；如果输入的数字小于随机数，则程序提示"猜小了"；如果输入的数字等于随机数，则程序提示"恭喜，猜对了"，结束程序。具体代码如例 5-1 所示。

例 5-1　Example1.html

```
1   <!DOCTYPE html>
2   <html>
3   <head>
4     <meta charset="UTF-8">
5     <title>Document</title>
6   </head>
7   <body>
8     <script>
9       function getRandom(min, max) {
10        return Math.floor(Math.random() * (max - min + 1) + min);
11      }
12      var random = getRandom(1, 10);
13      while (true) {
14        var num = prompt('请输入一个 1～10 的整数：');
15        if (num === null) {
16          break;
17        } else if (num > random) {
18          alert('猜大了');
19        } else if (num < random) {
20          alert('猜小了');
```

```
21          } else {
22              alert('恭喜，猜对了');
23              break;
24          }
25      }
26  </script>
27  </body>
28  </html>
```

例 5-1 中，第 9～11 行代码定义 getRandom()函数，用于生成随机数；第 12 行代码声明 random 变量，用于保存生成的随机数；第 13～25 行代码使用循环结构实现猜数字游戏，其中，第 14 行代码声明 num 变量用于接收用户输入的数字，第 15～24 行代码使用 if…else if…else 语句判断用户输入的数字和随机数的大小关系，并运行相对应的代码。

保存代码，在浏览器中进行测试，例 5-1 的运行结果如图 5-2 所示。

在图 5-2 所示的页面中弹出的输入框中输入 3，单击"确定"按钮后的运行结果如图 5-3 所示。

图5-2　例5-1的运行结果

图5-3　单击"确定"按钮后的运行结果

图 5-3 中，页面中弹出警告框提示"猜小了"，说明随机数是一个大于 3 的数，单击"确定"按钮后，继续在页面弹出的输入框中输入数字，如果输入的数字比随机数大，页面将弹出警告框提示"猜大了"，只有输入的数字和随机数相等时，页面才会弹出警告框提示"恭喜，猜对了"，猜数字程序结束。

5.5　日期对象

在实际开发中，经常需要处理日期和时间。例如，商品促销活动中日期的实时显示、系统当前日期和时间的获取、时钟效果、时间差计算等。使用日期对象就可以实现这些功能。本节将详细讲解日期对象。

5.5.1　日期对象的使用

在 JavaScript 中，日期对象用于处理日期和时间，需要使用 Date()构造函数创建后才能使用。在创建日期对象时，可以向 Date()构造函数中传入表示具体日期的参数。

Date()构造函数有 3 种使用方式，第 1 种方式是省略参数；第 2 种方式是传入数字型参数；第 3 种方式是传入字符串型参数。下面分别讲解这 3 种方式。

1. 省略参数

在使用 Date()构造函数创建日期对象时，省略参数表示使用系统当前时间，示例代码如下。

```
var date01 = new Date();
```

```
console.log(date01);
// 输出结果为: Fri Mar 10 2023 09:36:37 GMT+0800 (中国标准时间)
```

2. 传入数字型参数

在使用 Date()构造函数创建日期对象时，可以传入以数字表示的年、月、日、时、分、秒参数，并且最少需要指定年、月两个参数，若省略日、时、分、秒参数会自动使用默认值，即当前的日期和时间。需要注意的是，月的取值范围是 0～11，其中 0 表示 1 月，1 表示 2 月，以此类推。当传入的数字大于取值范围时，会自动转换成相邻数字，例如，将月份设置为 12 表示明年 1 月，将月份设置为–1 表示去年 12 月。

为 Date()构造函数传入数字型参数的示例代码如下。

```
var date02 = new Date(2023, 12-1, 13, 09, 35, 40);
console.log(date02);
// 输出结果为: Wed Dec 13 2023 09:35:40 GMT+0800 (中国标准时间)
```

3. 传入字符串型参数

在使用 Date()构造函数创建日期对象时，可以传入以字符串表示的日期和时间，字符串中最少需要指定年份。日期和时间的格式有多种，下面以"年–月–日 时:分:秒"的格式为例进行讲解。

为 Date()构造函数传入字符串型参数的示例代码如下。

```
var date03 = new Date('2023-12-13 15:05:33');
console.log(date03);
// 输出结果为: Wed Dec 13 2023 15:05:33 GMT+0800 (中国标准时间)
```

创建日期对象后，若需要单独获取或设置年、月、日、时、分、秒中的某一项，可以调用日期对象的相关方法实现。日期对象的常用方法分为获取日期和时间的方法、设置日期和时间的方法，分别如表 5-2 和表 5-3 所示。

表 5-2　获取日期和时间的方法

方法	作用
getFullYear()	获取表示年份的 4 位数字，如 2023
getMonth()	获取月份，取值范围为 0～11（0 表示 1 月，1 表示 2 月，以此类推）
getDate()	获取月份中的某一天，取值范围为 1～31
getDay()	获取星期值，取值范围为 0～6（0 表示星期日，1 表示星期一，以此类推）
getHours()	获取小时数，取值范围为 0～23
getMinutes()	获取分钟数，取值范围为 0～59
getSeconds()	获取秒数，取值范围为 0～59
getMilliseconds()	获取毫秒数，取值范围为 0～999
getTime()	获取从 1970-01-01 00:00:00（UTC）到日期对象中存放的时间经历的毫秒数

表 5-3　设置日期和时间的方法

方法	作用
setFullYear(value)	设置年份
setMonth(value)	设置月份

续表

方法	作用
setDate(value)	设置月份中的某一天
setHours(value)	设置小时数
setMinutes(value)	设置分钟数
setSeconds(value)	设置秒数
setMilliseconds(value)	设置毫秒数
setTime(value)	通过从 1970-01-01 00:00:00（UTC）开始计时的毫秒数来设置时间

下面通过代码演示如何使用日期对象提供的方法设置和获取日期，并将获取到的日期输出到控制台。

```
1  <script>
2    var date = new Date();
3    // 设置年、月、日
4    date.setFullYear(2023);
5    date.setMonth(8 - 1);
6    date.setDate(1);
7    // 获取年、月、日
8    var year = date.getFullYear();
9    var month = date.getMonth()+ 1;
10   var day = date.getDate();
11   // 通过数组将星期值转换为字符串
12   var week = ['星期日', '星期一', '星期二', '星期三' , '星期四', '星期五', '星期六'];
13   console.log(`${year}年${month}月${day}日 ` + week[date.getDay()]);
14 </script>
```

在上述示例代码中，第 2 行代码用于创建对象 date，表示系统当前时间；第 4～6 行代码用于设置对象 date 的年、月、日；第 8～10 行代码中变量 year、month、day 分别用于保存对象 date 中的年、月、日；第 12 行代码用于将星期值保存在数组 week 中；第 13 行代码用于在控制台输出结果，其中，"week[date.getDay()]"用于从对象 date 中获取星期值，然后作为数组的索引到数组 week 中取出对应的字符串。

上述示例代码运行后，控制台会输出"2023 年 8 月 1 日 星期二"，说明成功设置与获取了日期。

在实际开发中，还经常需要将日期对象中的时间转换成指定的格式，示例代码如下。

```
1  // 返回当前时间，格式为"时:分:秒"，用两位数字表示
2  function getTime() {
3    var time = new Date();
4    var h = time.getHours();
5    h = h < 10 ? '0' + h : h;
6    var m = time.getMinutes();
7    m = m < 10 ? '0' + m : m;
8    var s = time.getSeconds();
9    s = s < 10 ? '0' + s : s;
10   return h + ':' + m + ':' + s;
11 }
12 console.log(getTime());                          // 输出结果示例: 14:45:23
```

在上述示例代码中，第 5 行、第 7 行、第 9 行代码用于判断给定数字是否为一位数，如果是一位数，则在数字前面加上 0。

在程序中使用日期对象可以进行与时间相关的操作和运算，从而提高时间的利用率和准确性。时间是非常宝贵的资源，在生活中，我们都应该树立正确的时间观念，注重时间管理，合理利用时间，珍惜时间，从而在有限的时间内做更多有意义的事情。

5.5.2 【案例】统计代码运行时间

通过日期对象可以获取从 1970 年 1 月 1 日 0 时 0 分 0 秒到当前 UTC（Coordinated Universal Time，协调世界时）所经过的毫秒数，这个值可以作为时间戳使用。通过时间戳可以计算两个时间的时间差。

获取时间戳的常见方式有 3 种，第 1 种方式是通过日期对象的 valueOf() 方法或 getTime() 方法获取，第 2 种方式是通过使用 "+" 运算符将日期对象转换为数字，这个数字代表的就是时间戳，第 3 种方式是使用 HTML5 新增的 Date.now() 方法获取。

获取时间戳的示例代码如下。

```
// 方式1：通过日期对象的 valueOf() 方法或 getTime() 方法获取
var date1 = new Date();
console.log(date1.valueOf());              // 输出结果示例：1678440875203
console.log(date1.getTime());              // 输出结果示例：1678440875203
// 方式2：使用 "+" 运算符将日期对象转换为数字
var date2 = +new Date();
console.log(date2);                        // 输出结果示例：1678440875203
// 方式3：使用 HTML5 新增的 Date.now() 方法获取
console.log(Date.now());                   // 输出结果示例：1678440875203
```

掌握获取时间戳的方式后，下面通过代码演示如何统计代码运行时间，具体代码如例 5-2 所示。

例 5-2　Example2.html

```
1  <!DOCTYPE html>
2  <html>
3    <head>
4      <meta charset="UTF-8">
5      <title>Document</title>
6    </head>
7  <body>
8    <script>
9      var timestamp1 = +new Date();
10     for (var i = 1, str = ''; i <= 60000; i++) {
11       str += i;
12     }
13     var timestamp2 = +new Date();
14     console.log(`代码运行时间为：${(timestamp2 - timestamp1)}毫秒`);
15   </script>
16 </body>
17 </html>
```

例 5-2 中，第 9 行代码通过使用 "+" 运算符的方式获取第 1 个时间戳；第 10~12 行代码使用 for 语句，对字符串变量 str 进行了 60000 次拼接操作；第 13 行代码通过使用 "+"

运算符的方式获取第 2 个时间戳；第 14 行代码用于在控制台输出两个时间戳之间代码运行的时间。

运行例 5-2 中的代码，控制台会输出"代码运行时间为：9 毫秒"，说明通过日期对象获取时间戳可以统计代码运行的时间。需要说明的是，由于代码运行时间与计算机的运行速度有关，所以不同情况下输出的毫秒值是不确定的。

5.5.3 【案例】倒计时

用户在电商网站购物时，经常会看到商家推出一些抢购活动，电商网站页面上会显示抢购活动开始时间的倒计时，例如"距离抢购活动开始还有 02 天 23 时 09 分 25 秒"，像这样的倒计时效果就可以通过日期对象实现。倒计时的核心算法是用抢购活动的开始时间减去当前的时间，得到的结果就是倒计时。

下面通过代码演示如何实现倒计时效果。首先定义一个函数，该函数的参数表示抢购活动的开始时间，在函数内获取当前的时间，并计算当前时间到抢购活动开始还有多长时间，以×天×时×分×秒的格式返回计算结果，具体代码如例 5-3 所示。

例 5-3   Example3.html

```
1  <!DOCTYPE html>
2  <html>
3  <head>
4    <meta charset="UTF-8">
5    <title>Document</title>
6  </head>
7  <body>
8    <script>
9    function countDown(time) {
10     var nowTime = new Date();
11     var overTime = new Date(time);
12     var times = (overTime - nowTime) / 1000;
13     var d = parseInt(times / 60 / 60 / 24);        // 天数
14     d = d < 10 ? '0' + d : d;
15     var h = parseInt(times / 60 / 60 % 24);        // 小时数
16     h = h < 10 ? '0' + h : h;
17     var m = parseInt(times / 60 % 60);             // 分钟数
18     m = m < 10 ? '0' + m : m;
19     var s = parseInt(times % 60);                  // 秒数
20     s = s < 10 ? '0' + s : s;
21     return d + '天' + h + '时' + m + '分' + s + '秒';
22    }
23    console.log(countDown('2023-3-16 09:00:00'));
24   </script>
25  </body>
26  </html>
```

例 5-3 中，第 9～22 行代码定义 countDown()函数，其中，第 10 行代码用于设置当前的时间，第 11 行代码用于设置抢购活动的开始时间，第 12 行代码通过抢购活动的开始时间减去当前的时间计算出剩余的毫秒数，然后将剩余的毫秒数除以 1000 得出剩余的秒数；第 13～21 行代码用于将剩余的秒数转换成剩余的天数（d）、小时数（h）、分钟数（m）、秒数（s），并使用 return 语句返回结果；第 23 行代码调用 countDown()函数，设置抢购活动的开始时间（读者可根据实际情况修改此时间），并在控制台输出函数返回的倒计时。

运行例 5–3 中的代码，控制台会输出类似"02 天 23 时 09 分 25 秒"的结果，说明通过日期对象可以实现倒计时的效果。

5.6　数组对象

在第 3 章中，讲解了创建数组的方式以及数组的基本操作。在 JavaScript 中，数组也是一种对象，使用数组对象提供的方法可以对数组进行操作。下面将详细讲解数组对象。

5.6.1　创建数组对象

在 3.2 节中讲解了使用数组字面量"[]"创建数组，除了这种方式外，还可以使用 Array()构造函数创建数组。由于 Array()构造函数属于对象的创建语法，所以也可以将通过该语法创建的数组称为数组对象。

使用 Array()构造函数创建数组对象的语法格式如下。

```
new Array(元素 1, 元素 2, …)
```

在上述语法格式中，"元素 1, 元素 2, …"是指数组中实际保存的元素，元素的数量可以是 0 个或多个，各元素之间使用逗号分隔。若元素的数量是 0 个，则表示创建一个空数组。

下面通过代码演示如何使用 Array()构造函数创建数组对象。

```
1  var arr01 = new Array();
2  var arr02 = new Array(2);
3  var arr03 = new Array('土豆', '黄瓜', '玉米');
4  var arr04 = new Array(13, '苹果', true, null, undefined);
5  var arr05 = new Array(11, new Array(22, 33), 44);
6  console.log(arr01);      // 输出结果为: []
7  console.log(arr02);      // 输出结果为: (2) [empty × 2]
8  console.log(arr03);      // 输出结果为: (3) ['土豆', '黄瓜', '玉米']
9  console.log(arr04);      // 输出结果为: (5) [13, '苹果', true, null, undefined]
10 console.log(arr05);      // 输出结果为: (3) [11, Array(2), 44]
```

在上述示例代码中，第 1 行代码用于创建一个空数组；第 2 行代码用于创建含有两个空位的数组；第 3 行代码用于创建含有 3 个元素的数组，元素的类型都为字符串型，元素的索引依次为 0、1、2；第 4 行代码用于创建一个保存数字型元素、字符串型元素、布尔型元素、空型元素和未定义型元素的数组；第 5 行代码用于创建一个保存数字型元素和数组元素的数组。第 6~10 行代码用于在控制台输出数组 arr01、arr02、arr03、arr04 和 arr05 的值。

▌▌**多学一招：数组类型的检测**

在实际开发中，有时候需要检测变量的类型是否为数组类型。例如，在函数中，要求传入的参数必须是一个数组，不能传入其他类型的值，否则会出错，此种情况就可以在函数中检测参数的类型是否为数组类型。

数组类型的检测有两种常用的方式，分别是使用 instanceof 运算符和使用 Array.isArray()方法，示例代码如下。

```
1  var arr = [];
2  var obj = {};
3  // 第1种方式
4  console.log(arr instanceof Array);        // 输出结果：true
5  console.log(obj instanceof Array);        // 输出结果：false
6  // 第2种方式
7  console.log(Array.isArray(arr));          // 输出结果：true
8  console.log(Array.isArray(obj));          // 输出结果：false
```

在上述示例代码中，第 1 行代码用于创建数组 arr；第 2 行代码用于创建对象 obj；第 4 行代码使用 instanceof 运算符检测 arr 是否为数组，输出结果为 true，表示 arr 是数组；第 5 行代码使用 instanceof 运算符检测 obj 是否为数组，输出结果为 false，表示 obj 不是数组；第 7 行代码使用 Array.isArray()方法检测 arr 是否为数组，输出结果为 true，表示 arr 是数组；第 8 行代码使用 Array.isArray()方法检测 obj 是否为数组，输出结果为 false，表示 obj 不是数组。

5.6.2　添加或删除数组元素

在 JavaScript 中，数组对象提供了添加或删除数组元素的方法，可以实现在数组的末尾或开头添加新的数组元素，以及在数组的末尾或开头删除数组元素。添加或删除数组元素的方法如表 5–4 所示。

表5-4　添加或删除数组元素的方法

方法	作用
push(element1, ...)	在数组末尾添加一个或多个元素，会修改原数组，返回值为数组的新长度
unshift(element1, ...)	在数组开头添加一个或多个元素，会修改原数组，返回值为数组的新长度
pop()	删除数组的最后一个元素，会修改原数组，若是空数组则返回 undefined，否则返回值为删除的元素
shift()	删除数组的第一个元素，会修改原数组，若是空数组则返回 undefined，否则返回值为删除的元素
splice(start[, deleteCount][, item1][, ...])	在指定索引处删除或添加数组元素，会修改原数组，返回值是一个由被删除的元素组成的新元素

表 5–4 中，push()方法和 unshift()方法中的参数 element1 表示要添加的数组元素，可以同时传递多个参数；splice()方法中的参数 start 表示要删除或添加的数组元素的起始索引，deleteCount 参数为可选参数，表示要删除的数组元素个数，item1 参数为可选参数，表示要添加的数组元素，可以同时传递多个参数。

下面通过代码演示添加或删除数组元素的方法的使用。

```
// 使用push()方法和unshift()方法添加数组元素
var arr = ['星期一', '星期二', '星期三', '星期四', '星期五'];
console.log(arr.push('星期六'));           // 输出结果为：6
console.log(arr.unshift('星期日'));        // 输出结果为：7
// 使用pop()方法和shift()方法删除数组元素
console.log(arr.pop());                    // 输出结果为：星期六
console.log(arr.shift());                  // 输出结果为：星期日
// 使用splice()方法在数组的指定索引处添加或删除数组元素
var arr = ['老虎', '熊猫', '狮子', '大象'];
```

```
// 从索引 2 开始，删除 2 个元素
arr.splice(2, 2);
console.log(arr);          // 输出结果为: (2) ['老虎', '熊猫']
// 从索引 1 开始，删除 1 个元素，再添加狮子元素
arr.splice(1, 1, '狮子');
console.log(arr);          // 输出结果为: (2) ['老虎', '狮子']
// 从索引 1 处添加斑马和猴子元素
arr.splice(1, 0, '斑马', '猴子');
console.log(arr);          // 输出结果为: (4) ['老虎', '斑马', '猴子', '狮子']
```

5.6.3 【案例】筛选数组元素

下面通过一个案例演示数组对象的使用。本案例要求在保存学生成绩的数组中，对每个成绩进行判断，然后筛选大于或等于 90 分的学生成绩，并将筛选出来的学生成绩放到一个新的数组中。其中学生成绩的数组为[83, 92, 88, 76, 93, 90, 84, 77, 96, 90]，具体代码如例5-4 所示。

例 5-4   Example4.html

```
1  <!DOCTYPE html>
2  <html>
3  <head>
4    <meta charset="UTF-8">
5    <title>Document</title>
6  </head>
7  <body>
8    <script>
9      var arr = [83, 92, 88, 76, 93, 90, 84, 77, 96, 90];
10     var newArr = [];
11     for (var i = 0; i < arr.length; i++) {
12       if (arr[i] >= 90) {
13         newArr.push(arr[i]);
14       }
15     }
16     console.log(newArr);
17   </script>
18 </body>
19 </html>
```

例 5-4 中，第 9 行代码创建 arr 数组，用于保存所有学生的成绩；第 10 行代码创建 newArr 数组，用于保存大于或等于 90 分的学生成绩；第 11～15 行代码用于遍历 arr 数组，并判断该数组中保存的学生成绩是否大于或等于 90 分，如果学生成绩大于或等于 90 分，则使用push()方法将学生成绩保存到 newArr 数组中；第 16 行代码用于在控制台输出 newArr 数组。

运行例 5-4 中的代码，控制台会输出"(5) [92, 93, 90, 96, 90]"，说明实现了大于或等于90 分的学生成绩的筛选。

5.6.4 数组元素排序

在实际开发中，有时候需要对数组元素进行排序。数组对象提供了数组元素排序的方法，可以实现数组元素排序或者颠倒数组元素的顺序。数组元素排序的方法如表 5-5 所示。

表 5-5　数组元素排序的方法

方法	作用
reverse()	颠倒数组中元素的顺序，该方法会改变原数组，返回新数组
sort([compareFunction])	对数组的元素进行排序，返回新数组。compareFunction 为可选参数，它是一个用于指定按某种顺序排列元素的函数

当 sort()方法没有传入参数时，会先将元素转换为字符串，然后根据字符的 Unicode 代码点进行排序。如果让元素按某种顺序进行排序，可以在 sort()方法中传入 compareFunction 参数，该参数是一个函数，会被 sort()方法多次调用，每次调用时选取数组中的两个元素进行排序，直到整个数组元素排序完成。

通过 compareFunction 参数传入函数的语法格式如下。

```
function (参数1, 参数2) {
  return 值;
}
```

在上述语法格式中，参数 1 和参数 2 由 sort()方法传入，表示数组中待排序的两个元素，函数的返回值决定了两个元素的排列顺序，具体规则如下。

● 返回值是正数，第 2 个元素会被排列到第 1 个元素之前。

● 返回值是 0，两个元素的顺序不变。

● 返回值是负数，第 1 个元素会被排列到第 2 个元素之前。

下面通过代码演示数组元素排序方法的使用。

```
// 反转数组
var arr = ['苹果', '香蕉', '芒果', '雪梨'];
arr.reverse();
console.log(arr);         // 输出结果为: (4) ['雪梨', '芒果', '香蕉', '苹果']
// 升序排序
var arr01 = [23, 3, 43, 33, 13];
arr01.sort(function (a, b) {
  return a - b;
});
console.log(arr01);      // 输出结果为: (5) [3, 13, 23, 33, 43]
// 降序排序
arr01.sort(function (a, b) {
  return b - a;
});
console.log(arr01);      // 输出结果为: (5) [43, 33, 23, 13, 3]
```

由上述示例代码的输出结果可知，调用 reverse()方法可以颠倒数组中元素的顺序，调用 sort()方法可以对数组的元素进行升序或降序排序。

5.6.5　数组元素索引

在实际开发中，若要查找指定的元素在数组中的索引，可以使用数组对象提供的获取数组元素索引的方法，具体如表 5-6 所示。

表 5-6　获取数组元素索引的方法

方法	作用
indexOf(searchElement[, fromIndex])	返回指定元素在数组中第一次出现的索引，若不存在，返回−1
lastIndexOf(searchElement[, fromIndex])	返回指定元素在数组中最后一次出现的索引，若不存在，返回−1

表 5-6 中，searchElement 参数表示要查找的元素，fromIndex 参数为可选参数，表示从指定索引开始查找。需要注意的是，indexOf()方法用于逆向查找，即从后向前查找，当第一次找到元素时就返回其索引，此时找到的元素刚好是数组中最后一次出现的元素。使用 indexOf()方法和 lastIndexOf()方法查找元素索引时，默认是从指定数组索引的位置开始检索，并且检索方式与运算符 "===" 相同，即查找的元素值与数组元素值全等时才查找成功。

下面通过代码演示获取数组元素索引方法的使用。

```
var arr = ['Monday', 'Wednesday', 'Friday', 'Monday'];
console.log(arr.indexOf('Friday'));          // 输出结果为：2
console.log(arr.lastIndexOf('Monday'));       // 输出结果为：3
```

5.6.6　【案例】去除数组中的重复元素

某学校将根据学生的需求开设选修课，选修课由各个班级提交的课程名单决定，由于每个班级提交的课程名单中有些课程可能会重复出现，所以需要去除名单中重复的课程。下面通过一个案例演示如何使用数组索引去除名单中的重复课程，其中选修课数组为['新闻摄影', '音乐鉴赏', '话剧表演', '古典诗词', '营养与健康', '音乐鉴赏', '话剧表演']，具体代码如例 5-5 所示。

例 5-5　Example5.html

```
1  <!DOCTYPE html>
2  <html>
3  <head>
4    <meta charset="UTF-8">
5    <title>Document</title>
6  </head>
7  <body>
8    <script>
9      var arr = ['新闻摄影', '音乐鉴赏', '话剧表演', '古典诗词',
10     '营养与健康', '音乐鉴赏', '话剧表演'];
11     function course(arr) {
12       var newArr = [];
13       for (var i = 0; i < arr.length; i++) {
14         if (newArr.indexOf(arr[i]) === -1) {
15           newArr.push(arr[i]);
16         }
17       }
18       return newArr;
19     }
20     console.log(course(arr));
21   </script>
22 </body>
23 </html>
```

例 5-5 中，第 9～10 行代码创建了 arr 数组，用于保存各个班级提交名单中包含的课程；第 11～19 行代码用于去除 arr 数组中重复的元素，其中第 12 行代码创建 newArr 数组，用于保存去除 arr 数组中重复元素后的元素，第 13～17 行代码用于在 newArr 数组中查找 arr 数组中的元素是否存在，如果不存在，则将 arr 数组中的元素添加到 newArr 数组中，第 18 行代码用于返回 newArr 数组；第 20 行代码调用 course() 函数，参数为 arr 数组，并在控制台输出结果。

运行例 5-4 中的代码，控制台会输出"(5) ['新闻摄影', '音乐鉴赏', '话剧表演', '古典诗词', '营养与健康']"，说明实现了去除选修课中的重复课程名单。

5.6.7　数组转换为字符串

在实际开发中，若要实现数组转换为字符串，不仅可以使用"+"，还可以使用数组对象的 join() 方法和 toString() 方法。数组转换为字符串的方法如表 5-7 所示。

表 5-7　数组转换为字符串的方法

方法	作用
join([separator])	将数组的所有元素连接成一个字符串，默认使用逗号分隔数组中的每个元素。separator 为可选参数，用于指定字符串的分隔符
toString()	将数组转换为字符串，使用逗号分隔数组中的每个元素

需要注意的是，当数组元素为 undefined、null 或空数组时，对应的元素会被转换为空字符串。

下面通过代码演示数组转换为字符串的方法的使用。

```
var arr = ['莫等闲', '白了少年头', '空悲切'];
// 使用 join() 方法
console.log(arr.join());          // 输出结果为：莫等闲,白了少年头,空悲切
console.log(arr.join(''));        // 输出结果为：莫等闲白了少年头空悲切
console.log(arr.join(''));        // 输出结果为：莫等闲 白了少年头 空悲切
// 使用 toString() 方法
console.log(arr.toString());      // 输出结果为：莫等闲,白了少年头,空悲切
```

由上述示例代码可知，join() 方法和 toString() 方法可以将数组转换为字符串，默认情况下使用逗号连接。join() 方法可以指定连接数组元素的符号。

多学一招：数组对象的其他方法

在 JavaScript 中还提供了数组对象的其他常用方法，具体如表 5-8 所示。

表 5-8　数组对象的其他常用方法

方法	作用
fill(value[, start][, end])	用一个固定值填充数组中从起始索引到终止索引内的全部元素，不包括终止索引的值。返回填充后的数组。value 表示要填充的数组元素值，start 和 end 为可选参数，分别表示填充的起始索引和终止索引
slice([begin][,end])	截取数组元素，返回被截取元素组成的新数组。begin 和 end 为可选参数，表示截取的起始索引和终止索引，截取的结果不包含终止索引的值
concat(value1[, value2][, ...][, valueN])	连接两个或多个数组，或者将值添加到数组中，不影响原数组，返回一个新数组，value 1, value 2, …, valueN 为数组或值

表 5-8 中，fill()方法在运行后不会返回新的数组，会对原数组产生影响，slice()方法和 concat()方法在运行后返回一个新的数组，不会对原数组产生影响。

下面通过代码演示 fill()方法、slice()方法和 concat()方法的使用。

```javascript
// 使用 fill()方法填充数组元素
console.log([0, 1, 2].fill(4));              // 输出结果为：(3) [4, 4, 4]
console.log([0, 1, 2].fill(4, 1));           // 输出结果为：(3) [0, 4, 4]
console.log([0, 1, 2].fill(4, 1, 2));        // 输出结果为：(3) [0, 4, 2]
// 使用 slice()方法截取数组元素
console.log([0, 1, 2].slice());              // 输出结果为：(3) [0, 1, 2]
console.log([0, 1, 2].slice(1));             // 输出结果为：(2) [1, 2]
console.log([0, 1, 2].slice(1, 2));          // 输出结果为：[1]
// 使用 concat()方法将元素添加到数组中并连接两个数组
console.log([0, 1, 2].concat(3));            // 输出结果为：(4) [0, 1, 2, 3]
console.log([0, 1, 2].concat([3, 4]));       // 输出结果为：(5) [0, 1, 2, 3, 4]
```

5.7　字符串对象

在 JavaScript 中，字符串对象提供了一些用于对字符串进行处理的属性和方法，可以很方便地实现字符串的查找、截取、替换、大小写转换等操作。本节将详细讲解字符串对象。

5.7.1　创建字符串对象

字符串对象使用 String()构造函数来创建，在 String()构造函数中传入字符串，就会在创建的字符串对象中保存传入的字符串，示例代码如下。

```javascript
var str = new String('Monday');             // 创建字符串对象
console.log(str);                           // 输出结果为：String {'Monday'}
```

为了让读者更好地掌握字符串对象的使用，下面通过代码进行演示。首先创建一个字符串对象，然后访问该字符串对象的 length 属性，并使用 typeof 运算符检测字符串对象的数据类型，示例代码如下。

```javascript
// 创建字符串对象
var str01 = new String('Tuesday');
// 访问字符串对象的 length 属性
console.log(str01.length);                  // 输出结果为：7
// 使用 typeof 运算符检测字符串对象的数据类型
console.log(typeof str01);                  // 输出结果为：object
```

由上述示例代码的输出结果可知，length 属性返回字符串中的字符个数为 7，字符串对象的数据类型为 object。

需要说明的是，通过保存了字符串数据的变量也可以访问字符串对象的属性和方法，示例代码如下。

```javascript
// 定义保存了字符串数据的变量
var str02 = 'Tuesday';
// 访问变量 str02 的 length 属性
console.log(str02.length);                  // 输出结果为：7
// 使用 typeof 运算符检测变量 str02 的数据类型
console.log(typeof str02);                  // 输出结果为：string
```

读者可能会有疑问：字符串属于基本数据类型，为什么可以像字符串对象一样操作呢？其实这是因为 JavaScript 在内部进行了处理，自动将字符串包装成字符串对象，使得字符串也可以访问字符串对象的属性和方法。

5.7.2　根据字符返回索引

字符串对象提供了用于根据字符串返回索引的方法，具体如表 5-9 所示。

表 5-9　根据字符串返回索引的方法

方法	作用
indexOf(searchValue[, fromIndex])	获取 searchValue 在字符串中首次出现的索引，如果找不到则返回 −1。可选参数 fromIndex 表示从指定索引开始向后搜索，默认为 0
lastIndexOf(searchValue[, fromIndex])	获取 searchValue 在字符串中最后一次出现的索引，如果找不到则返回 −1。可选参数 fromIndex 表示从指定索引开始向前搜索，默认为最后一个字符的索引

下面通过代码演示 indexOf() 方法和 lastIndexOf() 方法的使用。

```
var str = 'HelloWorld';
str.indexOf('l');            // 获取'l'在字符串中首次出现的索引，返回结果为：2
str.lastIndexOf('l');        // 获取'l'在字符串中最后一次出现的索引，返回结果为：8
```

通过上述代码的返回结果可知，索引从 0 开始计算，字符串的第 1 个字符的索引是 0，第 2 个字符的索引是 1，以此类推，最后一个字符的索引是字符串的长度减 1。

为了让读者更好地掌握如何根据字符串返回索引，下面通过代码进行演示。要求在字符串'Hello World, Hello JavaScript'中找到所有字符'o'的索引，并统计字符'o'出现的次数，示例代码如下。

```
1 var str = 'Hello World, Hello JavaScript';
2 var index = str.indexOf('o');
3 var num = 0;
4 while (index != -1) {
5   console.log(index);
6   index = str.indexOf('o', index + 1);
7   num++;
8 }
9 console.log(`o出现的次数是：${num}`);
```

在上述示例代码中，第 2 行代码使用 indexOf() 方法获取字符串 str 中第一个'o'的索引，并保存在变量 index 中；第 4～8 行代码通过 while 语句判断变量 index 的返回结果，如果不是−1，则继续向后查找，由于 indexOf() 方法只能查找到第 1 个索引，所以后面的查找需要使用第 2 个参数来实现，即给当前的索引 index 加 1，从而实现继续查找。需要注意的是，字符串中的空格也会被当成一个字符来处理。

运行上述示例代码，控制台将分别输出"4""7""17""o 出现的次数是：3"，说明根据字符串成功返回了索引，并求出了字符'o'出现的次数。

5.7.3　根据索引返回字符

字符串对象除了提供用于根据字符串返回索引的方法外，还提供用于根据索引返回字符的方法，具体如表 5-10 所示。

表 5-10　根据索引返回字符的方法

方法	作用
charAt(index)	获取索引 index 对应的字符（字符串第 1 个字符的索引为 0）
charCodeAt(index)	获取索引 index 对应的字符的 ASCII 值

为了让读者更好地掌握如何根据索引返回字符，下面以 charAt()方法和 charCodeAt()方法为例进行演示，示例代码如下。

```
var str = 'Monday';
// 使用 charAt()方法查找索引为 3 的字符
console.log(str.charAt(3));                    // 输出结果为: d
// 使用 charCodeAt()方法查找索引为 3 的字符的 ASCII 值
console.log(str.charCodeAt(3));                // 输出结果为: 100
```

由上述示例代码的输出结果可知，使用 charAt()方法和 charCodeAt()方法成功获取了索引对应的字符。

5.7.4　【案例】统计字符串中出现最多的字符和相应的次数

在实际开发中，有时需要统计字符串中出现最多的字符和相应的次数，下面通过一个案例演示如何使用 charAt()方法统计字符串中出现最多的字符和相应的次数，具体代码如例 5-6 所示。

例 5-6　Example6.html

```
1  <!DOCTYPE html>
2  <html>
3  <head>
4    <meta charset="UTF-8">
5    <title>Document</title>
6  </head>
7  <body>
8    <script>
9      var str = 'shopping';
10     var num = {};
11     for (var i = 0; i < str.length; i++) {
12       var chars = str.charAt(i);
13       if (num[chars]) {
14         num[chars]++;
15       } else {
16         num[chars] = 1;
17       }
18     }
19     console.log(num);
20     var max = 0;
21     var ch = '';
22     for (var k in num) {
23       if (num[k] > max) {
24         max = num[k];
25         ch = k;
26       }
27     }
```

```
28    console.log(`出现最多的字符是${ch} ` + `,共出现了${max}次`);
29  </script>
30 </body>
31 </html>
```

例 5–6 中，第 9 行代码声明 str 变量用于保存'shopping'字符串；第 10 行代码声明 num 变量用于统计每个字符出现的次数；第 12 行代码声明 chars 变量用于保存字符串中的每个字符；第 21 行代码声明 ch 变量用于保存出现次数最多的字符。

运行例 5–6 中的代码，控制台将输出 "{s: 1, h: 1, o: 1, p: 2, i: 1, ...}" "出现最多的字符是 p ，共出现了 2 次"，说明使用 charAt() 方法实现了字符串中出现最多的字符和相应的次数的统计。

5.7.5　字符串操作方法

字符串对象提供了一些用于字符串截取、连接、替换和大小写转换的方法，具体如表 5–11 所示。

表 5-11　字符串截取、连接、替换和大小写转换的方法

方法	作用
concat(str1[, str2, str3, ...])	连接一个或多个字符串
slice(start[,end])	截取从起始索引 start 到终止索引 end 之间的 1 个子字符串，若省略 end 则表示从起始索引 start 开始截取到字符串末尾
substring(start[, end])	截取从起始索引 start 到终止索引 end 之间的 1 个子字符串，和 slice() 的作用相似，但是参数为负数时会被视为 0
substr(start[, length])	截取从起始索引 start 开始的长度为 length 的子字符串，若省略 length 则表示从起始索引 start 开始截取到字符串末尾
toLowerCase()	获取字符串的小写形式
toUpperCase()	获取字符串的大写形式
split([separator[, limit]])	使用分隔符 separator 将字符串分割成数组，limit 用于限制数量
replace(str1, str2)	使用 str2 替换字符串中的 str1，返回替换结果，只会替换第一次出现的 str1

在使用表 5–11 中的方法对字符串进行操作时，处理结果是通过方法的返回值直接返回的，并不会改变字符串本身。

为了让读者更好地掌握字符串操作方法的使用，下面通过代码演示字符串截取、连接、替换和大小写转换。

```
var str = 'HelloWorld';
str.concat('!');                // 在字符串末尾拼接字符
str.slice(1, 6);                // 截取从索引 1 开始到索引 6 的内容
str.substring(7);               // 截取从索引 7 开始到最后的内容
str.substring(6, 8);            // 截取从索引 6 开始到索引 8 的内容
str.substr(3);                  // 截取从索引 3 开始到字符串结尾的内容
str.substring(5, 7);            // 截取从索引 5 开始到索引 7 的内容
str.toLowerCase();              // 将字符串转换为小写
str.toUpperCase();              // 将字符串转换为大写
str.split('l');                 // 使用'l'分割字符串
str.split('l', 3);              // 限制最多分割 3 份
str.replace('World', '!');      // 替换字符串
```

5.7.6 【案例】判断用户名是否合法

在开发用户注册和登录功能时，经常需要对用户名进行格式验证。本案例要求用户名长度范围为 3～6，不允许出现敏感词 admin 的任何大小写形式，下面编写代码判断用户名是否合法，具体代码如例 5-7 所示。

例 5-7　Example7.html

```
1  <!DOCTYPE html>
2  <html>
3  <head>
4    <meta charset="UTF-8">
5    <title>Document</title>
6  </head>
7  <body>
8    <script>
9      var username = prompt('请输入用户名');
10     if (username.length < 3 || username.length > 6) {
11       alert('用户名长度范围必须为3～6 ');
12     } else if (username.toLowerCase().indexOf('admin') !== -1) {
13       alert('用户名中不能包含敏感词: admin');
14     } else {
15       alert('恭喜您，该用户名可以使用');
16     }
17   </script>
18 </body>
19 </html>
```

例 5-7 中，第 9 行代码声明 username 变量，用于接收用户输入的用户名；第 10～16 行代码用于判断用户名是否合法，其中第 10 行代码通过 length 属性判断用户名的长度，第 12 行代码用于将用户名转换为小写形式后，查找用户名是否包含敏感词 admin。

保存代码，在浏览器中进行测试，例 5-7 的初始页面效果如图 5-4 所示。

在图 5-4 所示页面弹出的输入框中输入"王小明"并单击"确定"按钮，页面将提示"恭喜您，该用户名可以使用"。用户名合法的页面效果如图 5-5 所示。

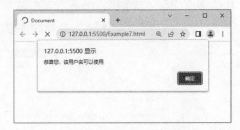

图5-4　例5-7的初始页面效果　　　　　图5-5　用户名合法的页面效果

5.8　查阅 MDN Web 文档

在 5.4～5.7 节中分别学习了 Math 对象、日期对象、数组对象和字符串对象，这些都属于 JavaScript 中的内置对象。除了这 4 个内置对象外，JavaScript 还提供了很多其他的内置对象。在实际开发中，若需要使用某个不熟悉的内置对象，可以在 MDN Web 文档中查阅内置对象的使用方法。

在 MDN Web 文档中查阅内置对象的方式有两种，第 1 种方式是通过链接查找内置对象，第 2 种方式是通过关键字搜索内置对象，下面分别讲解这两种方式。

1. 通过链接查找内置对象

MDN Web 文档提供了所有内置对象的链接，通过单击某个内置对象的链接即可进入某个内置对象的页面进行查看。

首先在浏览器中访问 MDN Web 文档网站， MDN Web 文档网站页面如图 5-6 所示。

图 5-6 中，在导航栏中单击 "References" → "JavaScript"，会进入 JavaScript 文档页面，在该页面中将左侧的滚动条向下滚动，可以在左侧边栏中找到 "内置对象"，将该选项展开后可以看到所有内置对象的链接，如图 5-7 所示。

图5-6　MDN Web文档网站页面

图5-7　JavaScript文档页面

在图 5-7 所示的页面中，单击 "Array" 超链接会进入 Array 内置对象页面，如图 5-8 所示。该页面展示了 Array 内置对象的相关知识，读者可通过单击左侧边栏中所需的属性或方法学习如何使用。

2. 通过关键字搜索内置对象

MDN Web 文档网站提供了搜索框，在搜索框中输入关键字可以快速查找内置对象。例如，在搜索框中输入关键字 Array，页面效果如图 5-9 所示。

图5-8　Array内置对象页面

图5-9　在搜索框中输入关键字Array

图 5-9 中，通过在搜索框输入 Array，找到了 Array 内置对象和 Array 关键字有关的选

项，此时单击列表中的第 1 个选项，即可进入 Array 内置对象的页面，该页面效果和图 5-8 所示的页面效果一致，此处不再展示。

至此，通过两种方式完成了在 MDN Web 文档网站中查阅内置对象。

本章小结

本章主要讲解了 JavaScript 中的对象，首先讲解了什么是对象、对象的创建和对象的遍历，其中，对象的创建有 3 种方式，分别是利用字面量创建对象、利用构造函数创建对象、利用 Object() 创建对象，然后讲解了 Math 对象、日期对象、数组对象、字符串对象，最后讲解了如何查阅 MDN Web 文档。通过本章的学习，读者应能够使用 JavaScript 对象完成实际开发中的需求。

课后习题

一、填空题

1. 判断对象中的某个成员是否存在时，可以使用_____运算符。
2. Math 对象中可以使用_____方法生成随机数。
3. 日期对象的构造函数是_____。
4. 通过日期对象中的_____方法可以获取星期值。
5. 对象是由属性和_____组成的。

二、判断题

1. 通过一个构造函数可以创建多个对象，这些对象都有相同的结构。（　　　）
2. Math 对象用于进行与数学相关的运算，该对象是构造函数。（　　　）
3. 使用 for...in 语法可以实现对象的遍历。（　　　）
4. 使用 Date() 构造函数时可以省略参数。（　　　）
5. 使用 instanceof 运算符或 Array.isArray() 方法可以检测数组类型。（　　　）
6. 字符串对象使用 String() 构造函数来创建。（　　　）

三、单选题

1. 下列选项中，用于实现删除数组的第一个元素的方法是（　　　）。
A. push()　　　　　　　B. shift()　　　　　　C. pop()　　　　　　　　D. unshift()
2. 下列选项中，用于实现颠倒数组中元素顺序的是（　　　）。
A. indexOf()　　　　　B. sort()　　　　　　　C. reverse()　　　　　　D. lastIndexOf()
3. 下列选项中，用于获取某个数四舍五入后的整数值的方法是（　　　）。
A. floor()　　　　　　B. ceil()　　　　　　　C. round()　　　　　　　D. sqrt()
4. 下列选项中，用于连接一个或多个字符串的方法是（　　　）。
A. slice()　　　　　　B. concat()　　　　　　C. substr()　　　　　　D. split()
5. 下列选项中，用于获取索引对应的字符的方法是（　　　）。
A. charAt()　　　　　B. indexOf()　　　　　C. charCodeAt()　　　　D. lastIndexOf()

四、简答题

1. 请简述创建对象的 3 种方式。

2. 请简述 Date() 构造函数的 3 种使用方式。

五、编程题

1. 请用构造函数的方式创建一个宠物猫对象，具体信息如下。

- 名字：花花。

- 品种：波斯猫。

- 年龄：2 岁。

- 技能：喵喵叫、摇尾巴。

2. 使用日期对象的相关方法，实现统计从 1 累加到 200 所需的运行时间。

第6章

DOM（上）

★ 了解 Web API 的概念，能够阐述 Web API 的作用

★ 了解什么是 DOM，能够描述 DOM 中文档、元素和节点的关系

★ 掌握获取元素的方法，能够根据不同场景选择合适的方法获取元素

★ 了解事件的概念，能够描述事件的 3 个要素

★ 掌握事件的注册，能够为页面中的元素注册事件

★ 掌握操作元素内容的方法，能够根据不同场景选择合适的方法操作元素内容

★ 掌握操作元素属性的方法，能够根据不同场景选择合适的方法操作元素属性

★ 掌握操作元素样式的方法，能够根据不同场景选择合适的方法操作元素样式

通过第 1~5 章的学习，相信读者已经掌握了 JavaScript 的基础知识。在实际开发过程中，若要实现网页交互效果，仅仅掌握 JavaScript 的基础知识是不够的，还需要进一步学习 Web API 的相关知识。在本阶段主要学习使用 DOM 和 BOM 实现网页交互效果，由于 DOM 和 BOM 的知识内容较多，所以本章首先对 DOM（上）的基本知识进行讲解，关于 DOM（下）和 BOM 的相关知识将在后续章节中讲解。

6.1 Web API 简介

API（Application Program Interface，应用程序接口）是软件系统预先定义的接口，用于软件系统不同组成部分的衔接。Web API 是指在 Web 开发中用到的 API。例如，开发一个美颜相机手机应用，该手机应用需要使用手机上的摄像头拍摄画面，手机的操作系统需要将访问摄像头的功能开放给手机应用，为此，手机操作系统提供了摄像头 API，手机应用通过摄像头 API 就可以获得访问摄像头的功能。

在 JavaScript 中，Web API 被封装成对象，用于帮助开发者实现某种功能。开发人员无须访问对象源代码，也无须理解对象内部工作机制和细节，只需要掌握如何使用对象的属性和方法。例如，在程序中，经常使用 console.log() 输出一些信息，其中，console 就是 Web

API 对象，用于操作控制台，log()方法用于在控制台输出信息。

在第 1 章讲解了 JavaScript 主要由 ECMAScript、DOM 和 BOM 这 3 部分组成。其中，DOM 和 BOM 都包含一系列对象，这些对象都属于 Web API。

Web API 是前端开发中非常重要的一部分，在实际开发中使用 Web API 时要遵循相关规定。同理，在工作中，当我们需要自己设计一套接口时，也应遵循相关规定。例如，在设计一些用于数据交互的接口时，需要充分考虑数据的安全性和用户的隐私性，保护用户的合法利益，确保接口开放后不会泄露用户的个人信息。

6.2　DOM 简介

DOM（Document Object Model，文档对象模型）是 W3C 组织制定的用于处理 HTML 文档和 XML 文档的编程接口。在网页开发中，DOM 扮演着非常重要的角色，使用 DOM 可以获取元素，操作元素的内容、属性和样式等，从而实现丰富多彩的网页交互效果，例如，实现购物车功能时，用户单击"添加"按钮可以动态添加商品到购物车中。

DOM 将整个文档视为树形结构，这个结构被称为文档树。页面中所有的内容在文档树中都是节点（Node），所有的节点都会被看作对象，这些对象都拥有属性和方法。

节点有多种类型，常见的节点有元素节点、文本节点、注释节点、文档节点和文档类型节点，具体解释如下。

- 元素节点：代表页面中的标签。例如，<div>标签属于元素节点，通常称为 div 元素或 div 节点。
- 文本节点：代表页面中的文本内容。例如，"<div>内容</div>"中的"内容"属于文本节点。
- 注释节点：代表页面中的注释。例如，"<!-- 注释 -->"属于注释节点。
- 文档节点：代表整个文档。
- 文档类型节点：代表文档的类型定义。例如，"<!DOCTYPE html>"属于文档类型节点。

不同节点之间的关系可以用传统的家族关系进行描述，例如父子关系、兄弟关系，通过这些关系可以将节点划分为不同层级，具体如下。

- 父节点：是指某一节点的上级节点。
- 子节点：是指某一节点的下级节点。
- 兄弟节点：是指同一个父节点的两个子节点。
- 根节点：document 节点是整个文档的根节点。根节点是文档树中唯一没有父节点的节点，其他所有节点都是根节点的后代。

如果一个节点的父节点、子节点或兄弟节点是元素节点，则可以将其称为父元素、子元素或兄弟元素。根元素对应的标签为<html>标签。

下面演示一个简单的文档树示例，如图 6-1 所示。

在图 6-1 中，文档节点位于最顶部，它是整个文档树的根节点，在程序中可以通过 document 对象进行访问。所有的标签都属于元素节点，标签中包含的文本内容属于文本节点。

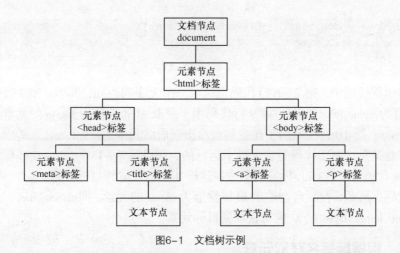

图6-1　文档树示例

节点对象有 3 个常用的属性，分别是 nodeType 属性、nodeName 属性和 nodeValue 属性，具体解释如下。

- nodeType 属性：用于获取数字表示的节点类型。1 表示元素节点，3 表示文本节点，8 表示注释节点，9 表示文档节点，10 表示文档类型节点。
- nodeName 属性：用于获取节点名称。
- nodeValue 属性：用于获取节点值，适用于文本节点、注释节点。

6.3　获取元素

在实际开发中，如果想要为元素设置样式，则需要使用 CSS 选择器选择目标元素。同样，在使用 DOM 操作元素时，也需要先获取目标元素，才能对其进行操作。在 DOM 中，有多种方式可以获取元素，例如，根据 id 属性、标签名、name 属性、类名、CSS 选择器获取元素。此外，还可以直接获取基本结构元素。本节将对获取元素进行详细讲解。

6.3.1　根据 id 属性获取元素

在 HTML 中，为元素设置的 id 属性可以作为元素唯一标识。document 对象提供了 getElementById()方法，用于根据 id 属性获取元素，该方法的语法格式如下。

```
document.getElementById(id)
```

上述语法格式中，参数 id 表示 id 属性值。在调用 getElementById()方法后会返回一个元素对象，这个元素对象就是根据 id 属性获取的目标元素。若没有找到指定 id 属性的元素，则返回 null。

下面通过代码演示 getElementById()方法的使用。

```
1  <body>
2    <ul>
3      <li id="menu">家居</li>
4      <li>美妆</li>
5      <li>食品</li>
6    </ul>
7    <script>
8      // 根据 id 属性获取元素
```

```
9      var Obox = document.getElementById('menu');
10     console.log(Obox);
11  </script>
12 </body>
```

在上述示例代码中，第 2～6 行代码定义了一个无序列表 ul，其中，第 3 行代码用于定义 id 属性值为 menu 的 li 元素；第 9 行代码用于获取 id 属性值为 menu 的元素，获取后赋值给变量 Obox；第 10 行代码用于在控制台输出获取的元素。

需要注意的是，由于代码是自上而下运行的，所以第 7～11 行的<script>标签及其内部的 JavaScript 代码要写在</ul>标签的下方，这样才可以获取到目标元素。

上述代码运行后，控制台会输出 id 属性值为 menu 的元素，即<li id="menu">家居</li>，说明通过 getElementById()方法成功获取到目标元素。

6.3.2   根据标签名获取元素

在实际开发中，有时需要获取多个元素，而 getElementById()方法一次只能获取一个元素，当要获取多个元素时，操作比较烦琐。为此，document 对象还提供了一种通过标签名获取元素的方法，即 getElementsByTagName()方法，该方法的语法格式如下。

```
document.getElementsByTagName(name)
```

上述语法格式中，参数 name 表示标签名。在使用 getElementsByTagName()方法时，只需将标签名作为参数传入即可。由于具有相同标签名的元素可能有多个，所以该方法的返回结果不是单个元素对象，而是一个集合。

下面通过代码演示 getElementsByTagName()方法的使用。

```
1  <body>
2    <ul>
3      <li>家居</li>
4      <li>美妆</li>
5      <li>食品</li>
6    </ul>
7    <script>
8      // 根据标签名获取元素
9      var list = document.getElementsByTagName('li');
10     console.log(list);
11   </script>
12 </body>
```

在上述示例代码中，第 9 行代码调用 getElementsByTagName()方法获取标签名为 li 的元素；第 10 行代码用于在控制台输出获取的元素。

上述示例代码运行后，控制台会输出一个长度为 3 的集合，并且集合中都是 li 元素，说明通过 getElementsByTagName()方法成功获取到目标元素。

需要注意的是，getElementsByTagName()方法返回的集合与数组的使用方法类似，但是它本质上并不是数组。为了证明这一点，可以通过在上述示例代码的第 10 行代码下方添加如下代码进行验证。

```
console.log(Array.isArray(list));    // 输出结果为：false
```

上述代码通过 Array.isArray()方法验证调用 getElementsByTagName()方法后返回的结果 list 是否为数组。

运行代码后，控制台输出的结果为 false，说明调用 getElementsByTagName()方法后返回的结果不是数组。这种类似数组但不是数组的数据称为类数组（array-like）对象，类数组对象可以像数组一样通过索引访问元素，但不能使用数组的方法。

需要注意的是，即使页面中只有一个 li 元素，getElementsByTagName()方法返回的结果仍然是一个集合，如果页面中没有该元素，那么将返回一个空集合。通过 getElementsByTagName()方法获取到的集合是动态集合，当页面增加标签时，在该集合中也会自动增加元素。

6.3.3　根据 name 属性获取元素

在实际开发中，经常需要编写表单页面的交互逻辑代码，此时就需要获取表单元素。表单元素通过 name 属性设置元素名称，为了通过 name 属性获取表单元素，document 对象提供了 getElementsByName()方法，该方法的语法格式如下。

```
document.getElementsByName(name)
```

上述语法格式中，参数 name 表示 name 属性值。在使用 getElementsByName()方法时，只需将 name 属性值作为参数传入即可，由于 name 属性的值不要求必须唯一，多个元素可以有相同的名称，如表单中的单选框和复选框等，所以该方法的返回结果不是单个元素对象，而是一个集合。

下面通过代码演示 getElementsByName()方法的使用。

```
1  <body>
2    <p>请选择你最喜欢的水果（多选）</p>
3    <input type="checkbox" name="fruit" value="草莓">草莓
4    <input type="checkbox" name="fruit" value="雪梨">雪梨
5    <input type="checkbox" name="fruit" value="芒果">芒果
6    <script>
7      var favoriteFruit = document.getElementsByName('fruit');
8      console.log(favoriteFruit);
9      console.log(favoriteFruit[2]);
10   </script>
11 </body>
```

在上述示例代码中，第 3～5 行代码定义了 3 个复选框，这 3 个复选框的 value 值分别为草莓、雪梨和芒果，且 name 属性值均为 fruit；第 7 行代码通过 getElementsByName()方法获取 name 属性值为 fruit 的表单元素；第 8 行代码用于在控制台输出获取到的元素；第 9 行代码用于在控制台输出索引为 2 的元素。

运行上述示例代码后，控制台会输出一个长度为 3 的集合和集合中索引为 2 的元素，说明通过 getElementsByName()方法成功获取到目标元素。

6.3.4　根据类名获取元素

如果需要根据类名获取元素，可以在页面中为元素设置类名，然后使用 document 对象提供的 getElementsByClassName()方法获取元素，该方法的语法格式如下。

```
document.getElementsByClassName(names)
```

上述语法格式中，参数 names 表示要匹配的类名列表，多个类名之间使用空格分隔。需要说明的是，一些旧版本的浏览器（如 IE 6～IE 8）不支持 getElementsByClassName()方法。下面通过代码演示 getElementsByClassName()方法的使用。

```
1  <body>
2    <ul>
3      <li class="girl">小花</li>
4      <li class="girl">小红</li>
5      <li class="boy">小智</li>
6      <li class="boy">小强</li>
7    </ul>
8    <script>
9      var girlStudent = document.getElementsByClassName('girl');
10     var boyStudent = document.getElementsByClassName('boy');
11     console.log(girlStudent[0]);
12     console.log(boyStudent[0]);
13   </script>
14 </body>
```

在上述示例代码中，第 2~7 行代码用于定义一个展示学生名单的无序列表，并给 li 元素设置类名；第 9 行代码通过 getElementsByClassName()方法获取类名为 girl 的元素；第 10 行代码通过 getElementsByClassName()方法获取类名为 boy 的元素；第 11 行代码用于在控制台输出 girlStudent 集合中索引为 0 的元素；第 12 行代码用于在控制台输出 boyStudent 集合中索引为 0 的元素。

运行上述代码后，控制台会输出两个 li 元素，类名分别为 girl 和 boy，内容分别是小花和小智，说明通过 getElementsByClassName()方法成功获取到目标元素。

6.3.5　根据 CSS 选择器获取元素

在 DOM 中，还可以根据 CSS 选择器获取元素。document 对象提供了 querySelector()方法和 querySelectorAll()方法获取目标元素，这两个方法的语法格式如下。

```
document.querySelector(selectors)
document.querySelectorAll(selectors)
```

上述语法格式中，参数 selectors 表示 CSS 选择器。querySelector()方法的使用方式和 querySelectorAll()方法的使用方式相似，只需将 CSS 选择器作为参数传入即可。这两个方法的区别是，querySelector()方法返回指定 CSS 选择器的第一个元素对象，querySelectorAll()方法返回指定 CSS 选择器的所有元素对象集合。

在使用 querySelector()方法和 querySelectorAll()方法时，要注意 IE 浏览器的兼容问题，这两个方法从 IE 9 才开始被完整支持。

下面通过代码演示 querySelector()方法和 querySelectorAll()方法的使用。

```
1  <body>
2    <div class="book">西游记</div>
3    <div class="book">红楼梦</div>
4    <div class="book">三国演义</div>
5    <div class="book">水浒传</div>
6    <script>
7      // 获取类名为 book 的第 1 个 div 元素
8      var firstBook = document.querySelector('.book');
9      console.log(firstBook);
10     // 获取类名为 book 的所有 div 元素
11     var allBook = document.querySelectorAll('.book');
```

```
12     console.log(allBook);
13   </script>
14 </body>
```

在上述示例代码中，第 2～5 行代码定义了 4 个类名为 book 的 div 元素；第 8 行代码通过 querySelector()方法获取类名为 book 的第 1 个 div 元素；第 9 行代码用于在控制台输出类名为 book 的第 1 个 div 元素；第 11 行代码通过 querySelectorAll()方法获取类名为 book 的所有 div 元素；第 12 行代码用于在控制台输出类名为 book 的所有 div 元素。

运行上述代码后，控制台会输出第 1 个 div 元素和一个长度为 4 的集合，说明通过 querySelector()方法和 querySelectorAll()方法成功获取到目标元素。

6.3.6　获取基本结构元素

在实际开发中，若需要获取 HTML 中的基本结构元素（如 html、body 等），可以通过 document 对象的属性获取。获取基本结构元素的 document 对象的属性如表 6-1 所示。

表 6-1　获取基本结构元素的 document 对象的属性

属性	作用
document.documentElement	获取文档的 html 元素
document.body	获取文档的 body 元素
document.forms	获取文档中包含所有 form 元素的集合
document.images	获取文档中包含所有 image 元素的集合

下面通过代码演示如何获取文档中的 body 元素和 html 元素。

```
1 <script>
2    // 获取 body 元素
3    var bodyEle = document.body;
4    console.log(bodyEle);
5    // 获取 html 元素
6    var htmlEle = document.documentElement;
7    console.log(htmlEle);
8 </script>
```

在上述示例代码中，第 3～4 代码通过 document.body 属性获取文档中的 body 元素，并在控制台输出获取到的 body 元素；第 6～7 行代码通过 document.documentElement 属性获取 html 元素，并在控制台输出获取到的 html 元素。

上述示例代码运行后，在控制台查看获取基本结构元素的输出结果，如图 6-2 所示。

图6-2　获取基本结构元素的输出结果

由图 6-2 中控制台的输出结果可知，通过 document 对象的属性成功获取了文档中的 body 元素和 html 元素。

▌▌▌ 多学一招: 获取或设置当前文档的标题

在实际开发中，当需要获取或设置当前文档的标题时，可以使用 document 对象提供的 title 属性，示例代码如下。

```
console.log(document.title);              // 获取标题
document.title = '新标题';                 // 设置标题
```

下面通过代码演示如何获取当前文档的标题。

```
1  <!DOCTYPE html>
2  <html>
3  <head>
4    <meta charset="UTF-8">
5    <title>这是文档标题</title>
6  </head>
7  <body>
8    <script>
9      console.log(document.title);
10   </script>
11 </body>
12 </html>
```

在上述示例代码中，第 9 行代码通过 document.title 属性获取当前文档的标题，并将其输出到控制台。

上述示例代码运行后，控制台会输出"这是文档标题"，说明成功获取了当前文档的标题。

6.4　事件基础

若需要为元素添加交互行为，可以通过事件实现，例如，当鼠标指针移至导航栏中的某个选项时，可以通过事件实现自动展开二级菜单；在阅读文章时，可以通过事件实现选中文本后自动弹出分享、复制等选项。本节将详细讲解事件基础，包括事件概述和事件注册。

6.4.1　事件概述

事件是指可以被 JavaScript 侦测到的行为，如单击页面、鼠标指针滑过某个区域等，不同行为对应不同事件，并且每个事件都有对应的与其相关的事件驱动程序。事件驱动程序由开发人员编写，用于实现由该事件产生的网页交互效果。

事件是一种"触发–响应"机制，行为产生后，对应的事件就会被触发，事件驱动程序就会被调用，从而使网页响应并产生交互效果。

事件有 3 个要素，分别是事件源、事件类型和事件驱动程序，具体解释如下。

● 事件源：承受事件的元素对象。例如，在单击按钮的过程中，按钮就是事件源。

● 事件类型：使网页产生交互效果的行为对应的事件种类。例如，单击事件的事件类型为 click。

● 事件驱动程序：事件触发后为了实现相应的网页交互效果而运行的代码。

若要实现网页交互效果，首先需要确定事件源，事件源确定后就可以获取这个元素；然后需要确定事件类型，为获取的元素注册该类型的事件；最后分析事件触发后，实现相应网页交互效果的逻辑，编写实现该逻辑的事件驱动程序。

6.4.2　事件注册

在实际开发中，为了让元素在触发事件时运行特定的代码，需要为元素注册事件。注册事件又称为绑定事件，在 JavaScript 中，通过事件属性可以为操作的元素对象注册事件。事件属性的命名方式为 "on + 事件类型"，例如，单击事件的事件类型为 click，对应的事件属性为 onclick。关于其他事件的事件类型将在 7.4 节和 7.5 节中讲解。

注册事件有两种方式，一种是在标签中注册，另一种是在 JavaScript 中注册。在标签中注册事件的示例代码如下。

```
<div onclick="">按钮</div>
```

上述示例代码中，在 onclick 事件属性的值中可以编写事件驱动程序。

在 JavaScript 中注册事件的示例代码如下。

```
// 元素对象.事件属性 = 事件处理函数;
element.onclick = function () {};
```

上述示例代码中，首先通过 onclick 事件属性为元素对象 element 注册单击事件，然后在事件处理函数中编写事件驱动程序，并将事件处理函数值赋给 onclick 事件属性。当 element 元素对象触发单击事件时，事件处理函数就会被运行。

下面通过代码演示如何进行事件注册。定义一个按钮元素，通过注册事件，实现单击按钮元素后弹出内容为 "事件注册" 的警告框，示例代码如下。

```
1  <body>
2    <button id="btn">单击</button>
3    <script>
4      // 获取事件源
5      var button = document.getElementById('btn');
6      // 为获取的元素注册单击事件
7      button.onclick = function () {
8        alert('事件注册');
9      };
10   </script>
11 </body>
```

在上述示例代码中，第 2 行代码定义一个 id 为 btn 的 button 元素；第 5 行代码通过 getElementById() 方法获取 button 元素，该 button 元素为事件源；第 7～9 行代码通过 onclick 事件属性为 button 元素注册单击事件，并通过事件驱动程序实现弹出一个内容为 "事件注册" 的警告框。

上述示例代码运行后，页面会有一个 "单击" 按钮，当单击该按钮后，页面会弹出一个内容为 "事件注册" 的警告框，说明实现了事件的注册。

6.5　操作元素

在实际开发中，当获取元素后，还需要对元素进行操作，从而实现页面的改变。本节将讲解如何操作元素的内容、属性和样式。

6.5.1 操作元素内容

在实际开发中，当需要修改页面中的内容时，就需要操作元素内容，例如，修改页面元素的文本内容，或动态生成页面内容等。

下面列举 DOM 提供的操作元素内容的常用属性，具体如表 6-2 所示。

表 6-2 操作元素内容的常用属性

属性	作用
innerHTML	设置或获取元素开始标签和结束标签之间的 HTML 内容，返回结果包含 HTML 标签，并保留空格和换行
innerText	设置或获取元素的文本内容，返回结果会去除 HTML 标签和多余的空格、换行，在设置文本内容的时候会进行特殊字符转义
textContent	设置或获取元素的文本内容，返回结果保留空格和换行

表 6-2 中的属性在使用时有一定的区别，innerHTML 属性获取的元素内容包含 HTML 标签；innerText 属性获取的元素内容不包含 HTML 标签；textContent 属性和 innerText 属性相似，都可以用来设置或获取元素的文本内容，并且返回结果会去除 HTML 标签，但是 textContent 属性还可以用于设置和获取占位隐藏元素的文本内容。需要注意的是，IE 8 及更早版本的浏览器不支持 textContent 属性，在使用时需要注意浏览器兼容问题。

小提示：通过给元素的 visibility 样式属性设置 hidden 值即可实现占位隐藏。

为了让读者更好地掌握操作元素内容的常用属性的使用，下面通过一个案例进行演示。首先搭建一个用于展示商品种类和商品状态的表格，商品种类分别是过季旧款、当前热销、春季新品，对应的商品状态分别是已下架、热卖中、待上架，然后通过 innerHTML 属性获取过季旧款对应的商品状态，并将过季旧款对应的商品状态修改为已上架；通过 innerText 属性获取当前热销对应的商品状态，通过 textContent 属性获取春季新品对应的商品状态。具体代码如例 6-1 所示。

例 6-1　Example1.html

```
1  <!DOCTYPE html>
2  <html>
3  <head>
4    <meta charset="UTF-8">
5    <title>Document</title>
6  </head>
7  <body>
8    <table border="1" cellspacing="0" align="center">
9      <caption>商品信息详情</caption>
10     <tr>
11       <th>商品种类</th>
12       <td>过季旧款</td>
13       <td>当前热销</td>
14       <td>春季新品</td>
15     </tr>
16     <tr>
17       <th>商品状态</th>
```

```
18        <td id="down"><span>已下架</span></td>
19        <td class="up">热卖中</td>
20        <td class="up" id="wait">待上架</td>
21     </tr>
22  </table>
23  <script>
24     // 通过 id 属性获取元素
25     var downGoods = document.getElementById('down');
26     // 通过 innerHTML 属性获取元素内容
27     console.log(downGoods.innerHTML);
28     // 通过赋值语句设置元素内容
29     downGoods.innerHTML = '已上架';
30     // 通过类名获取元素
31     var upGoodsFirst = document.getElementsByClassName('up');
32     // 通过 innerText 属性获取元素内容
33     console.log(upGoodsFirst[0].innerText);
34     // 通过 id 属性获取元素
35     var upGoodsSecond = document.getElementById('wait');
36     // 通过 textContent 属性获取元素内容
37     console.log(upGoodsSecond.textContent);
38  </script>
39 </body>
40 </html>
```

例 6-1 中，第 10～15 行代码用于展示商品种类；第 16～21 行代码用于展示商品状态；第 25 行代码通过 id 属性获取元素；第 27 行代码通过 innerHTML 属性获取元素内容，并将元素内容输出到控制台；第 29 行代码通过赋值语句将元素内容设置为已上架；第 31 行代码通过类名获取元素；第 33 行代码通过 innerText 属性获取元素内容，并将元素内容输出到控制台；第 35 行代码通过 id 属性获取元素；第 37 行代码通过 textContent 属性获取元素内容，并将元素内容输出到控制台。

保存代码，在浏览器中进行测试，例 6-1 的运行结果如图 6-3 所示。

图6-3　例6-1的运行结果

浏览器页面展示了商品信息详情，控制台分别输出了过季旧款对应的商品状态"<span>已下架</span>"、当前热销对应的商品状态"热卖中"和春季新品对应的商品状态"待上架"，说明通过 innerHTML 属性、innerText 属性和 textContent 属性可以获取元素的内容。td 元素内部的<span>标签也被输出到控制台，说明 innerHTML 属性可以设置 HTML 的元素内容。

6.5.2 操作元素属性

在实际开发中，仅仅通过操作元素内容并不能满足开发的需求，还需要学习如何操作元素属性。在 DOM 中，可以操作元素的 property 属性、attribute 属性和 data-*属性，下面将分别讲解这 3 种属性的操作。

1. 操作 property 属性

property 是一个统称，它并不是一个具体的属性名，而是指元素在 DOM 中作为对象拥有的属性。对于页面中 property 属性的操作，可以通过"元素对象.属性名"实现。下面以操作 img 元素的属性和操作 input 元素的属性为例，讲解 property 属性的操作。

（1）操作 img 元素的属性

img 元素用于显示图片。下面列举 img 元素中的常用属性及其作用，具体如表 6-3 所示。

表 6-3　img 元素中的常用属性及其作用

属性	作用
src	设置图片的路径
alt	设置图片加载失败时显示在网页上的替代文字
title	设置鼠标指针移到图片上时显示的提示文字
width	设置图片的宽度
height	设置图片的高度
sizes	设置图片的尺寸

下面以单击按钮操作 img 元素属性为例，演示 img 元素中 src、title 属性的使用方法，实现单击按钮时显示图片和图片对应的提示文字，示例代码如下。

```
1  <body>
2    <button id="vegetable">蔬菜</button>
3    <button id="fruit">水果</button><br>
4    <img src="images/fruit.png" alt="" title="水果">
5    <script>
6      // 通过 id 属性获取元素
7      var vegetable = document.getElementById('vegetable');
8      var fruit = document.getElementById('fruit');
9      // 通过 CSS 选择器获取元素
10     var img = document.querySelector('img');
11     // 注册事件驱动程序
12     vegetable.onclick = function () {
13       img.src = 'images/vegetable.png';
14       img.title = '蔬菜';
15     };
16     fruit.onclick = function () {
17       img.src = 'images/fruit.png';
18       img.title = '水果';
19     };
20   </script>
21 </body>
```

在上述示例代码中，第 12～19 行代码分别为 vegetable 和 fruit 事件源添加单击事件。

在事件处理函数中，通过"元素对象.属性名"的方式获取属性的值，通过"元素对象.属性名 = 值"的方式设置图片的 src 属性和 title 属性。

（2）操作 input 元素的属性

input 元素用于使用户在表单中输入内容。下面列举 input 元素中的常用属性及其作用，具体如表 6-4 所示。

表 6-4　input 元素中的常用属性及其作用

属性	作用
type	设置文本框的类型，例如 text、checkbox、radio、submit 等
name	设置表单的名称
value	设置文本框的值，默认值为空字符串
checked	设置是否选中该元素，该属性仅在 type 为 checkbox 或 radio 时有效
disabled	设置表单元素是否被禁用

下面演示 input 元素中 type、value 和 disabled 属性的使用，实现单击按钮时，通过获取文本框的值并将其修改为"被单击了!"来改变文本框的值，并在单击按钮时设置禁用按钮，示例代码如下。

```
1  <body>
2    <button>搜索</button>
3    <input type="text" value="输入内容">
4    <script>
5      // 通过 CSS 选择器获取元素
6      var btn = document.querySelector('button');
7      var input = document.querySelector('input');
8      // 注册事件驱动程序
9      btn.onclick = function () {
10       input.value = '被单击了!';        // 通过 value 修改表单中文本框值
11       this.disabled = true;            // this 指向事件函数的调用者 btn
12     };
13   </script>
14 </body>
```

在上述示例代码中，第 6～7 行代码通过 querySelector() 方法获取元素；第 9～12 行代码用于为 btn 添加 onclick 事件属性。在事件处理函数中，通过"元素对象.属性名 = 值"的方式设置 input 元素的 disabled 属性和 value 属性。当单击"搜索"按钮后，input 元素的文本框的值会变为"被单击了!"。

2. 操作 attribute 属性

attribute 属性也是一个统称，它是指 HTML 标签的属性。下面详细讲解 attribute 属性的操作。

（1）设置属性

通过元素对象的 setAttribute() 方法可以设置属性，其语法格式如下。

```
element.setAttribute('属性', '值');
```

下面通过代码演示如何设置属性。

```
1  <body>
2    <div></div>
```

```
3    <script>
4      var div = document.querySelector('div');
5      div.setAttribute('flag', 3);
6      div.setAttribute('id', 'book');
7    </script>
8  </body>
```

在上述示例代码中，第 2 行代码用于定义 < div > 标签；第 4 行代码用于获取 div 元素；第 5～6 行代码用于设置 < div > 标签的 flag 属性和 id 属性，属性值分别是 3 和 book。

（2）获取属性值

通过元素对象的 getAttribute() 方法可以获取属性值，其语法格式如下。

```
element.getAttribute('属性');
```

下面通过代码演示如何获取属性值。

```
1  <body>
2    <div id="demo1" index="1"></div>
3    <script>
4      var div = document.querySelector('div');
5      console.log(div.getAttribute('id'));         // 输出结果为：demo1
6      console.log(div.getAttribute('index'));      // 输出结果为：1
7    </script>
8  </body>
```

在上述示例代码中，第 2 行代码定义了一个具有 id 属性和 index 属性的<div>标签；第 4 行代码用于获取 div 元素；第 5 行代码通过 getAttribute() 方法获取<div>标签的 id 属性值和 index 属性值。

（3）移除属性

通过元素对象的 removeAttribute() 方法可以移除属性，其语法格式如下。

```
element.removeAttribute('属性');
```

下面通过代码演示如何移除属性。

```
1  <body>
2    <div id="demo2" index="2"></div>
3    <script>
4      var div = document.querySelector('div');
5      console.log(div.removeAttribute('id'));
6      console.log(div.removeAttribute('index'));
7    </script>
8  </body>
```

在上述示例代码中，第 2 行代码定义了一个具有 id 属性和 index 属性的<div>标签；第 4 行代码用于获取 div 元素；第 5 行代码通过 removeAttribute() 方法分别移除<div>标签的 id 属性和 index 属性。

3. 操作 data-*属性

data-*属性是 HTML5 提供的一种新的自定义属性（通过 "data-" 前缀来设置开发所需要的自定义属性，"*" 可以自行命名）。下面详细讲解 data-*属性的操作。

（1）设置 data-*属性

在 HTML 标签中可以直接为元素设置 data-*属性，示例代码如下。

```
<div data-index="3"></div>
```

在上述示例代码中，"data-" 是属性前缀，index 是自定义的属性名。

在 DOM 中设置 data-*属性值的方式有两种，第 1 种方式是通过 "元素对象.dataset.属性名 = 值" 设置，也可以写为 "元素对象.dataset['属性名'] = 值"，如果属性名包含连字符 "-"，则需要采用驼峰命名法；第 2 种方式是通过 setAttribute()方法设置。

为了让读者更好地掌握自定义属性的设置，下面通过两种方式演示如何设置 data-*属性值，示例代码如下。

```
1  <body>
2    <div></div>
3    <script>
4      var div = document.querySelector('div');
5      div.dataset.index = '3';                // 演示第1种方式
6      div.setAttribute('data-name', '小智');   // 演示第2种方式
7    </script>
8  </body>
```

在上述示例代码中，第 5 行代码通过 "元素对象.dataset.属性名 = 值" 的方式为 div 元素设置自定义属性 data-index，属性值为 3；第 6 行代码通过 setAttribute()方法为 div 元素设置自定义属性 data-name，属性值为小智。

（2）获取 data-*属性值

获取 data-*属性值的方式有两种，第 1 种方式是通过 "元素对象.dataset.属性名" 获取，也可以写为 "元素对象.dataset['属性名']"，如果属性名包含连字符 "-"，则需要采用驼峰命名法；第 2 种方式是通过 getAttribute()方法获取。

为了让读者更好地掌握自定义属性值的获取，下面通过两种方式演示如何获取 data-*属性值，示例代码如下。

```
1  <body>
2    <div getTime="20" data-index="3" data-list-name="小智"></div>
3    <script>
4      var div = document.querySelector('div');
5      // 通过第1种方式获取
6      console.log(div.dataset.index);                  // 输出结果为：3
7      console.log(div.dataset['index']);               // 输出结果为：3
8      console.log(div.dataset.listName);               // 输出结果为：小智
9      console.log(div.dataset['listName']);            // 输出结果为：小智
10     // 通过第2种方式获取
11     console.log(div.getAttribute('data-index'));     // 输出结果为：3
12     console.log(div.getAttribute('data-list-name')); // 输出结果为：小智
13   </script>
14 </body>
```

在上述示例代码中，第 6～9 行代码通过 "元素对象.dataset.属性名" 的方式获取自定义属性；第 11～12 行代码通过 getAttribute()方法获取自定义属性。

6.5.3　操作元素样式

在 6.5.1 小节和 6.5.2 小节的学习中，已经讲解了操作元素内容和元素属性的方式，为了实现更加完善的页面交互效果，还需要学习如何操作元素样式。

操作元素样式有 3 种方式，分别是通过 style 属性操作元素样式、通过 className 属性操作元素样式和通过 classList 属性操作元素样式，下面分别进行讲解。

1. 通过 style 属性操作元素样式

在实际开发中，页面中样式的交互效果，可以通过操作元素对象的 style 属性实现，示例代码如下。

```
element.style.样式属性名 = '样式属性值';          // 设置样式
console.log(element.style.样式属性名);          // 获取样式
```

在上述示例代码中，element 是元素对象，操作元素对象的 style 属性可以为 HTML 元素设置样式。样式属性名与 CSS 样式名相对应，但写法不同。样式属性名需要去掉 CSS 样式名中的连字符"-"，并将连字符"-"后面的单词首字母大写。例如，设置字体大小的 CSS 样式名为 font-size，对应的样式属性名为 fontSize。

为了便于读者的学习，下面列举 style 属性中常用的样式属性名，具体如表 6-5 所示。

表 6-5　style 属性中常用的样式属性名

样式属性名	作用
background	设置或获取元素的背景属性
backgroundColor	设置或获取元素的背景颜色
display	设置或获取元素的显示类型
fontSize	设置或获取元素的字体大小
width	设置或获取元素的宽度
height	设置或获取元素的高度
left	设置或获取定位元素的左部位置
listStyleType	设置或获取列表项标记的类型
overflow	设置或获取如何处理呈现在元素框外面的内容
textAlign	设置或获取文本的水平对齐方式
textDecoration	设置或获取文本的修饰
textIndent	设置或获取文本第一行的缩进
transform	向元素应用 2D 或 3D 转换

下面通过代码演示如何对元素对象添加样式。

```
1  <body>
2    <div id="box"></div>
3    <script>
4      var ele = document.querySelector('#box');
5      ele.style.width = '100px';
6      ele.style.height = '100px';
7      ele.style.transform = 'rotate(7deg)';
8    </script>
9  </body>
```

在上述示例代码中，第 5～7 行代码用于为获取的 ele 元素对象添加样式，其效果相当于在 CSS 中添加如下样式。

```
#box {width: 100px; height: 100px; transform: rotate(7deg);}
```

2. 通过 className 属性操作元素样式

在实际开发中，当需要为元素对象设置多种样式时，若通过 style 属性实现，就需要编写多行"element.style.样式属性名 = '样式属性值';"形式的代码，此种方式非常烦琐。为了能够方便快捷地实现为元素对象设置多种样式，可以通过 className 属性操作元素样式，设置该属性相当于设置元素对应标签的 class 属性。

操作 className 属性时，首先将元素对象的样式写在 CSS 中，并使用 CSS 中的类选择器为元素设置样式，然后通过 JavaScript 操作 className 属性更改元素的类名，实现元素样式的更改。操作 className 属性的示例代码如下。

```
element.className = '类名';                // 设置类名
console.log(element.className);           // 获取类名
```

下面通过代码演示如何通过 className 属性更改元素的样式。

```
<style>
  .target {
    width: 200px;
    height: 200px;
    border: 1px solid black;
    font-size: 10px;
    text-align: center;
    line-height: 200px;
  }
</style>
```

通过 JavaScript 操作 className 属性更改元素类名的示例代码如下。

```
<body>
  <div class="box">使用 className 更改元素的样式</div>
  <script>
    // 获取 div 元素
    var box = document.querySelector('.box');
    // 为获取到的 div 元素设置 className
    box.className = 'target';
  </script>
</body>
```

如果想要在保留元素原始类名的基础上添加新的类名，可以采取多类名的方式进行设置，例如，将上述示例代码中的"box.className = 'target';"替换为"box.className = 'box target';"可以保证元素原始的类名不被覆盖。

3. 通过 classList 属性操作元素样式

在实际开发中，对于元素中类的操作还可以使用元素对象的 classList 属性，在使用该属性时，需要注意 IE 浏览器的兼容问题。classList 属性从 IE 10 开始才被支持，且 IE 10 中classList 属性不能对 SVG（Scalable Vector Graphics，可缩放矢量图形）元素进行操作。

通过 classList 属性可以对元素中的类名进行获取、添加、移除、判断等操作。通过classList 属性获取类名的示例代码如下。

```
element.classList
```

classList 属性返回一个对象，该对象称为 classList 对象，是一个类数组对象，对象中的每一项对应一个类名，通过数组索引即可访问类名。

classList 对象还可以通过一系列属性和方法对元素的类名进行设置和移除。classList 对象常用的属性和方法如表 6–6 所示。

表 6-6　classList 对象常用的属性和方法

属性和方法	作用
length	获取类名的数量
add(class1,class2,...)	为元素添加一个或多个类名
remove(class1,class2,...)	移除元素的一个或多个类名
toggle(class,true|false)	为元素切换类名，第 2 个参数是可选参数，设为 true 表示添加，设为 false 表示移除，若省略第 2 个参数，表示当有类名时移除类名，没有类名时添加类名
contains(class)	判断元素中指定的类名是否存在，返回布尔值
item(index)	获取元素中索引对应的类名，索引从 0 开始

在网页开发中，通过操作元素样式可以使网站的页面效果更加美观，提高用户的使用体验和视觉体验，从而吸引用户的注意并增加用户浏览网站的时间。在实际开发中，我们在操作元素样式时，可以融入一些传统文化的元素，不仅可以让用户享受视觉体验，而且可以培养用户的审美意识和文化内涵。

6.5.4　【案例】操作元素的综合应用

为了帮助读者更好地掌握如何操作元素的内容、属性和样式，下面将通过显示隐藏密码明文、显示隐藏文本框内容、高亮显示被单击的按钮、鼠标指针经过时背景变色 4 个案例演示操作元素的综合应用。

读者可以扫描二维码查看具体内容。

本章小结

本章主要对 DOM（上）进行讲解，首先讲解了 Web API 和 DOM 的概念，然后讲解了获取元素和事件基础，最后讲解了元素内容、属性和样式的操作。其中，获取元素主要讲解了根据 id 属性、标签名、name 属性、类名、CSS 选择器获取元素以及获取基本结构元素，事件基础主要讲解了事件的概念和事件的注册。通过本章的学习，读者应能够运用 DOM 完成一些基本的页面交互效果。

课后习题

一、填空题

1. 根据标签名获取元素可以使用 document 对象的＿＿＿＿方法。
2. DOM 中的＿＿＿＿属性用于设置或获取元素的文本内容。
3. 通过元素对象的＿＿＿＿方法可以设置属性。
4. 使用 style 属性的＿＿＿＿可以设置或获取元素的显示类型。

二、判断题

1. property 是一个统称，也是属性名。（　　　）
2. Web API 由 DOM 和 BOM 两部分组成。（　　　）
3. 页面中所有的内容在文档树中都是节点。（　　　）

4. getElementsByName()方法的返回结果不是单个元素对象，而是一个集合。（　　）

三、单选题

1. 下列选项中，关于获取元素的描述正确的是（　　）。

A. document.getElementsByTagName()获取到的是单个元素

B. document.getElementById()获取到的是元素集合

C. document.querySelector()获取到的是元素集合

D. document.getElementsByClassName()有浏览器兼容问题

2. 下列选项中，用于获取文档中第一个 div 元素的是（　　）。

A. document.querySelector('div')

B. document.querySelectorAll('div')

C. document.getElementsByName('div')

D. 以上选项都可以

3. 下列选项中，可以作为 style 属性操作的样式名的是（　　）。

A. length　　　　　　　B. background　　　C. font-size　　　D. Textalign

4. 下列选项中，用于实现动态改变指定 div 中内容的是（　　）。

A. innerText　　　　　　　　　　　　B. document.write()

C. console.log()　　　　　　　　　　D. 以上选项都可以

5. 下列选项中，关于事件的描述错误的是（　　）。

A. 事件是一种触发-响应机制

B. 每个事件都有对应的与其相关的事件驱动程序

C. 事件是可以被 JavaScript 侦测到的行为

D. 事件源是网页产生交互效果的行为

四、简答题

1. 请简述 innerHTML 属性和 innerText 属性操作元素内容的区别。

2. 请简述事件的 3 个要素。

五、编程题

请编写代码，实现根据系统时间显示问候语的功能，通过改变 div 的内容显示不同的问候语，具体要求如下。

- 6 点之前，显示问候语"凌晨好"。
- 9 点之前，显示问候语"早上好"。
- 12 点之前，显示问候语"上午好"。
- 14 点之前，显示问候语"中午好"。
- 17 点之前，显示问候语"下午好"。
- 19 点之前，显示问候语"傍晚好"。
- 22 点之前，显示问候语"晚上好"。
- 22 点至当日结束，显示问候语"夜晚好"。

第 7 章

DOM（下）

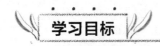

学习目标

★ 掌握节点操作，能够完成节点的获取、创建、添加、移除和复制操作

★ 掌握事件的进阶操作，能够完成事件的监听、移除

★ 熟悉 DOM 事件流，能够说明事件捕获和事件冒泡的区别

★ 掌握事件对象，能够使用事件对象进行事件操作

★ 掌握鼠标事件，能够使用鼠标事件对象进行鼠标操作

★ 掌握键盘事件，能够使用键盘事件对象进行键盘操作

★ 掌握元素偏移量操作，能够使用 offset 系列属性进行元素偏移量操作

★ 掌握元素可视区域操作，能够使用 client 系列属性进行元素可视区域操作

★ 掌握元素滚动操作，能够使用 scroll 系列属性进行元素滚动操作

学习了第 6 章 DOM（上）后，相信读者已经能够通过注册事件和操作元素的方式实现简单的页面交互效果，但是仅仅掌握这些内容还无法满足复杂的 Web 开发需求。本章将对 DOM（下）进行讲解，主要包括 DOM 的进阶内容，例如，节点操作、事件进阶、事件对象、鼠标事件等。通过本章的学习，读者能够实现更加复杂的页面交互效果。

7.1 节点操作

第 6 章讲解了元素内容、属性和样式的操作。在 DOM 中，还可以对节点进行操作，包括节点的获取、创建、添加、移除和复制等。相比元素操作，节点操作更侧重节点的层次关系操作，例如，获取父节点、获取子节点、添加节点等。本节将详细讲解节点操作。

7.1.1 获取节点

获取节点包括获取子节点、父节点和兄弟节点，下面分别进行讲解。

1. 获取子节点

在 DOM 中，document 对象代表文档节点，它是文档树的根节点，其他节点可通过获取子节点的方式进行获取。例如，获取首个子节点、获取最后一个子节点等。当获取的节点不存在时，获取结果为 null。获取子节点的常用属性如表 7-1 所示。

表 7-1 获取子节点的常用属性

属性	作用
firstChild	获取当前节点的首个子节点
lastChild	获取当前节点的最后一个子节点
firstElementChild	获取当前节点的首个子元素节点
lastElementChild	获取当前节点的最后一个子元素节点
children	获取当前节点的所有子元素节点集合
childrenNodes	获取当前节点的所有子节点集合

需要注意的是，childrenNodes 属性存在浏览器兼容问题，在 IE 6～IE 8 中不可以获取文本节点，在 IE 9 及以上版本和主流浏览器中则可以获取文本节点。

下面通过代码演示如何获取子节点。

```
1  <!DOCTYPE html>
2  <html>
3  <head>
4    <meta charset="utf-8">
5    <title>节点操作</title>
6  </head>
7  <body>
8    <ul>
9      <li>文本 1</li>
10     <li>文本 2</li>
11     <li>文本 3</li>
12   </ul>
13   <script>
14     // 获取文档节点的第一个子节点，即文档类型节点
15     var doctype = document.firstChild;
16     console.log(doctype);
17     // 获取文档节点的第一个子元素节点，即 html 元素
18     var html = document.firstElementChild;
19     console.log(html);
20     // 获取 html 元素的最后一个子元素节点，即 body 元素
21     var body = html.lastElementChild;
22     console.log(body);
23     // 获取 body 元素的第一个子元素节点，即 ul 元素
24     var ul = body.firstElementChild;
25     console.log(ul);
26     // 获取 ul 元素中的所有子元素节点集合，即所有 li 元素
27     var lis = ul.children;
28     console.log(lis);
29   </script>
30 </body>
31 </html>
```

上述示例代码运行后，控制台会输出获取到的文档类型节点、html 元素、body 元素、

ul 元素和 ul 元素中的所有 li 元素的相关信息，说明成功获取到子节点。

2．获取父节点

使用节点的 parentNode 属性可以获取父节点，若没有父节点，则获取结果为 null。
下面通过代码演示如何获取父节点。

```
1  <body>
2    <div>
3      <h1>
4        <span class="child">获取父节点</span>
5      </h1>
6    </div>
7    <script>
8      var child = document.querySelector('.child');
9      console.log(child.parentNode);      // 获取 span 元素的父节点，即 h1 元素
10   </script>
11 </body>
```

上述示例代码运行后，控制台会输出 span 元素的父节点，即 h1 元素，说明成功获取到父节点。

3．获取兄弟节点

在 DOM 中，常用的获取兄弟节点的属性有 4 个，具体如表 7–2 所示。

表 7-2　获取兄弟节点的常用属性

属性	作用
previousSibling	获取当前节点的上一个兄弟节点
nextSibling	获取当前节点的下一个兄弟节点
previousElementSibling	获取当前元素节点的上一个兄弟元素节点
nextElementSibling	获取当前元素节点的下一个兄弟元素节点

表 7–2 中，当需要获取的节点不存在时，获取结果为 null。表 7–2 中的 4 个属性存在浏览器兼容问题，在 IE9 以下版本的 IE 浏览器中不支持使用。

下面通过代码演示如何获取兄弟节点。

```
1  <body>
2    <div>星期一</div>
3    <div class="second">星期二</div>
4    <div>星期三</div>
5    <script>
6      var second = document.querySelector('.second');
7      // 获取当前节点的上一个兄弟节点，结果为文本节点
8      console.log(second.previousSibling);
9      // 获取当前节点的下一个兄弟节点，结果为文本节点
10     console.log(second.nextSibling);
11     // 获取当前元素节点的上一个兄弟元素节点，结果为第 1 个 div 元素
12     console.log(second.previousElementSibling);
13     // 获取当前元素节点的下一个兄弟元素节点，结果为第 3 个 div 元素
14     console.log(second.nextElementSibling);
15   </script>
16 </body>
```

上述示例代码运行后，控制台会输出"#text""#text""<div>星期一</div>""<div>星期

三</div>"，说明成功获取到元素的兄弟节点。

7.1.2　创建并添加节点

在实际开发中，有时需要创建一个新节点并添加到文档中。例如，在某个搜索引擎网站中进行搜索后，搜索框下方的搜索历史记录列表中会增加一个新历史记录，这个新历史记录可以通过创建并添加节点实现。下面分别讲解创建节点和添加节点。

1. 创建节点

DOM 中有很多类型的节点，其中元素节点是较为常用的，因此下面主要讲解如何创建元素节点。

创建元素节点可以使用 document 对象的 createElement()方法，由于该方法创建的节点是页面中原本不存在的，所以这种方式也称为动态创建节点。

使用 createElement()方法创建节点时，只需将标签名作为参数传入即可，语法格式如下。

```
document.createElement('tagName');
```

上述语法格式中，tagName 表示标签名。

下面通过代码演示如何创建节点。

```
var div = document.createElement('div');
console.log(div);
```

上述示例代码通过 createElement()方法创建了一个 div 元素节点。

2. 添加节点

DOM 提供了 appendChild()方法和 insertBefore()方法用于添加节点，这两个方法都由父节点的对象调用，关于这两个方法的具体说明如下。

- appendChild()方法：将一个节点添加到父节点的所有子节点的末尾。
- insertBefore()方法：将一个节点添加到父节点中的指定子节点的前面。该方法需要接收两个参数，第 1 个参数表示要添加的节点，第 2 个参数表示父节点中的指定子节点。

下面通过代码演示 appendChild()方法和 insertBefore()方法的使用，实现单击按钮时添加子节点的效果。

```
1  <body>
2   <ul>
3    <li>第 1 个 li 元素</li>
4    <li>第 2 个 li 元素</li>
5   </ul>
6   <button>appendChild()方法</button>
7   <button>insertBefore()方法</button>
8   <script>
9    var ul = document.querySelector('ul');
10   var btn = document.querySelectorAll('button');
11   btn[0].onclick = function () {
12    var add_li = document.createElement('li');
13    add_li.innerHTML = '通过 appendChild()方法添加的节点';
14    ul.appendChild(add_li);
15   };
16   btn[1].onclick = function () {
17    var add_li = document.createElement('li');
18    add_li.innerHTML = '通过 insertBefore()方法添加的节点';
```

```
19      ul.insertBefore(add_li, ul.children[1]);
20    };
21  </script>
22 </body>
```

在上述示例代码中，第 11～15 行代码为第 1 个按钮注册单击事件，首先在事件处理函数中创建一个 li 节点，然后通过 appendChild()方法为 ul 添加子节点；第 16～20 行代码为第 2 个按钮注册单击事件，首先在事件处理函数中创建一个 li 节点，然后通过 insertBefore()方法为 ul 添加子节点。

保存代码，在浏览器中进行测试，添加子节点的运行结果如图 7-1 所示。

由图 7-1 可知，页面中有 2 个 li 元素和 2 个按钮，当单击"appendChild()方法"按钮时会在第 2 个 li 元素后添加子节点，当单击"insertBefore()方法"按钮时会在第 1 个 li 元素后添加子节点。单击按钮后的运行结果如图 7-2 所示。

图7-1　添加子节点的运行结果

图7-2　单击按钮后的运行结果

由图 7-2 可知，通过 appendChild()方法和 insertBefore()方法实现了单击按钮添加子节点的效果。

7.1.3　移除节点

在实际开发中，有时需要移除节点，DOM 提供了 removeChild()方法，可以将一个父节点的指定子节点移除。移除节点的语法格式如下。

```
node.removeChild(child);
```

上述语法格式中，node 表示父节点，child 表示 node 中需要移除的子节点。

为了让读者掌握如何移除节点，下面通过代码演示使用 removeChild()方法实现单击按钮后移除子节点的效果。

```
1  <body>
2    <ul>
3      <li>第 1 个 li 元素</li>
4      <li>第 2 个 li 元素</li>
5    </ul>
6    <button>移除 ul 元素的第 2 个子元素节点</button>
7    <script>
8      var ul = document.querySelector('ul');
9      var btn = document.querySelector('button');
10     btn.onclick = function () {
11       ul.removeChild(ul.children[1]);
12     };
13   </script>
14 </body>
```

在上述示例代码中，第 2～5 行代码定义了一个无序列表；第 6 行代码定义了一个按钮；第 8～9 行代码用于获取 ul 元素和 button 元素；第 10～12 行代码为 button 元素注册单击事件，并在对应的事件处理函数中使用 removeChild() 方法移除 ul 元素的第 2 个子元素节点。

上述示例代码运行后，页面中会有一个"移除 ul 元素的第 2 个子元素节点"按钮，单击该按钮后，会移除 ul 元素的第 2 个子元素节点。

7.1.4　【案例】简易留言板

前面已经讲解了节点的获取、创建、添加和移除，下面将通过简易留言板的案例帮助读者巩固节点的相关知识。

读者可以扫描二维码查看实现简易留言板的具体代码。

7.1.5　复制节点

在实际开发中，有时会需要用到多个相同的节点，虽然使用连续创建相同节点的方式也能够实现，但是该方式的实现过程非常烦琐，会增加代码量，为此，可以使用 DOM 提供的 cloneNode() 方法复制节点。

使用 cloneNode() 方法复制节点的示例代码如下。

```
node.cloneNode([deep])
```

在上述示例代码中，node 表示需要被复制的节点。cloneNode() 方法被调用后会返回节点对象的副本，该方法中的 deep 参数为可选参数，默认值为 false，表示只复制节点本身，不复制节点内部的子节点，如果设置为 true，表示复制节点本身及节点内部所有的子节点。

为了让读者掌握如何使用 cloneNode() 方法复制节点，下面通过代码进行演示。在页面中搭建一个用于展示蔬菜的无序列表，通过单击按钮将列表中的第 1 个 li 元素节点复制到新的无序列表中，示例代码如下。

```
1  <body>
2    <ul id="myList">
3      <li>土豆</li>
4      <li>黄瓜</li>
5      <li>萝卜</li>
6    </ul>
7    <ul id="op"></ul>
8    <button>复制节点</button>
9    <script>
10     var btn = document.querySelector('button');
11     btn.onclick = function () {
12       var item = document.getElementById('myList').firstElementChild;
13       var cloneItem = item.cloneNode(true);
14       document.getElementById('op').appendChild(cloneItem);
15     };
16   </script>
17 </body>
```

在上述示例代码中，第 2～6 行代码定义了一个无序列表，用于展示蔬菜；第 7 行代码定义了一个空的无序列表，用于将复制的节点添加到此处；第 8 行代码定义了一个按钮；第 10 行代码用于获取 button 元素；第 11～15 行代码为获取的 button 元素注册单击事件，并在对应的事件处理函数中实现复制节点，其中，第 12 行代码获取 ul 元素，并通过 firstElementChild 属性获取 ul 元素中的第 1 个子元素节点，第 13 行代码通过 cloneNode()方法复制 item，第 14 行代码通过 appendChild()方法将复制的节点添加到无序列表中。

保存代码，在浏览器中进行测试，单击两次"复制节点"按钮后的运行结果如图 7-3 所示。

图7-3　单击两次"复制节点"按钮后的运行结果

图 7-3 中，展示了单击两次"复制节点"按钮后的效果，单击该按钮后，蔬菜列表中的第 1 个 li 元素节点被复制到新的列表中，说明通过 cloneNode()方法实现了节点的复制。

7.2　事件进阶

在 6.4 节中，讲解了事件的概念和事件的注册，让读者对事件的基础知识有了初步的认识。本节将讲解事件的进阶内容，包括事件监听、事件移除和 DOM 事件流。

7.2.1　事件监听

在 JavaScript 中，为元素注册事件的方式有两种，第 1 种方式是通过事件属性为操作的元素对象注册事件，第 2 种方式是通过事件监听为操作的元素对象注册事件。在第 6 章已经讲解了第 1 种方式，下面主要讲解第 2 种方式。

通过事件属性的方式注册事件时，一个事件类型只能注册一个事件处理函数，而通过事件监听的方式注册事件时，可以给一个事件类型注册多个事件处理函数。

事件监听存在浏览器兼容问题，在早期版本的 IE 浏览器（IE 6~IE 8）中，事件监听的语法格式如下。

```
element.attachEvent(type, callback);
```

上述语法格式中，attachEvent()方法可以为对象添加事件监听，该方法中的第 1 个参数 type 表示为对象注册的事件类型，带有 on 前缀，如 onclick；第 2 个参数 callback 表示事件处理函数。

在新版浏览器（如 IE 9 及之后的版本、Chrome、Firefox）中，事件监听的语法格式如下。

```
element.addEventListener(type, callback, [capture]);
```

上述语法格式中，addEventListener()方法可以为对象添加事件监听，该方法的第 1 个参数 type 表示为对象注册的事件类型，不带 on 前缀；第 2 个参数 callback 表示事件处理函数；第 3 个参数 capture 是可选参数，默认值为 false，表示在事件冒泡阶段完成事件处理，将其设置为 true 时，表示在事件捕获阶段完成事件处理。关于事件冒泡和事件捕获的内容将在 7.2.3 小节讲解。

通过事件监听的方式添加的多个事件处理函数具有触发顺序，浏览器的类型也会影响触发顺序。下面以在 Chrome 浏览器中进行事件监听为例，演示 addEventListener()方法的使用。

```
1  <body>
2    <div id="t">test</div>
3    <script>
4      var obj = document.getElementById('t');
5      // 添加第 1 个事件处理函数
6      obj.addEventListener('click', function () {
7        console.log('one');
8      });
9      // 添加第 2 个事件处理函数
10     obj.addEventListener('click', function () {
11       console.log('two');
12     });
13   </script>
14 </body>
```

在上述示例代码中，第 6～8 行代码通过 addEventListener()方法为元素注册单击事件并添加第 1 个事件处理函数，该事件处理函数触发后会在控制台输出 one；第 10～12 行代码通过 addEventListener()方法为元素注册单击事件并添加第 2 个事件处理函数，该事件处理函数触发后会在控制台输出 two。

如果想使用 attachEvent()方法为对象添加事件监听，只需将上述示例代码的第 6 行代码和第 10 行代码中的 addEventListener 替换为 attachEvent 即可。

7.2.2 事件移除

在实际开发中，有时需要对页面中的事件进行移除。例如，页面中领取优惠券的按钮，限定每个用户只能领取 1 张优惠券，当单击按钮的次数大于 1 时，领取优惠券的按钮不再生效，此时就可以将领取优惠券的按钮移除。通过不同方式注册的事件移除方式不同，并且需要考虑兼容性问题。

移除通过事件属性的方式注册的事件，语法格式如下。

```
element.onclick = null;
```

上述语法格式中，将单击事件的属性设置为 null 即可移除事件。

移除通过事件监听的方式注册的事件，语法格式如下。

```
element.detachEvent(type, callback);           // 适用于早期版本的 IE 浏览器
element.removeEventListener(type, callback);   // 适用于新版的浏览器
```

上述语法格式中，type 表示要移除的事件类型，callback 表示事件处理函数，与注册事件的处理函数相同。

下面通过代码演示如何将事件移除。

```
1  <body>
2    <div id="t">test</div>
3    <script>
4      var obj = document.getElementById('t');
5      // 定义事件处理函数
6      function test() {
7        console.log('test');
```

```
8        }
9        obj.addEventListener('click', test);          // 事件监听
10       obj.removeEventListener('click', test);       // 事件移除
11   </script>
12 </body>
```

在上述示例代码中，第 10 行代码用于在新版的浏览器中进行事件移除。

保存代码，在浏览器中进行测试，当单击页面中的"test"文本时，控制台没有输出"test"，说明成功将事件移除。

若希望在早期版本的 IE 浏览器中进行事件的监听和移除，可以将上述代码中的第 9～10 行代码替换为如下代码。

```
obj.attachEvent('onclick', test);          // 事件监听
obj.detachEvent('onclick', test);          // 事件移除
```

7.2.3　DOM 事件流

当事件发生时，事件会在发生事件的元素节点与 DOM 树的根节点之间按照特定的顺序进行传播，这个事件传播的过程就是事件流。

事件流分为事件捕获和事件冒泡。事件捕获由网景公司的团队提出，指的是事件流传播的顺序应该是从 DOM 树的根节点一直到发生事件的节点；事件冒泡由微软公司的团队提出，指的是事件流传播的顺序应该是从发生事件的节点到 DOM 树的根节点。

W3C 对网景公司和微软公司提出的方案进行了中和处理，将 DOM 事件流分为 3 个阶段，具体如下。

- 事件捕获阶段：事件从 document 节点自上而下向目标节点传播的阶段。
- 事件目标阶段：事件流到达目标节点后，运行相应的事件驱动程序的阶段。
- 事件冒泡阶段：事件从目标节点自下而上向 document 节点传播的阶段。

当事件发生后，浏览器首先进行事件捕获，但不会对事件进行处理，然后进入事件目标阶段，运行目标节点的事件驱动程序，最后进入事件冒泡阶段，逐层对事件进行处理。

下面以一个包含 div 元素的页面为例，展示事件流的具体过程，如图 7-4 所示。

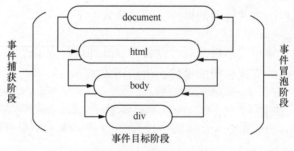

图7-4　事件流的具体过程

图 7-4 中，当 div 元素上注册的事件被触发后，首先会进入事件捕获阶段，按照从 document 节点到 div 元素的顺序逐层传播，然后进入事件目标阶段，运行事件目标节点的事件驱动程序，最后进入事件冒泡阶段，按照从 div 元素到 document 节点的顺序逐层处理事件。

在 DOM 事件流中，一个事件经过多个节点的传递，最终可以触发响应。这也启示我们在团队合作中，需要密切协作，才能取得最好的效果。团队中的每个成员都是至关重要的，没有一个人可以独当一面，只有大家的通力协作才能让整个团队更加稳固和强大。

7.3　事件对象

当一个事件被触发后，与该事件相关的一系列信息和数据的集合会被放入一个对象，这个对象称为事件对象。事件对象是由 JavaScript 自动创建的，只有事件存在，事件对象才会存在。例如，鼠标事件对象中，包含鼠标指针坐标等相关信息；键盘事件对象中，包含被按按键的键值等相关信息。本节将详细讲解事件对象。

7.3.1　获取事件对象

在不同的浏览器中，获取事件对象的方式并不相同。在早期版本的 IE 浏览器中，只能通过 window 对象获取事件对象；在新版的浏览器中，通过事件处理函数即可获取事件对象。早期版本的 IE 浏览器获取事件对象的语法格式如下。

```
var 事件对象 = window.event;
```

新版的浏览器获取事件对象的语法格式如下。

```
元素对象.事件属性 = function (event) {};
```

在上述语法格式中，当事件被触发时会产生事件对象，JavaScript 会将其以参数的形式传给事件处理函数，所以在事件处理函数中需要使用一个形参接收事件对象 event，参数名称可以自定义。

下面通过代码演示事件对象的使用。

```
1  <body>
2    <button id="btn">获取 event 事件对象</button>
3    <script>
4      var btn = document.getElementById('btn');
5      btn.onclick = function (e) {
6        var event = e || window.event;      // 获取事件对象的兼容处理
7        console.log(event);
8      };
9    </script>
10 </body>
```

在上述示例代码中，第 4 行代码用于根据 id 属性获取 button 元素；第 5~8 行代码用于为获取的 button 元素注册单击事件，其中，事件处理函数中的形参 e 表示事件对象；第 6 行代码通过"||"运算符为获取的事件对象进行兼容处理。在早期版本的 IE 浏览器中，形参 e 为 undefined，需要通过 window.event 获取事件对象，在新版浏览器中，形参 e 为事件对象。

上述示例代码运行后，在浏览器的控制台会输出事件对象 MouseEvent，该对象中包含鼠标指针的坐标等相关信息。

7.3.2　事件对象的常用属性和方法

在事件发生后，通过事件对象的属性和方法可以获取触发事件的对象和事件类型等信息，事件对象的常用属性和方法如表 7-3 所示。

表 7-3　事件对象的常用属性和方法

属性/方法	作用	兼容浏览器
target	获取触发事件的对象	新版浏览器
srcElement	获取触发事件的对象	早期版本的 IE 浏览器
type	获取事件的类型	所有浏览器
stopPropagation()	阻止事件冒泡	新版浏览器
cancelBubble	阻止事件冒泡	早期版本的 IE 浏览器
preventDefault	阻止默认事件（默认行为）	新版浏览器
returnValue	阻止默认事件（默认行为）	早期版本的 IE 浏览器

在表 7-3 中，通过 type 属性获取的事件类型不带有 on 前缀，如 click、mouseover。下面讲解使用事件对象常用的属性和方法的场景。

1. 获取触发事件的对象

在事件处理函数的内部可以使用 this 关键字获取当前触发事件的对象，除了这种方式，还可以使用 target 属性获取（早期版本的 IE 浏览器中使用 srcElement 属性获取）。通常，这两种方式返回的对象是同一个对象。

下面通过代码演示如何使用 this 关键字和 target 属性获取触发事件的对象。

```
1  <body>
2   <div>单击</div>
3   <script>
4    var div = document.getElementsByTagName('div')[0];
5    // 获取事件对象和触发事件的对象，并完成兼容处理
6    div.onclick = function (e) {
7      var e = e || window.event;
8      var target = e.target || e.srcElement;
9      console.log(target);        // 输出结果为：<div>单击</div>
10     console.log(this);          // 输出结果为：<div>单击</div>
11   };
12  </script>
13 </body>
```

由上述示例代码的输出结果可知，使用 this 关键字和 target 属性成功获取触发事件的对象。

2. 阻止元素的默认行为

在 HTML 中，有些元素自身拥有一些默认的行为，例如，使用<a>标签创建的超链接被单击时，浏览器会自动跳转到 href 属性设置的 URL（Uniform Resource Locator，统一资源定位符）；单击表单的提交按钮后，浏览器会自动将表单数据提交到指定的服务器处理。

在实际开发中，有时需要阻止元素的默认行为。在事件处理函数中，可以使用 returnValue 阻止元素的默认行为，也可以使用 preventDefault()方法实现。

需要注意的是，只有当事件对象的 cancelable 属性设置为 true 时，才可以使用 preventDefault()方法实现阻止元素的默认行为。在早期版本的 IE 浏览器中不支持 preventDefault()方法，可以将 returnValue 属性设置为 false 实现阻止元素的默认行为。

下面通过代码演示如何阻止<a>标签的默认行为。

```
1  <body>
2   <a href="test.html">单击</a>
```

```
3   <script>
4     var a = document.querySelector('a');
5     a.onclick = function (e) {
6       if (window.event) {
7         window.event.returnValue = false; // 早期版本的 IE 浏览器
8       } else {
9         e.preventDefault();                // 新版浏览器
10      }
11    };
12  </script>
13 </body>
```

上述示例代码运行后，页面中会显示一个"单击"超链接，当单击该超链接时，页面不会跳转到<a>标签中 href 属性设置的 URL，说明成功阻止了元素的默认行为。

3. 阻止事件冒泡

在实际开发中，使用 stopPropagation()方法可以阻止事件冒泡，在早期版本的 IE 浏览器中可以使用 cancelBubble 属性阻止事件冒泡。

下面通过代码演示如何阻止事件冒泡。

```
1  <body>
2    <div id="parent">
3      <div id="child">单击</div>
4    </div>
5    <script>
6      var parent = document.querySelector('#parent');
7      var child = document.querySelector('#child');
8      parent.onclick = function () {
9        console.log('parent');
10     };
11     child.onclick = function (e) {
12       if (window.event) {
13         window.event.cancelBubble = true; // 早期版本的 IE 浏览器
14       } else {
15         e.stopPropagation();                // 新版浏览器
16       }
17       console.log('child');               // 输出结果为：child
18     };
19   </script>
20 </body>
```

上述示例代码运行后，页面会显示"单击"文字，当单击该文字后，控制台会输出"child"，说明使用 cancelBubble 属性和 stopPropagation()方法可以阻止事件冒泡。

4. 事件委托

在日常生活中，为了提升快递的派送效率，快递员会把快递存放到相关代收机构，然后让客户自行领取，这种处理方式称为委托。DOM 中的事件委托是指当事件被触发时，将需要做的事委托给父元素处理。事件委托（或称为事件代理）的原理是将子节点对应的事件注册给父节点，并通过事件冒泡的原理影响到每个子节点。事件委托的优势如下。

① 当一个父节点中所有子节点的事件处理函数相同时，不必为每个子节点注册事件。

② 当父节点中的子节点需要动态地增加时，不必为新增加的子节点注册事件。

下面通过代码演示事件委托的过程。

```
1  <body>
2    <ul>
3      <li>星期一</li>
4      <li>星期二</li>
5      <li>星期三</li>
6      <li>星期四</li>
7      <li>星期五</li>
8    </ul>
9    <script>
10     var ul = document.querySelector('ul');
11     ul.addEventListener('click', function (e) {
12       e.target.style.backgroundColor = 'grey';
13     });
14   </script>
15 </body>
```

在上述示例代码中，首先获取父元素 ul，然后给父元素 ul 绑定单击事件，实现单击子元素 li 时，当前项改变背景颜色。

上述示例代码运行后，页面会显示 5 个列表项，当单击任意一个列表项时，该列表项的背景颜色就会改变为灰色，说明通过给父元素绑定单击事件，实现了单击子元素时改变背景颜色的效果。

7.4　鼠标事件

鼠标事件是鼠标在页面中进行的一些操作所触发的事件，例如，单击、双击等事件。本节将对鼠标事件进行详细讲解。

7.4.1　常用的鼠标事件

在实际开发中，经常会用到鼠标事件，例如，使用鼠标拖曳状态框，调整显示位置；鼠标指针滑过时，切换 Tab 栏显示的内容等。下面列举常用的鼠标事件，如表 7-4 所示。

表 7-4　常用的鼠标事件

事件名称	事件触发时机
click	当单击时触发
dblclick	当双击时触发
mouseover	当鼠标指针移入时触发（当前元素与其子元素都触发）
mouseout	当鼠标指针移出时触发（当前元素与其子元素都触发）
mouseenter	当鼠标指针移入时触发（子元素不触发）
mouseleave	当鼠标指针移出时触发（子元素不触发）
mousedown	当按任意鼠标按键时触发
mouseup	当释放任意鼠标按键时触发
mousemove	在元素内当鼠标指针移动时持续触发

需要注意的是，mouseover、 mouseout 比 mouseenter、mouseleave 优先触发。

　　下面通过代码演示鼠标事件的使用。

```
1  …（省略 CSS 代码和表格设置的代码，具体可参考本书源代码）
2  <script>
3   var trs = document.querySelectorAll('tr');
4   for (var i = 0; i < trs.length; i++) {
5     trs[i].onmouseover = function () {
6       this.className = 'bg';
7     };
8     trs[i].onmouseout = function () {
9       this.className = '';
10    };
11   }
12 </script>
```

　　在上述示例代码中，使用了 mouseover 事件和 mouseout 事件，实现当鼠标指针移入时显示背景颜色，鼠标指针移出时，去掉背景颜色。

▌ 多学一招：禁用右键菜单和选中文本

　　在项目开发中，有时需要禁用右键菜单和选中文本。在 DOM 中，打开右键菜单时会触发 contextmenu 事件，选中文本时会触发 selectstart 事件，在事件处理函数中阻止默认行为，即可实现禁用。

　　（1）禁用右键菜单

　　contextmenu 事件主要控制何时显示上下文菜单，用于取消默认的上下文菜单，示例代码如下。

```
document.addEventListener('contextmenu', function (e) {
  e.preventDefault();
});
```

　　（2）禁用选中文本

　　selectstart 事件在鼠标开始选择文本时触发，如果禁止鼠标选中文本，则需要阻止该事件的默认行为，示例代码如下。

```
document.addEventListener('selectstart', function (e) {
  e.preventDefault();
});
```

7.4.2　鼠标事件对象

　　在 7.3 节中，讲解了事件对象的使用，不同事件类型的事件对象不同。下面主要讲解鼠标事件对象 MouseEvent。

　　在项目开发过程中，经常会使用鼠标事件属性获取当前鼠标指针的位置信息。常用的鼠标事件属性如表 7-5 所示。

表 7-5　常用的鼠标事件属性

属性	说明
clientX	鼠标指针位于浏览器页面当前窗口可视区域的水平坐标（x 轴坐标）
clientY	鼠标指针位于浏览器页面当前窗口可视区域的垂直坐标（y 轴坐标）
pageX	鼠标指针位于文档的水平坐标（x 轴坐标），IE 6～IE 8 不兼容

续表

属性	说明
pageY	鼠标指针位于文档的垂直坐标（ y 轴坐标），IE 6～IE 8 不兼容
screenX	鼠标指针位于屏幕的水平坐标（ x 轴坐标）
screenY	鼠标指针位于屏幕的垂直坐标（ y 轴坐标）

由表 7-5 可知，IE 6～IE 8 浏览器不兼容 pageX 属性和 pageY 属性。因此，在项目开发时需要对 IE 6～IE 8 浏览器进行兼容处理，示例代码如下。

```
var pageX = event.pageX || event.clientX + (document.body.scrollLeft ||
document.documentElement.scrollLeft);
    var pageY = event.pageY || event.clientY + (document.body.scrollTop ||
document.documentElement.scrollTop);
```

由上述示例代码可知，鼠标指针在文档中的坐标等于鼠标指针在当前窗口中的坐标加上滚动条滑过的文本长度，需要使用 document.body 属性或者 document.documentElement 的 scrollLeft 属性和 scrollTop 属性。

我们在实际开发中使用鼠标事件对象时，需要注意鼠标事件的正确使用方式，也需要注意保护用户的个人隐私。对于用户的隐私，我们应该始终抱有尊重的态度并严格保护，不应该为了获取信息而侵犯用户的个人权益。

7.4.3　【案例】图片跟随鼠标指针移动

本案例要求实现图片跟随鼠标指针移动的效果。在实现该效果的过程中，需要使用鼠标指针移动事件 mousemove，每次鼠标指针移动时，都会获得最新的鼠标指针坐标，将 x 坐标和 y 坐标作为图片的 top 值和 left 值就可以实现图片的移动。

读者可以扫描二维码查看实现图片跟随鼠标指针移动的具体内容。

7.4.4　【案例】下拉菜单

在实际开发中，为了使页面信息分类明确、层次清晰，经常会开发下拉菜单的功能，下拉菜单在网站中的应用也非常广泛，例如，鼠标指针经过下拉菜单时，显示当前下拉菜单中的内容，并隐藏其他下拉菜单内容。

读者可以扫描二维码查看实现下拉菜单的具体内容。

7.5　键盘事件

键盘事件是指用户按键盘上的按键时触发的事件。在网页中，键盘事件是一种很常见的用户交互方式，通过监听和处理键盘事件可以捕捉用户在键盘上的操作，以此实现各种功能和交互效果。本节将对键盘事件进行详细讲解。

7.5.1　常用的键盘事件

在实际开发中，经常会用到键盘事件，例如，使用键盘上的数字按键输入数字；使用键盘上的"Delete"键删除内容等。下面列举常用的键盘事件，如表 7-6 所示。

表 7-6 常用的键盘事件

事件名称	事件触发时机
keypress	按键盘按键时触发（"Shift""Fn""Caps Lock"等非字符键除外）
keydown	按键盘按键时触发
keyup	键盘按键弹起时触发

键盘事件触发后，通过事件对象的 keyCode 属性可以获取键码，从而确定用户按的按键。需要注意的是，keypress 事件获得的键码是 ASCII，keydown 事件和 keyup 事件获得的键码是虚拟键码。keypress 事件区分字母大小写，keydown 事件和 keyup 事件不区分字母大小写。

下面介绍一些常见的虚拟键码和代表的按键。

- 虚拟键码 48~57：代表横排数字键 0~9。
- 虚拟键码 65~90：代表字母键 A~Z。
- 虚拟键码 13：代表 "Enter" 键。
- 虚拟键码 27：代表 "Esc" 键。
- 虚拟键码 32：代表 "Space" 键，即空格键。
- 虚拟键码 37~40：代表方向键左（←）、上（↑）、右（→）、下（↓）。

读者可以通过查阅虚拟键码对照表找到对应的键码，这里不再详细列举。

为了让读者更好地掌握键盘事件的使用，下面通过代码进行演示。创建一个表单，表单中有 2 个文本框，当用户填写完第 1 个文本框后，按 "Enter" 键可以跳转到第 2 个文本框，示例代码如下。

```
1  <body>
2   <p>账号：<input type="text"></p>
3   <p>密码：<input type="text"></p>
4   <script>
5    var inputs = document.getElementsByTagName('input');
6    for (var i = 0; i < inputs.length; i++) {
7     inputs[i].onkeydown = next;
8    }
9    function next(e) {
10    if (e.keyCode === 13) {
11     for (var i = 0; i < inputs.length; i++) {
12      if (inputs[i] === this) {
13       var index = i + 1 >= inputs.length ? 0 : i + 1;
14       break;
15      }
16     }
17     if (inputs[index].type === 'text') {
18      inputs[index].focus();
19     }
20    }
21   }
22  </script>
23 </body>
```

在上述示例代码中，第 2 行、第 3 行代码定义了 2 个文本框；第 5 行代码用于获取所有的 input 元素；第 6~8 行代码用于遍历 input 元素，并为每个 input 元素注册 keydown 事件；第 9~21 行代码编写了事件处理函数，判断当前按的按键是否为"Enter"键，其中，第 11~16 行代码用于计算当前触发事件的文本框的索引和下一个文本框的索引，第 17~19 行代码用于激活下一个文本框，从而获取键盘焦点。

保存代码，在浏览器中进行测试。单击第 1 个文本框并输入"root"后，按"Enter"键会自动跳转到第 2 个文本框。按"Enter"键的运行结果如图 7-5 所示。

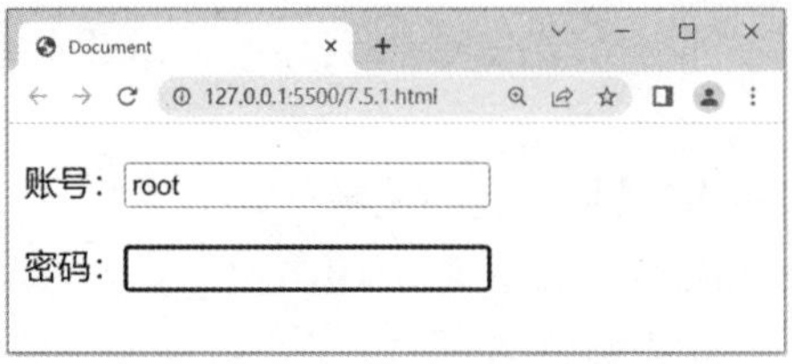

图7-5　按"Enter"键的运行结果

由图 7-5 可知，第 2 个文本框成功获得了焦点，说明通过键盘事件实现了当用户填写完第 1 个文本框后，按"Enter"键可以跳转到第 2 个文本框。

7.5.2　键盘事件对象

键盘事件也有相应的键盘事件对象 KeyBoardEvent，该对象是与键盘事件相关的一系列信息的集合。根据键盘事件对象中的 keyCode 属性可以得到相应的 ASCII 值，从而判断用户按了哪个按键。

为了让读者掌握键盘事件对象的使用，下面通过代码进行演示。要求检测用户是否按了键盘上的"A"键，如果用户按了"A"键，就把光标定位到文本框内，示例代码如下。

```
1  <body>
2    <input type="text">
3    <script>
4      var search = document.querySelector('input');
5      document.addEventListener('keyup', function (e) {
6        if (e.keyCode === 65) {
7          search.focus();
8        }
9      });
10   </script>
11 </body>
```

在上述示例代码中，第 2 行代码用于创建一个文本框；第 4 行代码用于获取 input 元素；第 5 行代码用于绑定键盘按键弹起事件，当用户输入完毕后再进行检测；第 6~8 行代码使用键盘事件对象中的 keyCode 属性判断用户在键盘上按的按键是否为"A"键，如果用户按了"A"键，则让文本框获取焦点。

保存代码，在浏览器中进行测试，页面中的文本框效果如图 7-6 所示。

图 7-6 所示的页面中包含一个空的文本框，按键盘上的"A"键后的运行结果如图 7-7 所示。

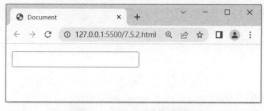
图7-6　页面中的文本框效果

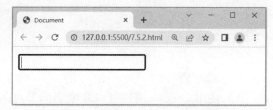
图7-7　按键盘上的"A"键后的运行结果

由图 7-7 可知，当按键盘上的"A"键后，光标能够定位到文本框里面，说明通过键盘事件对象可以检测用户是否按了键盘上的"A"键。

7.5.3　【案例】文本框提示信息

网络与通信技术是实现智慧物流的基础，尤其是移动通信技术，已经成为物流节点间进行数据传输的主要工具。移动通信技术已经从 1G 发展到 5G，这一发展过程并不是非常顺利，即使困难重重，研发团队的技术创新步伐并没有停下，他们锐意进取，不断地在技术领域取得突破。作为新时代的大学生，更应该不畏困难，坚持创新思维的培养。

在现实生活中，网上购物已经十分普遍，我们经常会使用快递单号查询功能查看商品的物流信息状态。一些网站为了让用户看清楚输入的内容，会在用户输入快递单号时，在文本框的上方显示一个提示框，将用户输入的快递单号放大。

下面将通过案例演示文本框提示信息，本案例要求当用户在文本框中输入快递单号时，文本框的上方能够显示一个提示框，自动放大快递单号，如果用户没有输入快递单号，需要隐藏自动放大的快递单号。

读者可以扫描二维码查看实现文本框提示信息的具体代码。

7.6　元素位置操作

元素位置操作是指通过 JavaScript 代码获取和改变页面中元素的位置和大小，包括元素的左、右、上、下这 4 个位置信息以及元素的宽度和高度等信息。通过元素位置操作可以动态调整页面布局、实现拖曳效果等。本节将讲解元素位置操作，主要包括元素偏移量操作、元素可视区域操作和元素滚动操作。

读者可以扫描二维码查看元素位置操作的详细讲解。

本章小结

本章主要对 DOM（下）进行讲解，首先讲解了节点操作；然后讲解了事件进阶和事件对象，其中，事件进阶包括事件监听、事件移除和 DOM 事件流，事件对象包括获取事件对象以及事件对象的常用属性和方法；最后讲解了鼠标事件、键盘事件和元素位置操作，在元素位置操作中，主要讲解了元素偏移量操作、元素可视区域操作和元素滚动操作。通过本章的学习，读者应能够更加全面地认识 DOM，并运用 DOM 相关知识编写一些交互性强的页面。

课后习题

一、填空题

1. 使用_____属性可以获取当前节点的父节点。

2. 使用_____属性可以获取当前节点的所有子元素节点集合。

3. 创建元素节点可以使用 document 对象的_____方法。

4. appendChild()方法可以将一个节点添加到父节点的所有子节点的_____。

5. 使用_____方法可以复制节点。

二、判断题

1. firstElementChild 属性用于获取当前节点的首个子节点。（　　）

2. 使用 removeChild()方法可以移除父节点的指定子节点。（　　）

3. 在 IE 6～IE 8 浏览器中不兼容 pageX 属性和 pageY 属性。（　　）

4. 虚拟键码 27 代表"Enter"键。（　　）

5. 使用 clientWidth 属性获取元素的宽度时，获取的内容包括 padding 和 border。（　　）

三、单选题

1. 下列选项中，当键盘按键弹起时触发的事件是（　　）。

A. keypress　　　　　B. click　　　　　C. keyup　　　　　D. keydown

2. 下列选项中，当鼠标指针移入时触发，且当前元素和其子元素都触发的事件是
（　　）。

A. click　　　　　B. mouseenter　　　C. mouseover　　　D. mouseup

3. 下列选项中，关于节点的描述正确的是（　　）。

A. lastChild 属性用于获取当前节点的最后一个子元素节点

B. 使用 previousSibling 属性获取兄弟节点不存在浏览器兼容问题

C. children 属性用于获取当前节点的所有子节点集合

D. document 节点是整个文档的根节点

4. 下列选项中，关于事件对象的描述错误的是（　　）。

A. 事件对象的获取存在兼容性问题

B. 通过事件对象不可以阻止事件冒泡和默认行为

C. 事件触发时就会产生事件对象

D. 在新版的浏览器中可以通过事件处理函数获取事件对象

5. 下列选项中，用于获取元素内容的完整高度并且不含边框的属性是（　　）。

A. scrollHeight　　　B. scrollWidth　　　C. clientHeight　　　D. offsetHeight

四、简答题

请简述 DOM 事件流的 3 个阶段。

五、编程题

1. 实现鼠标指针移动到图片上时，图片右侧展示图片的放大效果。

2.　实现页面的右侧边栏固定效果，并获取滚动条滚动的距离、大小等，页面效果如图
7–8 所示。

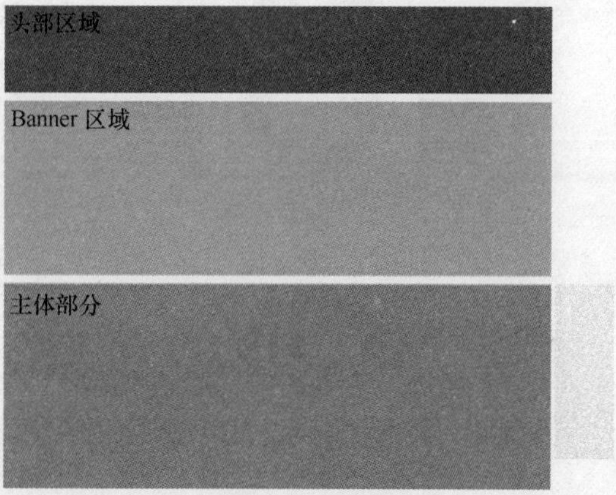

图7–8　页面效果

第 **8** 章

BOM

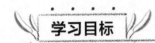

学习目标

★ 了解 BOM 的概念，能够阐述 BOM 的概念

★ 掌握 BOM 对象的使用，能够灵活应用 BOM 对象实现浏览器操作

★ 掌握窗口事件的使用，能够在窗口加载、窗口卸载或窗口大小改变时运行特定的代码

★ 掌握定时器方法的使用，能够应用定时器延迟一段时间运行代码或间歇运行代码

★ 熟悉同步和异步的概念，能够区分同步和异步

在实际开发中，使用 JavaScript 开发网页交互效果时，经常需要获取浏览器的一些信息，控制浏览器的刷新和页面跳转。为了使 JavaScript 控制浏览器，可以使用 BOM。本章将详细讲解 BOM。

8.1　BOM 简介

BOM（Browser Object Model，浏览器对象模型）是由浏览器提供的一系列对象构成的，它主要用于管理窗口与窗口之间的通信。在 BOM 中，顶级对象是 window，表示浏览器窗口，其他对象都是 window 对象的属性，当调用 window 对象下的属性和方法时，可以省略 window。常见的 BOM 对象如图 8-1 所示。

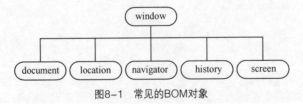

图8-1　常见的BOM对象

图 8-1 中，document 对象表示文档节点，它既属于 BOM 又属于 DOM；location 对象用于操作浏览器地址；navigator 对象用于获取浏览器的基本信息；history 对象用于操作浏览器的历史记录；screen 对象用于获取屏幕信息。这 5 个对象都是 window 对象的属性。

BOM 没有统一标准，每个浏览器都有对 BOM 的实现方式，因此，BOM 在浏览器中的兼容性较差。

8.2 BOM 对象

由于在第 6 章和第 7 章中已经讲解了 document 对象的使用，所以本节不再讲解，下面主要讲解 BOM 对象中的其他常用对象，包括 window 对象、location 对象、navigator 对象、history 对象和 screen 对象。

8.2.1 window 对象

window 对象既是浏览器窗口对象，又是全局对象，全局对象在书写时可以省略，例如，window.document、window.console、window.alert()和 window.prompt()可以写成 document、console、alert()、prompt()，其中 document 和 console 是 window 对象的属性，alert()和 prompt()是 window 对象的方法。

在 JavaScript 中，定义在全局作用域中的变量是 window 对象的属性；定义在全局作用域中的函数是 window 对象的方法。示例代码如下。

```
// 定义在全局作用域中的变量是 window 对象的属性
var num = 10;
console.log(window.num);      // 输出结果为：10
// 定义在全局作用域中的函数是 window 对象的方法
function fn() {
  return 11;
}
console.log(window.fn());     // 输出结果为：11
```

下面列举 window 对象常用的方法和属性，如表 8-1 所示。

表 8-1 window 对象常用的方法和属性

分类	名称	说明
方法	alert()	弹出带有一段消息和一个"确定"按钮的警告框
	confirm()	弹出带有一段消息以及"确定"按钮和"取消"按钮的对话框
	prompt()	弹出带有提示信息的输入框
	open()	打开一个新的浏览器窗口或查找一个已命名的窗口
	close()	关闭浏览器窗口
	focus()	使窗口获得焦点
	scrollBy()	按照指定的像素值来滚动内容
	scrollTo()	把内容滚动到指定的坐标
属性	name	设置或获取窗口的名称
	opener	获取打开当前窗口的 window 对象
	parent	获取当前窗口的父窗口的 window 对象
	self	获取当前窗口的 window 对象，等价于 window 对象
	window	获取当前窗口的 window 对象
	top	获取顶层窗口的 window 对象（页面中有多个框架时）

下面通过代码演示 window 对象中的 alert()方法和 confirm()方法的使用。

```
if (confirm('您确定要运行此操作？')) {
  alert('用户确认');
} else {
  alert('用户取消');
}
```

上述示例代码中，confirm()方法用于弹出一个具有提示信息的对话框，返回值为 true 或 false，表示用户单击了该对话框中的"确定"按钮或"取消"按钮。

8.2.2　location 对象

location 对象用于操作浏览器的地址，通过 location 对象可以获取当前窗口的 URL 信息。location 对象既是 window 对象的属性又是 document 对象的属性。

下面列举 location 对象常用的方法和属性，如表 8–2 所示。

表 8-2　location 对象常用的方法和属性

分类	名称	说明
方法	assign(url)	触发窗口加载并显示指定 URL 的内容
	replace(url)	使用给定的 URL 替换当前的资源
	reload([forcedReload])	刷新当前页面
属性	search	获取或设置当前 URL 的查询字符串（又称为 URL 参数），即 URL 中"？"之后的内容
	hash	获取当前 URL 的锚点部分（从"#"开始的部分）
	host	获取当前 URL 的主机名和端口
	hostname	获取当前 URL 的主机名
	href	获取当前 URL
	pathname	获取当前 URL 中的路径名
	port	获取当前 URL 中的端口号
	protocol	获取当前 URL 中的协议

表 8–2 中，reload()方法的可选参数 forcedReload 是一个布尔值，当值为 true 时，表示强制浏览器从服务器加载页面资源，当值为 false 或未传参时，浏览器则可能从缓存中读取页面；search 属性通常用于在向服务器查询信息时传入查询条件，如页码、搜索的关键字、排序方式等；assign()方法在打开指定 URL 时，会生成一条新的历史记录，而 replace()方法不会在浏览器历史记录中生成新的记录，并且在调用 replace()方法后，用户不能返回到前一个页面。

下面以如下 URL 为例，演示 location 对象常用的属性的使用。

```
http://127.0.0.1:5500/test.html?name=a#data
```

在浏览器打开上述 URL 时，使用 location 对象常用的属性的示例代码如下。

```
console.log(location.search);     // 输出结果为：?name=a
console.log(location.hash);       // 输出结果为：#data
console.log(location.host);       // 输出结果为：127.0.0.1:5500
console.log(location.hostname);   // 输出结果为：127.0.0.1
console.log(location.href);       // 输出结果为:http://127.0.0.1:5500/test.html
```

```
console.log(location.pathname);   // 输出结果为: /test.html
console.log(location.port);        // 输出结果为: 5500
console.log(location.protocol);    // 输出结果为: http:
```

　　JavaScript 中的 location 对象代表了当前浏览器窗口中显示的文档的 URL。在 Web 开发中，URL 是非常重要的，因为它可以直接影响到用户体验和网站的搜索引擎效果。因此，我们应该在开发过程中注重思考 URL 的设计，让其更加直观、易懂，并且要符合行业标准。我们应该牢记，Web 开发是服务于人的，应该在开发中注重人文关怀，对于用户体验、数据隐私等问题要给予足够的重视。

8.2.3　navigator 对象

　　navigator 对象用于获取浏览器的相关信息，下面列举 navigator 对象常用的方法和属性，如表 8-3 所示。

表 8-3　navigator 对象常用的方法和属性

分类	名称	说明
方法	javaEnable()	是否在浏览器中启动 Java
属性	appCodeName	获取浏览器的内部名称
	appName	获取浏览器的完整名称
	appVersion	获取浏览器的平台和版本信息
	cookieEnable	浏览器中是否启用 Cookie
	platform	获取运行浏览器的操作系统平台
	userAgent	获取由浏览器发送到服务器的 User-Agent 的值

　　下面以 userAgent 属性为例，演示如何获取由浏览器发送到服务器的 User-Agent 的值。

```
var msg = navigator.userAgent;
console.log(msg);
```

　　在上述示例代码中，使用 navigator 对象的 userAgent 属性获取由浏览器发送到服务器的 User-Agent 的值，其内容主要包含浏览器版本、操作系统等信息，每种浏览器获取的信息都不相同。下面以 Chrome 浏览器、Firefox 浏览器、IE 浏览器为例进行演示。

　　Chrome 浏览器的输出结果示例如下。

```
Mozilla/5.0 (Windows NT 10.0; Win64; x64) AppleWebKit/537.36 (KHTML, like Gecko)
Chrome/110.0.0.0 Safari/537.36
```

　　Firefox 浏览器的输出结果示例如下。

```
Mozilla/5.0 (Windows NT 10.0; Win64; x64; rv:109.0) Gecko/20100101 Firefox/111.0
```

　　IE 浏览器的输出结果示例如下。

```
Mozilla/5.0 (Windows NT 10.0; WOW64; Trident/7.0; .NET4.0C; .NET4.0E; rv:11.0)
like Gecko
```

　　需要说明的是，不同版本浏览器的输出结果不同。

8.2.4　history 对象

　　history 对象可以对用户在浏览器中访问的历史记录进行操作。出于安全方面考虑，history 对象不能直接获取用户浏览过的历史记录，但可以控制浏览器的"前进"和"后退"等功能。

下面列举 history 对象常用的方法和属性，如表 8-4 所示。

表 8-4   history 对象常用的方法和属性

分类	名称	说明
方法	back()	加载 history 列表中的上一个 URL，即后退一页
	forward()	加载 history 列表中的下一个 URL，即前进一页
	go([delta])	加载 history 列表中的某个具体页面，可选参数 delta 的值是负整数时，表示后退指定的页数；是正整数时，表示前进指定的页数；是 0 或省略时，表示刷新页面
属性	length	返回 history 列表中的 URL 数

下面通过代码演示 history 对象的 back()方法和 forward()方法。

```
1  <body>
2   <button id="btn1">后退</button>
3   <button id="btn2">前进</button>
4   <script>
5    var btn1 = document.getElementById('btn1');
6    var btn2 = document.getElementById('btn2');
7    btn1.onclick = function () {
8      history.back();                  // 控制浏览器后退一页
9    };
10   btn2.onclick = function () {
11     history.forward();               // 控制浏览器前进一页
12   };
13  </script>
14  </body>
```

8.2.5 screen 对象

screen 对象用于获取与屏幕相关的信息，例如，屏幕的宽度、屏幕的高度等。下面列举 screen 对象常用的属性，如表 8-5 所示。

表 8-5   screen 对象常用的属性

属性	作用
width	获取整个屏幕的宽度
height	获取整个屏幕的高度
availWidth	获取浏览器窗口在屏幕上可占用的水平空间
availHeight	获取浏览器窗口在屏幕上可占用的垂直空间

表 8-5 中的属性的获取结果都是数字型像素值。

为了让读者更好地掌握 screen 对象常用属性的使用，下面通过代码进行演示。

```
console.log(screen.width);          // 输出结果为：1920
console.log(screen.height);         // 输出结果为：1080
console.log(screen.availWidth);     // 输出结果为：1920
console.log(screen.availHeight);    // 输出结果为：1040
```

由上述示例代码的输出结果可知，使用 screen 对象的常用属性可以获取与屏幕相关的信息。

8.3 窗口事件

窗口事件是指 window 对象的事件，它与整个窗口有关。常用的窗口事件有窗口加载与卸载事件、窗口大小改变事件，本节将对常用的窗口事件进行讲解。

8.3.1 窗口加载与卸载事件

当需要在窗口加载完成后运行某些代码，或在窗口关闭后运行某些代码时，可以使用 window 对象提供的窗口加载与卸载事件。

下面列举 window 对象提供的窗口加载与卸载事件属性，如表 8-6 所示。

表 8-6 窗口加载与卸载事件属性

属性	作用
load	窗口加载事件，当页面加载完毕后触发
unload	窗口卸载事件，当页面关闭时触发

表 8-6 中，窗口加载事件在网页文档以及外链的文件（包括图像文件、JavaScript 文件、CSS 文件等）全部加载完成后才会触发；窗口卸载事件会在用户关闭网页时触发。

窗口加载与卸载事件有两种注册方式，第 1 种注册方式的示例代码如下。

```
window.onload = function () {};                    // 窗口加载事件
window.onunload = function () {};                  // 窗口卸载事件
```

在上述示例代码中，只能注册一个事件处理函数。

窗口加载与卸载事件的第 2 种注册方式的示例代码如下。

```
window.addEventListener('load', function () {});   // 窗口加载事件
window.addEventListener('unload', function () {});  // 窗口卸载事件
```

在上述示例代码中，当多次调用 window.addEventListener()时，可以注册多个事件处理函数。

为了让读者更好地掌握窗口加载与卸载事件，下面通过代码进行演示。首先演示不使用窗口加载事件时运行代码出错的情况。由于程序中的代码是从上往下运行的，当 JavaScript 代码写在需要操作的 HTML 标签前面时，获取元素的操作会失败，示例代码如下。

```
1 <body>
2   <script>
3     document.getElementById('demo').onclick = function () {
4       console.log('被单击了');
5     };
6   </script>
7   <div id="demo">持之以恒</div>
8 </body>
```

在上述示例代码中，第 3 行代码用于获取 id 为 demo 的元素。当代码运行到第 3 行时，页面中的<div>标签还未被加载，调用 getElementById()方法获取元素会失败，返回 null。由于 null 不能访问 onclick 事件属性，所以运行第 3 行代码时会出错。

保存上述代码，在浏览器中进行测试，运行结果如图 8-2 所示。

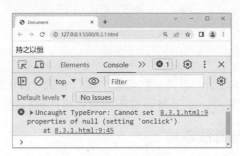

图8-2　运行结果

图 8-2 所示页面中，控制台提示无法给 null 设置 onclick 事件属性，说明此时 id 为 demo 的元素还未加载，因此获取元素失败。

下面通过窗口加载事件解决上述示例代码中出现的问题，将上述示例代码中的第 2～6 行代码替换为如下代码。

```
1  <script>
2    window.onload = function () {
3      document.getElementById('demo').onclick = function () {
4        console.log('被单击了');
5      };
6    };
7  </script>
```

在上述代码中，第 2～6 行代码注册了窗口加载事件，当窗口加载完成时，原示例代码第 7 行的<div>标签也已经加载完成。

上述示例代码运行后，单击页面中的"持之以恒"，控制台就会输出"被单击了"，说明通过窗口加载事件解决了元素获取失败的问题。

多学一招：document.DOMContentLoaded 事件

当网页中的图片较多时，如果图片加载速度慢，窗口加载事件的触发可能需要较长的时间，这样会影响到用户的体验，此时，可以使用 document.DOMContentLoaded 事件，该事件会在文档加载完成时触发，与图片文件、JavaScript 文件、CSS 文件等外部文件是否加载完成无关，适用于页面中有很多外部文件的情况。需要注意的是，document.DOMContentLoaded 事件不兼容 IE 9 之前的浏览器。

8.3.2　窗口大小改变事件

在实际开发中，为了能够响应应用户调整浏览器窗口大小的操作，可以使用窗口大小改变事件 resize，该事件有两种注册方式，第 1 种注册方式的示例代码如下。

```
window.onresize = function () {};
```

第 2 种注册方式的示例代码如下。

```
window.addEventListener('resize', function () {});
```

为了让读者更好地掌握窗口大小改变事件，下面通过代码进行演示。要求当用户调整窗口大小时，在控制台输出当前页面的宽度，示例代码如下。

```
1  <script>
2    window.addEventListener('resize', function () {
3      console.log(document.body.clientWidth);
```

```
4    });
5  </script>
```

在上述示例代码中，第 3 行代码用于获取页面的宽度并输出到控制台。

运行上述示例代码后，在控制台输出了"554 555 556…"（该输出结果为参考示例结果），说明使用 resize 事件可以获取用户调整窗口大小后当前页面的宽度。

8.4　定时器

在实际开发中，定时器的运用非常广泛，例如，在浏览购物网站时，经常会看到轮播图效果，每间隔几秒轮播图中的图片就会自动切换一次，轮播图效果的实现就用到了定时器。定时器可以实现在指定时间运行特定操作，或者让代码每间隔一段时间运行一次，实现间歇操作。本节将详细讲解定时器。

8.4.1　设置定时器的方法

window 对象提供了两种用于设置定时器的方法，分别是 setTimeout()方法和 setInterval()方法，此外，还提供了两种用于清除定时器的方法，分别是 clearTimeout()方法和 clearInterval()方法。设置和清除定时器的方法说明如表 8-7 所示。

表 8-7　设置和清除定时器的方法说明

方法	说明
setTimeout(fn, delay)	在达到指定时间（以毫秒计）后调用函数或运行一段代码
setInterval(fn, delay)	按照指定的周期（以毫秒计）来调用函数或运行一段代码
clearTimeout(定时器 ID)	清除由 setTimeout()方法设置的定时器
clearInterval(定时器 ID)	清除由 setInterval()方法设置的定时器

表 8-7 中，setTimeout()方法和 setInterval()方法都可以在固定时间段内运行代码，二者的区别是，使用 setTimeout()方法时只运行一次代码，使用 setInterval()方法时会在指定的时间后自动重复运行代码。

setTimeout()方法和 setInterval()方法都有两个参数，第 1 个参数 fn 表示到达延迟时间后运行的代码，可以传入普通函数、匿名函数或字符串代码，第 2 个参数 delay 表示延迟时间的毫秒值。

setTimeout()方法和 setInterval()方法的返回值为定时器 ID（定时器的唯一标识），将定时器 ID 作为参数传给 clearTimeout()方法或 clearInterval()方法可以清除定时器。

为了让读者更好地掌握定时器方法的使用，下面以 setTimeout()方法为例，演示使用 3 种传参方式实现定时器的设置。

（1）传入普通函数的方式

```
setTimeout(fn, 2000);
function fn() {
  alert('争分夺秒');
}
```

（2）传入匿名函数的方式

```
setTimeout(function () {
```

```
    alert('争分夺秒');
  }, 2000);
```

（3）传入字符串代码的方式

```
setTimeout('alert("争分夺秒");', 2000);
```

使用以上 3 种方式都可以实现 2 秒后弹出警告框，提示"争分夺秒"。

下面以 clearTimeout()方法为例，演示定时器的清除。

```
// 设置定时器时保存定时器 ID
var timer = setTimeout(function () {
  alert('争分夺秒');
}, 2000);
// 清除定时器时传入需要清除的定时器 ID
clearTimeout(timer);
```

在上述示例代码中，setTimeout()方法的返回值 timer 表示定时器 ID，通过 clearTimeout()方法清除定时器后，定时器将不再运行。

8.4.2　【案例】3 秒后自动关闭广告

在浏览网站的过程中，经常会在页面中看到广告，并显示自动关闭广告的倒计时。自动关闭广告的倒计时效果可以使用定时器实现。下面将通过一个案例演示如何实现 3 秒后自动关闭广告，具体代码如例 8-1 所示。

例 8-1　Example1.html

```
1  <!DOCTYPE html>
2  <html>
3  <head>
4    <meta charset="UTF-8">
5    <title>Document</title>
6    <style>
7      .ad {
8        position: relative;
9        width: 306px;
10       height: 306px;
11       margin: 100px auto;
12     }
13     .ad p {
14       position: absolute;
15       top: 306px;
16       right: 80px;
17       font-size: 15px;
18       color: black;
19     }
20   </style>
21 </head>
22 <body>
23   <div class="ad">
24     <img src="ad.png" class="ad_img">
25     <p></p>
26   </div>
27   <script>
28     var ad = document.querySelector('.ad');
```

```
29      var tip = document.querySelector('p');
30      var time = 3;
31      fn();
32      var timer = setInterval(fn, 1000);
33      function fn() {
34        if (time == 0) {
35          ad.style.display = 'none';
36          clearInterval(timer);
37        }
38        tip.innerHTML = time + '秒后自动关闭广告';
39        time--;
40      }
41   </script>
42 </body>
43 </html>
```

例 8-1 中, 第 6~20 行代码用于设置 CSS; 第 23~26 行代码用于在页面中添加广告图片; 第 28~29 行代码用于获取元素; 第 30~40 行代码用于实现定时器的设置与清除。

保存代码, 在浏览器中进行测试, 例 8-1 的运行结果如图 8-3 所示。

图8-3   例8-1的运行结果

图 8-3 所示的页面中, 展示了一张广告图片, 该广告图片下方提示 "3 秒后自动关闭广告", 在 3 秒后, 页面中的广告图片将会隐藏, 说明使用定时器可以实现 3 秒后自动关闭广告的效果。

8.4.3 【案例】60 秒内只能发送一次验证码

在日常生活中, 我们使用手机号码登录网站或注册账号时, 经常需要发送验证码。下面将通过一个案例实现 60 秒内只能发送一次验证码的功能。本案例要求在页面中设置一个文本框和一个 "发送验证码" 按钮, 在单击 "发送验证码" 按钮后, 该按钮中的文字会变为 "60 秒后重新发送", 并且 "60" 会每秒减 1。在 60 秒后, 按钮才能恢复为启用状态, 用户才能再次单击 "发送验证码" 按钮。

根据上述要求, 编写代码实现本案例的功能, 具体代码如例 8-2 所示。

例 8-2   Example2.html

```
1 <!DOCTYPE html>
2 <html>
3 <head>
```

```
4    <meta charset="UTF-8">
5    <title>Document</title>
6  </head>
7  <body>
8    <input type="text" placeholder="验证码">
9    <button>发送验证码</button>
10   <script>
11     var btn = document.querySelector('button');
12     btn.addEventListener('click', function () {
13       var time = 60;
14       btn.disabled = true;
15       var timer = setInterval(function () {
16         if (time == 0) {
17           clearInterval(timer);
18           btn.disabled = false;
19           btn.innerHTML = '发送验证码';
20         } else {
21           btn.innerHTML = time + '秒后重新发送';
22           time--;
23         }
24       }, 1000);
25     });
26   </script>
27 </body>
28 </html>
```

例 8-2 中，第 8～9 行代码用于定义一个文本框和一个按钮；第 11 行代码用于获取 button 元素；第 13 行代码用于声明 time 变量并赋值为 60，表示剩下的秒数；第 14 行代码用于将按钮的 disabled 属性值设置为 true，表示禁用按钮；第 15～24 行代码用于设置和清除定时器并显示剩余秒数，其中，第 17～19 行代码用于实现定时器的清除并将按钮恢复为启用状态。

保存代码，在浏览器中进行测试，例 8-2 的初始效果如图 8-4 所示。

由图 8-4 可知，"发送验证码" 按钮为启用状态，单击该按钮后，例 8-2 的运行效果如图 8-5 所示。

图8-4　例8-2的初始效果

图8-5　例8-2的运行效果

由图 8-5 可知，"发送验证码" 按钮为禁用状态，并且按钮上显示 "60 秒后重新发送"。当 60 秒过后，"发送验证码" 按钮就会恢复为启用状态，说明实现了 60 秒内只能发送一次验证码的功能。

8.5　同步和异步

同步是指前一个任务结束后再运行后一个任务，程序的运行顺序与任务的排列顺序一致。例如，做饭时，先煮饭，等饭煮好后再去炒菜。

异步是指在处理一个任务的同时，可以去处理其他的任务。例如，在煮饭的同时去炒菜。异步代码通常写在回调函数中，例如，注册事件时传入的事件处理函数，以及设置定时器时传入的函数，都是回调函数。

JavaScript 的运行机制是单线程，即同一时间只能做一件事。假设 JavaScript 被设计为多线程，一个线程在某个 DOM 节点上添加内容，另一个线程要删除这个节点，此种情况下浏览器将无法确定以哪个线程为准。多线程会让 JavaScript 变得复杂，而采用单线程可以避免出现这样的问题。

采用单线程意味着所有任务都需要排队，前一个任务结束，才会运行后一个任务，如果其中一个任务运行的时间过长，就会阻塞后面的任务。例如，有 3 个任务正在排队，第 1 个任务是在控制台输出 1，第 2 个任务是 3 秒后在控制台输出 2，第 3 个任务是在控制台输出 3，当程序运行到第 2 个任务时，程序就会被阻塞 3 秒，3 秒后才能运行第 3 个任务。若想要解决程序中的阻塞问题，可以使用定时器，例如，使用 setTimeout()方法设置一个 3 秒的定时器，将第 2 个任务放到定时器函数中即可，示例代码如下。

```
console.log(1);              // 第 1 个任务
setTimeout(function () {
  console.log(2);            // 第 2 个任务
}, 3000);
console.log(3);              // 第 3 个任务
```

上述示例代码运行后，控制台首先会输出 1 和 3，等待 3 秒后再输出 2，说明在程序中调用 setTimeout()方法解决了程序被阻塞 3 秒的问题。

在上述示例代码中，通过定时器解决了程序阻塞的问题，像定时器这样的操作，称为异步操作。

多学一招：JavaScript 运行机制

首先思考一个问题：当定时器的时间设为 0 时，程序是优先运行定时器传入的回调函数还是优先运行 setTimeout()方法后面的代码呢？示例代码如下。

```
1  console.log(1);
2  setTimeout(function () {
3    console.log(2);
4  }, 0);
5  for (var i = 0, str = ''; i < 900000; i++) {
6    str += i;                // 使用字符串拼接运算延迟运行时间
7  }
8  console.log(3);          // 输出结果为：1 3 2
```

在上述示例代码中，第 4 行代码设置定时器的延迟时间为 0，表示立即运行；第 5~7 行代码用于延迟运行时间。

上述示例代码运行后，控制台中的输出结果为 1、3、2，说明定时器传入的回调函数是最后运行的。

由于 JavaScript 中同步任务都是放在主线程的运行栈中优先运行的，而异步任务（回调函数中代码）则被放在任务队列中等待运行，所以出现上述示例代码运行后的结果。

下面演示运行栈和任务队列的区别，如图 8-6 所示。

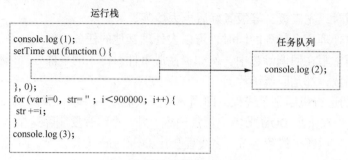

图8-6　运行栈和任务队列的区别

一旦运行栈中的所有同步任务运行完毕，系统就会按次序读取任务队列中的异步任务，被读取的异步任务就会进入运行栈开始运行。JavaScript 的主线程会不断地从任务队列里重复获取任务、运行任务，这种机制被称为事件循环。

本章小结

本章主要讲解了 BOM 的相关知识，首先讲解了 BOM 的基本概念，其次讲解了 BOM 对象，包括 window 对象、location 对象、navigator 对象、history 对象和 screen 对象，然后讲解了窗口事件，包括窗口加载与卸载事件、窗口大小改变事件，最后讲解了定时器、同步和异步。通过本章的学习，读者应能够使用 BOM 完成一些常见的页面交互效果。

课后习题

一、填空题

1. 使用_____方法可以加载 history 列表中的上一个 URL。
2. 页面中所有内容加载完之后触发的事件是_____。
3. screen 对象的_____属性用于获取浏览器窗口在屏幕上可占用的水平空间。
4. _____事件是在窗口大小改变时触发的。

二、判断题

1. BOM 中的顶级对象是 document 对象。（　　　）
2. window 对象既是浏览器窗口对象，又是全局对象。（　　　）
3. 使用 history 对象的 go()方法可以实现页面的前进或后退。（　　　）
4. JavaScript 的运行机制是多线程。（　　　）
5. 窗口卸载事件会在用户关闭网页时触发。（　　　）

三、单选题

1. 下列选项中，用于获取当前 URL 的主机名和端口的属性是（　　　）。
A. hostname　　　　　B. pathname　　　C. host　　　　　D. href
2. 下列选项中，不属于 window 对象属性的是（　　　）。
A. name　　　　　　　B. port　　　　　C. parent　　　　D. top
3. 下列选项中，关于 BOM 的描述正确的是（　　　）。
A. BOM 不能操作浏览器的历史记录

B. BOM 没有统一标准，每个浏览器都有对 BOM 的实现方式

C. BOM 不允许获取用户使用的浏览器信息

D. BOM 不能对文档进行操作

4. 下列选项中，关于 location 对象及其方法的描述错误的是（　　）。

A. assign()方法用于触发窗口加载并显示指定 URL 的内容

B. reload()方法用于刷新当前页面

C. 通过 location 对象可以获取当前窗口的 URL 信息

D. location 对象不是 document 对象的属性

5. 下列选项中，关于 navigator 对象的描述错误的是（　　）。

A. appVersion 属性可以获取浏览器的平台和版本信息

B. appName 属性可以获取浏览器的内部名称

C. userAgent 属性用于获取由浏览器发送到服务器的 User-Agent 的值

D. platform 属性用于获取运行浏览器的操作系统平台

四、简答题

1. 请简述什么是 BOM。

2. 请简述同步和异步的区别。

五、编程题

编写程序，实现电子时钟效果，要求每隔 1 秒获取一次当前时间，并提供一个按钮控制电子时钟是否停止。

第 9 章

jQuery（上）

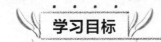
学习目标

★ 了解什么是 jQuery，能够描述 jQuery 的特点

★ 掌握 jQuery 的下载和引入，能够独立完成 jQuery 的下载并且能够使用两种方式引入 jQuery

★ 掌握 jQuery 的简单使用，能够使用 jQuery 实现简单的页面效果

★ 熟悉 jQuery 对象，能够区别 jQuery 对象和 DOM 对象

★ 掌握 jQuery 选择器的使用，能够根据不同场景使用不同的 jQuery 选择器获取元素

★ 掌握 jQuery 内容操作，能够灵活应用 jQuery 中操作元素内容的方法

★ 掌握 jQuery 样式操作，能够根据不同场景使用 jQuery 实现元素的样式操作

★ 掌握 jQuery 属性操作，能够灵活应用 prop()方法、attr()方法和 data()方法操作元素的属性

jQuery 提供了许多简化 DOM 操作、事件处理、动画效果等常见任务的方法和函数。通过使用 jQuery，可以快速地开发交互性更强的网页和 Web 应用程序，减少冗余的代码，解决浏览器兼容问题。因此，学习和掌握 jQuery 具有重要的价值。jQuery 的知识内容较多，本章首先对 jQuery 的上半部分内容进行讲解。

9.1 初识 jQuery

9.1.1 什么是 jQuery

jQuery 是一款快速、简洁、开源、轻量级的 JavaScript 库，它的设计宗旨是 "write less, do more"（使用更少的代码，做更多的事情）。

jQuery 具有以下 6 个特点。

● 代码可读性强。

● 语法简洁易懂，文档丰富。

● 支持 CSS1~CSS3 定义的属性和选择器。

● 支持事件、样式、动画和 Ajax 操作。

- 可跨浏览器，支持的浏览器包括 IE、Firefox 和 Chrome 等。
- 可扩展性强，插件丰富，可以通过插件扩展更多功能。

目前 jQuery 有 3 个系列的版本，分别是 jQuery 1.x、jQuery 2.x 和 jQuery 3.x 系列的版本。它们的区别在于，jQuery 1.x 系列的版本保持了对早期版本的 IE 浏览器的支持；jQuery 2.x 系列的版本不兼容 IE 6～IE 8 浏览器，从而更加轻量化；jQuery 3.x 系列的版本不兼容 IE 6～IE 8 浏览器，此系列的版本增加了一些新方法，并对一些方法进行了优化和改进。由于 jQuery 1.x 和 jQuery 2.x 系列已经停止更新，所以本书选择使用 jQuery 3.x 系列进行讲解。

学习并掌握 jQuery 的使用方法和技巧，可以提高 Web 开发效率，实现更加丰富、动态、友好的用户交互效果。在学习 jQuery 的过程中，我们需要不断地积累理论知识，并将理论知识和实践相结合，这样才能提高自身的学习能力和实践能力。

9.1.2　下载和引入 jQuery

在学习使用 jQuery 之前，需要下载和引入 jQuery，具体操作步骤如下。

① 在 Chrome 浏览器中访问 jQuery 的下载页面，如图 9-1 所示。

图 9-1 所示页面中，"uncompressed" 表示未压缩版；"minified" 表示压缩版，该版本删除了代码中的所有换行、缩进和注释等；"slim" 表示简化版，该版本没有提供 Ajax 和动画特效模块；"slim minified" 表示简化的压缩版。

② 在图 9-1 所示的页面中，单击 "jQuery Core 3.6.4" 的 "minified" 超链接，弹出 "Code Integration" 对话框，如图 9-2 所示。

图9-1　jQuery的下载页面

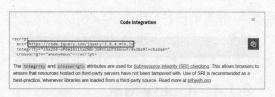

图9-2　"Code Integration" 对话框

"Code Integration" 对话框中，<script> 标签中的 src 属性是 jQuery 文件的引用地址；integrity 属性和 crossorigin 属性是 HTML5 中新增的属性，其中，integrity 属性用于通过一串校验码防止脚本文件内容在传输的时候丢失或者被恶意修改；crossorigin 属性用于配置 CORS（Cross-Origin Resource Sharing，跨域资源共享）请求，设置为 anonymous 表示不发送用户凭据。

③ 引入 jQuery。引入方式有两种，第 1 种方式是将 "Code Integration" 对话框中的整个 <script> 标签的代码复制到页面文件中使用。整个 <script> 标签的具体代码如下。

```
<script src="https://code.jquery.com/jquery-3.6.4.min.js" integrity="sha256-oP6HI9z1XaZNBrJURtCoUT5SUnxFr8s3BzRl+cbzUq8=" crossorigin="anonymous"></script>
```

第 2 种方式是复制 "Code Integration" 对话框中用方框标注的地址 "https://code.jquery.com/ jquery-3.6.4.min.js"，并在浏览器中访问该地址，将 "jquery-3.6.4.min.js" 文件保存到计算机中，然后在程序中手动引入 jQuery。引入 jQuery 的示例代码如下。

```
<script src="jquery-3.6.4.min.js"></script>
```

上述示例代码表示引入当前目录下的 "jquery-3.6.4.min.js" 文件。

读者在学习的过程中可根据实际需要选择任意一种方式引入 jQuery。

9.1.3 jQuery 的简单使用

在 9.1.2 小节中，讲解了 jQuery 的下载和引入，下面介绍 jQuery 的简单使用。在使用 jQuery 时可以分为 3 个步骤，具体如下。

① 在程序中引入 jQuery 文件。

② 获取需要操作的元素。

③ 调用操作方法，例如调用 hide()方法将元素隐藏。

下面通过代码演示 jQuery 的简单使用。首先定义一个<div>标签，并使用 jQuery 获取元素，然后将元素在页面中隐藏，示例代码如下。

```
1  <head>
2    <script src="jquery-3.6.4.min.js"></script>
3  </head>
4  <body>
5    <div>Hello jQuery</div>
6    <script>
7      $('div').hide();              // 隐藏 div 元素
8    </script>
9  </body>
```

在上述示例代码中，第 2 行代码用于引入 jQuery 文件；第 5 行代码用于定义一个<div>标签；第 7 行代码用于获取 div 元素并调用 hide()方法将 div 元素隐藏。

运行上述示例代码后，页面将不会显示任何元素，若注释掉第 7 行代码，则页面中会显示 div 元素的内容 "Hello jQuery"，说明使用 jQuery 实现了 div 元素的隐藏。

说明：由于引入 jQuery 的代码比较简单，为了避免重复的代码占用篇幅，本书第 9 章、第 10 章的示例代码中省略了引入 jQuery 的代码。

9.1.4 jQuery 对象

在页面中引入 jQuery 后，全局作用域下会新增两个变量，分别是$和 jQuery，这两个变量引用的是同一个对象，该对象称为 jQuery 顶级对象。为了方便书写，通常使用$变量。下面通过代码演示$变量和 jQuery 变量的使用。

```
// $变量的使用
$('div').hide();
// jQuery 变量的使用
jQuery('div').hide();
```

上述示例代码中，分别使用$变量和 jQuery 变量实现了 div 元素的隐藏。

jQuery 顶级对象类似构造函数，用于创建 jQuery 实例对象（简称 jQuery 对象），但它不需要使用 new 关键字，它的内部会自动进行实例化，然后它会返回实例化后的对象。jQuery

对象的本质是 jQuery 顶级对象对 DOM 对象包装后产生的对象。

jQuery 对象以类数组的形式存储，它可以包装一个或多个 DOM 对象。下面通过代码对比 jQuery 对象和 DOM 对象。

```
1  <body>
2    <div>Hello jQuery</div>
3    <script>
4      // jQuery 对象
5      var div1 = $('div');
6      console.log(div1);
7      // DOM 对象
8      var div2 = document.getElementsByTagName('div');
9      console.log(div2);
10   </script>
11 </body>
```

在上述示例代码中，第 5 行代码用于获取 jQuery 对象；第 6 行代码用于在控制台输出 jQuery 对象；第 8 行代码用于获取 DOM 对象；第 9 行代码用于在控制台输出 DOM 对象。

上述示例代码运行后，jQuery 对象和 DOM 对象的输出结果如图 9-3 所示。

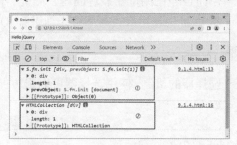

图9-3　jQuery对象和DOM对象的输出结果

图 9-3 中，①表示获取到的 jQuery 对象，在 jQuery 对象中，索引为 0 的元素是 DOM 对象，length 属性表示 DOM 对象的个数；②表示获取到的 DOM 对象集合，索引为 0 的元素表示集合中第 1 个 DOM 对象。

在实际开发中，经常会在 jQuery 对象和 DOM 对象之间进行转换，由于 DOM 对象比 jQuery 对象更复杂，DOM 对象的一些属性和方法在 jQuery 对象中没有封装，所以使用这些属性和方法时需要把 jQuery 对象转化为 DOM 对象。另外，DOM 对象也可以转换为 jQuery 对象。

下面讲解如何实现 jQuery 对象和 DOM 对象的相互转换。

1. 将 jQuery 对象转换为 DOM 对象

将 jQuery 对象转换为 DOM 对象有两种实现方式，第 1 种实现方式的语法格式如下。

```
jQuery 对象[索引]
```

第 2 种实现方式的语法格式如下。

```
jQuery 对象.get(索引)
```

将 jQuery 对象转换为 DOM 对象的示例代码如下。

```
var div1 = $('div')[0];                // 第 1 种实现方式
var div2 = $('div').get(0);            // 第 2 种实现方式
```

上述示例代码分别使用两种方式将 jQuery 对象转换为 DOM 对象，将 jQuery 对象转换为 DOM 对象后就可以使用 DOM 方式操作元素。

2. 将 DOM 对象转换为 jQuery 对象

将 DOM 对象转换为 jQuery 对象的语法格式如下。

```
$(DOM 对象)
```

将 DOM 对象转换为 jQuery 对象的示例代码如下。

```
// 获取 DOM 对象
var div = document.getElementByTagName('div')[0];
// 将 DOM 对象转换成 jQuery 对象
div = $(div);
```

在上述示例代码中，首先获取了 DOM 对象，然后将 DOM 对象转换为 jQuery 对象，转换后就可以使用 jQuery 对象提供的一些方法实现具体功能。

9.2　jQuery 选择器

在程序开发中，经常需要对页面中的各种元素进行操作，在操作元素前必须准确找到元素。第 6 章已经讲解了如何使用原生的 JavaScript 获取元素，由于原生的 JavaScript 获取元素的代码不仅写起来烦琐，而且存在浏览器兼容问题，因此，jQuery 提供了更便捷的获取元素方式，即使用 jQuery 选择器获取元素。本节将详细讲解 jQuery 选择器。

9.2.1　基本选择器

jQuery 提供了类似 CSS 选择器的机制，使用选择器可以很方便地获取元素，使用 jQuery 选择器获取元素的语法格式如下。

```
$(selector)
```

上述语法格式中，selector 表示选择器。

下面列举 jQuery 中常用的基本选择器，具体如表 9-1 所示。

表 9-1　jQuery 中常用的基本选择器

选择器	功能描述	示例
#id	获取指定 id 的元素	$('#btn')获取 id 为 btn 的元素
*	匹配所有元素	$('*')获取页面中的所有元素
.class	获取同一 class 的元素	$('.tab')获取所有 class 为 tab 的元素
element	获取相同标签名的所有元素	$('div')获取所有 div 元素
selector1, selector2,...	同时获取多个元素	$('div,p,li')同时获取 div 元素、p 元素和 li 元素

为了让读者更好地掌握 jQuery 中常用的基本选择器，下面通过代码进行演示。

```
<div class="fruit">苹果</div>
<script>
  console.log($('.fruit'));
</script>
```

上述示例代码运行后，控制台会输出获取到的元素信息。

9.2.2　层次选择器

在实际开发中，当需要获取某个元素的子元素、后代元素或兄弟元素时，可以使用

jQuery 的层次选择器。在 jQuery 中可以通过一些指定符号（如 ">"、空格、"+" 和 "~"）完成多层次元素之间的获取。

下面列举 jQuery 中常用的层次选择器，具体如表 9–2 所示。

表 9-2　jQuery 中常用的层次选择器

选择器	功能描述	示例
parent > child	获取所有子元素	$('ul > li')获取 ul 元素下的所有 li 子元素
selector selector1	获取所有后代元素	$('ul li')获取 ul 元素下的所有 li 后代元素
prev + next	获取后面紧邻的兄弟元素	$('div + .title')获取 div 元素后面紧邻的 class 为 title 的兄弟元素
prev~ siblings	获取后面的所有兄弟元素	$('.bar ~ li')获取 class 为 bar 的元素后的所有 li 兄弟元素

为了让读者更好地掌握 jQuery 中常用的层次选择器，下面通过代码进行演示。

```
<ul>
  <li>第 1 个 li 元素</li>
  <li>第 2 个 li 元素</li>
</ul>
<script>
  console.log($('ul li'));              // 获取 ul 中的 li
</script>
```

上述示例代码运行后，控制台会输出获取到的元素信息。

9.2.3　筛选选择器

在实际开发中，若需要对获取到的元素进行筛选，例如获取指定选择器中的第一个或最后一个元素，就可以使用 jQuery 的筛选选择器完成。

下面列举 jQuery 中常用的筛选选择器，具体如表 9–3 所示。

表 9-3　jQuery 中常用的筛选选择器

选择器	功能描述	示例
:first	获取指定选择器中的第一个元素	$('li:first')获取第一个 li 元素
:last	获取指定选择器中的最后一个元素	$('li:last')获取最后一个 li 元素
:eq(index)	获取索引等于 index 的元素（ 索引从 0 开始 ）	$('li:eq(2)')获取索引为 2 的 li 元素
:gt(index)	获取索引大于 index 的元素	$('li:gt(3)')获取索引大于 3 的所有 li 元素
:lt(index)	获取索引小于 index 的元素	$('li:lt(3)')获取索引小于 3 的所有 li 元素
:even	获取索引为偶数的元素	$('li:even')获取索引为偶数的元素
:odd	获取索引为奇数的元素	$('li:odd')获取索引为奇数的元素
:not(seletor)	获取除指定的选择器之外的其他元素	$('li:not(li:eq(3))')获取除索引为 3 的 li 元素之外的所有 li 元素
:focus	获取当前获得焦点的元素	$('input:focus')获取当前获得焦点的 input 元素
:animated	获取所有正在运行动画效果的元素	$('div:animated ')获取当前正在运行动画效果的 div 元素
:target	选择由文档URL的格式化识别码表示的目标元素	若 URL 为 http://localhost/#foo，则$('div:target')将获取 id 为 foo 的 div 元素
:contains(text)	获取内容包含 text 的元素	$('li:contains(js)')获取内容中包含 js 的 li 元素

选择器	功能描述	示例
:empty	获取内容为空的元素	$('li:empty')获取内容为空的 li 元素
:has(selector)	获取内容包含指定选择器的元素	$("li:has('a')")获取内容包含 a 元素的所有 li 元素
:parent	获取带有子元素或包含文本的元素	$('li:parent')获取带有子元素或包含文本的 li 元素
:hidden	获取所有隐藏元素	$('li:hidden')获取所有隐藏的 li 元素
:visible	获取所有可见元素	$('li:visible')获取所有可见的 li 元素

为了让读者更好地掌握 jQuery 中常用的筛选选择器，下面通过代码进行演示。

```
1  <ul>
2    <li>第 1 个 li 元素，索引为 0</li>
3    <li>第 2 个 li 元素，索引为 1</li>
4    <li>第 3 个 li 元素，索引为 2</li>
5  </ul>
6  <script>
7    $('ul li:first').css('color', 'red');
8    $('ul li:eq(2)').css('color', 'blue');
9  </script>
```

在上述示例代码中，第 7 行代码使用 css()方法（该方法将在 9.4.1 小节中详细讲解，此处为演示选择器效果提前使用了该方法）将 ul 中的第 1 个 li 元素的颜色设置为 "red"；第 8 行代码用于将 ul 中索引为 2 的 li 元素的颜色设置为 "blue"。

上述示例代码运行后，使用了筛选选择器的输出结果如图 9-4 所示。

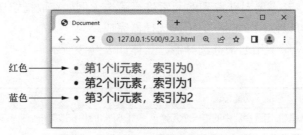

图9-4　使用了筛选选择器的输出结果

由图 9-4 可知，第 1 个 li 元素的内容显示红色，第 2 个 li 元素的内容显示黑色，第 3 个 li 元素的内容显示蓝色，说明通过筛选选择器可以将指定元素的内容设置为不同的颜色。

9.2.4　其他选择器

在 jQuery 中，选择器的种类非常多，除了前面介绍的基本选择器、层次选择器和筛选选择器外，在开发中还可能会用到其他选择器，如属性选择器、子元素选择器和表单选择器。对于初学者来说，只需要掌握常用的选择器即可，当需要使用其他选择器时，可以通过查阅文档查看具体的解释。为了方便读者查阅，下面将简单介绍一些在开发中可能会用到的其他选择器。

1. 属性选择器

jQuery 中提供了根据元素的属性获取指定元素的选择器，即属性选择器。常用的属性选择器如表 9-4 所示。

表 9-4　常用的属性选择器

选择器	功能描述	示例
[attr]	获取具有指定属性的元素	$('div[class]')获取含有 class 属性的所有 div 元素
[attr=value]	获取属性值等于 value 的元素	$('div[class=current]')获取 class 属性值等于 current 的所有 div 元素
[attr!=value]	获取属性值不等于 value 的元素	$('div[class!=current]') 获取 class 属性值不等于 current 的所有 div 元素
[attr^=value]	获取属性值以 value 开始的元素	$('div[class^=box]')获取 class 属性值以 box 开始的所有 div 元素
[attr$=value]	获取属性值以 value 结尾的元素	$('div[class$=er]') 获取 class 属性值以 er 结尾的所有 div 元素
[attr*=value]	获取属性值包含 value 的元素	$("div[class*='-']")获取 class 属性值中含有 "-" 符号的所有 div 元素
[attr~=value]	获取属性值包含 value 或以空格分隔并包含 value 的元素	$("div[class~='box']")获取 class 属性值等于 "box" 或通过空格分隔并含有 box 的 div 元素，如 "a box"
[attr1] [attr2]...	获取同时拥有多个属性的元素	$("input[id][name$='usr']")获取同时含有 id 属性和属性值以 usr 结尾的 name 属性的 input 元素

2. 子元素选择器

在开发过程中，若需要通过子元素获取元素，可以使用 jQuery 提供的子元素选择器。常用的子元素选择器如表 9-5 所示。

表 9-5　常用的子元素选择器

选择器	功能描述	示例
:nth-child(数字/even/odd/公式)	按数字、奇数、偶数或公式获取元素	$('ul li:nth-child(3)')获取所有 ul 中的第 3 个 li 元素
:first-child	获取第一个子元素	$('ul li:first-child')获取所有 ul 中的第一个 li 元素
:last-child	获取最后一个子元素	$('ul li:last-child')获取所有 ul 中的最后一个 li 元素
:only-child	如果当前元素是父元素唯一的子元素，则获取	$('ul li:only-child')如果当前 li 元素是 ul 唯一的子元素，则获取
:nth-last-child(数字/even/odd/公式)	按指定条件获取相同父元素中的子元素，计数从最后一个元素开始到第一个	$('ul li:nth-last-child(2)') 获取所有 ul 中的最后 2 个 li 元素
:nth-of-type(数字/even/odd/公式)	按指定条件获取相同父元素中的同类子元素	$('span:nth-of-type(2)')获取 span 类型元素中的第 2 个子元素
:first-of-type	获取同类元素中的第一个子元素	$('span:first-of-type')获取 span 类型元素中的第一个子元素
:last-of-type	获取同类元素中的最后一个子元素	$('span:last-of-type')获取 span 类型元素中的最后一个子元素
:only-of-type	获取没有兄弟元素的同类子元素	$('span:only-of-type')获取没有兄弟元素的 span 类型子元素
:nth-last-of-type(数字/even/odd/公式)	按指定条件获取相同父元素下的同类子元素，计数从最后一个元素开始到第一个	$('span:nth-last-of-type(2)')获取 span 类型元素中的最后 2 个子元素

3. 表单选择器

在开发过程中，若需要对表单进行操作，可以使用 jQuery 提供的表单选择器获取表单元素。常用的表单选择器如表 9-6 所示。

表 9-6　常用的表单选择器

选择器	功能描述	示例
:input	获取页面中的所有表单元素，包括 select 元素以及 textarea 元素	$('input:input')获取页面中的所有表单元素
:text	获取所有的文本框	$('input:text')获取所有的文本框
:password	获取所有的密码框	$('input:password')获取所有的密码框
:radio	获取所有的单选按钮	$('input:radio')获取所有的单选按钮
:checkbox	获取所有的复选框	$('input:checkbox')获取所有的复选框
:submit	获取提交按钮	$('input:submit')获取提交按钮
:reset	获取重置按钮	$('input:reset')获取重置按钮
:image	获取图像域，即<input type="image">	$('input:image')获取图像域
:button	获取所有按钮，包括<button>和<input type="button">	$('input:button')获取所有按钮
:file	获取文件域，即<input type="file">	$('input:file')获取文件域
:hidden	获取表单隐藏项	$('input:hidden')获取表单隐藏项
:enabled	获取所有可用表单元素	$('input:enabled')获取所有可用表单元素
:disabled	获取所有不可用表单元素	$('input:diabled')获取所有不可用表单元素
:checked	获取所有被选中的表单元素，主要针对 radio 元素和 checkbox 元素	$(':checked')获取所有被选中的表单元素
:selected	获取所有被选中的表单元素，主要针对 select 元素	$(':selected')获取所有被选中的表单元素

jQuery 中的选择器种类很多，这需要读者在学习的过程中重视选择器的练习，以便在实际工作中能够根据页面中元素的结构和实际开发需求灵活选择合适的选择器，从而快速地获取页面元素，提高开发效率。

9.3　jQuery 内容操作

jQuery 提供了多个方法用于操作元素的 HTML 内容和文本内容。在网页开发中，若需要获取或设置元素的 HTML 内容，可以使用 html()方法实现；若需要获取或设置元素的文本内容，可以使用 text()方法实现；若需要获取或设置表单元素的 value 值，可以使用 val()方法实现。

下面列举 jQuery 中元素内容操作的方法，具体如表 9-7 所示。

表 9-7　jQuery 中元素内容操作的方法

方法	说明
html()	获取第 1 个匹配元素的 HTML 内容
html(htmlString)	设置所有匹配元素的 HTML 内容为 htmlString
text()	获取所有匹配元素包含的文本内容组合起来的文本

续表

方法	说明
text(text)	设置所有匹配元素的文本内容为 text
val()	获取表单元素的 value 值
val(value)	设置表单元素的 value 值

当需要获取内容的元素是 select 时，val()方法的返回结果是一个包含所选值的数组；当需要为表单元素设置选中情况时，可以为 val()方法传递数组参数。

为了让读者更好地掌握 jQuery 中元素内容操作的方法的使用，下面通过代码进行演示。

```
1  <body>
2    <div>
3      <span>div 标签下的 span 标签</span>
4    </div>
5    <input type="text" value="请输入内容">
6    <script>
7      // 获取元素的内容
8      console.log($('div').html()); // 输出结果为:<span>div 标签下的 span 标签</span>
9      console.log($('div').text());      // 输出结果为: div 标签下的 span 标签
10     console.log($('input').val());     // 输出结果为: 请输入内容
11     $('div').html('<span>内容</span> div 标签的内容');
12     $('span').text('span 标签的内容');
13     $('input').val('123456');
14   </script>
15  </body>
```

在上述示例代码中，第 8～10 行代码用于获取元素的内容，其中，第 8 行代码使用 html()方法获取 div 元素的 HTML 内容，第 9 行代码使用 text()方法获取 div 元素的文本内容，第 10 行代码使用 val()方法获取表单元素的 value 值。

第 11～13 行代码用于设置元素的内容，其中，第 11 行代码使用 html()方法设置 div 元素的 HTML 内容，第 12 行代码使用 text()方法设置 span 元素的文本内容，第 13 行代码使用 val()方法设置 input 元素的 value 值。

上述示例代码运行后，使用 html()方法获取的元素内容含有 HTML 标签，而使用 text()方法获取的元素内容不包含 HTML 标签。

9.4　jQuery 样式操作

在实际开发中，经常需要通过设置元素样式来美化页面，为用户提供更好的视觉体验。本节将讲解 jQuery 样式操作。

9.4.1　css()方法操作元素的样式

使用 jQuery 提供的 css()方法可以获取元素的样式和设置元素的样式。css()方法的具体用法和说明如表 9-8 所示。

表 9-8　css()方法的具体用法和说明

用法	说明
css(propertyName)	获取第一个匹配元素的样式
css(propertyName,value)	为所有匹配的元素设置样式
css(properties)	将一个键值对形式的对象 properties 设置为所有匹配元素的样式

表 9-8 中，参数 propertyName 是一个字符串，表示样式属性名；value 表示样式属性值；properties 表示样式对象，如{ color: 'red' }。需要注意的是，当 css()方法接收对象作为参数时，如果属性名由两个单词组成，需要将 CSS 属性名中的"-"去掉，并将第 2 个单词首字母大写，例如，设置元素的 background-color 样式属性时，需要将属性名修改为 backgroundColor。

下面通过代码演示如何使用 css()方法操作元素的样式。首先定义一个<div>标签，并设置其宽度为 100px，高度为 100px，背景颜色为 blue，然后使用 css()方法将<div>标签的宽度设置为 200px，高度设置为 200px，背景颜色设置为 pink，示例代码如下。

```
1  <head>
2    <script src="jquery-3.6.4.min.js"></script>
3    <style>
4      div { width: 100px; height: 100px; background-color: blue; }
5    </style>
6  </head>
7  <body>
8    <div></div>
9    <script>
10     // 获取 div 元素的宽度
11     console.log($('div').css('width'));
12     // 设置 div 元素的宽度为 200px
13     $('div').css('width', '200px');
14     // 设置 div 元素的高度为 200px，背景颜色为 pink
15     $('div').css({ height: '200px', backgroundColor: 'pink' });
16   </script>
17  </body>
```

在上述示例代码中，第 4 行代码用于设置 div 元素的初始样式；第 11 行代码用于获取 div 元素的宽度并将其输出到控制台；第 13 行代码用于设置 div 元素的宽度为 200px；第 15 行代码用于设置 div 元素的高度为 200px，背景颜色为 pink。

运行上述示例代码后，页面会显示一个粉红色的矩形，控制台会输出"100px"，说明使用 css()方法可以成功获取并设置元素的样式。

9.4.2　操作元素样式类

在网页开发中不仅可以使用类操作元素的样式，即定义 class，还可以通过 jQuery 操作元素样式类。下面列举操作元素样式类的方法，具体如表 9-9 所示。

表 9-9　操作元素样式类的方法

方法	说明
addClass(className)	为每个匹配的元素追加指定类名的样式
removeClass(className)	从所有匹配的元素中删除全部或者指定的类
toggleClass(className)	判断指定类是否存在，存在则删除，不存在则添加

为了让读者更好地掌握如何操作元素的样式，下面通过代码进行演示。首先定义 1 个 <div> 标签和 3 个类，这 3 个类分别为 first、second 和 third，再使用 addClass() 方法为 <div> 标签添加 first 类和 second 类，然后使用 removeClass() 方法删除 <div> 标签中的 first 类，最后使用 toggleClass() 方法判断 <div> 标签中是否存在 third 类，若存在则删除该类，否则添加该类，示例代码如下。

```
1  <head>
2   <script src="jquery-3.6.4.min.js"></script>
3   <style>
4    .first { background-color: black; }
5    .second { width: 200px; height: 100px; border: 2px solid red; }
6    .third { position: absolute; left: 50px; }
7   </style>
8  </head>
9  <body>
10   <div></div>
11   <script>
12    // 添加 first 类和 second 类
13    $('div').addClass('first second');
14    // 删除 first 类
15    $('div').removeClass('first');
16    // 判断 third 类是否存在
17    $('div').toggleClass('third');
18   </script>
19  </body>
```

在上述示例代码中，第 4～6 行代码用于定义 first 类、second 类和 third 类；第 10 行代码用于定义 <div> 标签；第 13 行代码用于为 div 元素添加 first 类和 second 类；第 15 行代码用于删除 div 元素中的 first 类；第 17 行代码用于判断 div 元素中是否存在 third 类。

上述示例代码运行后，操作元素样式的运行结果如图 9-5 所示。

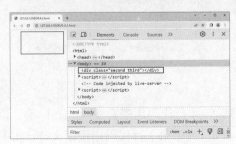

图9-5　操作元素样式的运行结果

图 9-5 所示页面中，左侧显示了一个矩形，右侧方框中的 <div> 标签存在 second 类和 third 类，说明成功为 <div> 标签设置了样式类。

在 Web 前端开发中，页面的样式设计是非常重要的一部分，开发人员通过巧妙的样式操作，可以使网页的色彩搭配和排版更具有艺术性和吸引力。在日常生活中，我们可以通过学习基本的美术知识、观看画展等方式来培养并提高审美意识，从而提高自身对艺术的认识和理解，并能够将其灵活应用到页面样式的设计中。

9.5 jQuery 属性操作

在网页开发中，使用 jQuery 属性操作可以动态地更新页面内容，例如，通过修改某个元素的属性，可以控制该元素的可见性或改变元素的大小、形状、颜色等属性。jQuery 中提供了一些属性操作的方法，如 prop()方法、attr()方法、data()方法，通过这些方法可以实现不同的属性操作。本节将详细讲解 jQuery 属性操作。

9.5.1 prop()方法

prop()方法用于获取或设置元素的属性值，该方法的语法格式如下。

```
$(selector).prop(propertyName, value)
```

上述语法格式中，selector 表示选择器，propertyName 表示属性名，value 表示属性值。如果只传递 propertyName 参数，则表示获取对应元素的属性值；如果传递了 value 参数，则表示设置对应元素的属性值。

为了让读者更好地掌握 prop()方法的使用，下面通过代码进行演示。

```
1  <body>
2    <a href="http://localhost" title="与时俱进"></a>
3    <script>
4      console.log($('a').prop('href'));    // 输出结果为: http://localhost/
5      $('a').prop('title', '实事求是');
6    </script>
7  </body>
```

在上述示例代码中，第 4 行代码用于获取<a>标签的 href 属性并输出到控制台；第 5 行代码用于设置<a>标签的 title 属性值为"实事求是"。

下面演示如何使用 prop()方法获取表单元素的 checked 属性值。

```
1  <body>
2    <label for="myCheckbox">选择:
3      <input type="checkbox" id="myCheckbox" checked>
4    </label>
5    <script>
6      var isChecked = $('#myCheckbox').prop('checked');
7      console.log(isChecked);
8    </script>
9  </body>
```

在上述示例代码中，第 2~4 行代码用于定义<label>标签，该标签中的 for 属性指定了该标签绑定的表单元素的 id 值，其中第 3 行代码用于定义<input>标签，并设置该标签的 type 值为 checkbox，表示将<input>标签的类型设置为复选框；第 6 行代码使用 prop()方法获取了 id 为 myCheckbox 的复选框元素的 checked 属性值，并将其赋值给变量 isChecked；第 7 行代码用于在控制台输出结果。

上述示例代码运行后，页面会有一个被选中的复选框，控制台的输出结果为"true"，说明使用 prop() 方法成功获取到复选框元素的 checked 属性值。

9.5.2　attr()方法

attr()方法用于获取或设置标签的属性值。例如，给 div 元素添加 index 属性，保存元素的索引。attr()方法的语法格式如下。

```
$(selector).attr(propertyName, value)
```

上述语法格式中，selector 表示选择器，propertyName 表示属性名，value 表示属性值。如果只传递 propertyName 参数，则表示获取对应标签的属性值；如果传递了 value 参数，表示设置对应标签的属性值。

如果只传递 propertyName 参数，则表示获取对应元素的属性值。

为了让读者更好地掌握 attr()方法的使用，下面通过代码进行演示。

```
1  <body>
2    <div index="1" data-index="2">div 元素</div>
3    <script>
4      console.log($('div').attr('index'));          // 输出结果为：1
5      console.log($('div').attr('data-index'));      // 输出结果为：2
6      $('div').attr('index', 3);                     // 设置 index 的属性值为3
7      $('div').attr('data-index', 4);                // 设置 data-index 的属性值为4
8    </script>
9  </body>
```

在上述示例代码中，第 2 行代码用于定义一个 div 元素，其中 index 是自定义属性，data-index 是 HTML5 的自定义属性；第 4~5 行代码使用 attr()方法获取 div 元素的 index 属性和 data-index 属性；第 6~7 行代码使用 attr()方法设置 div 元素的 index 属性值为 3，设置 div 元素的 data-index 属性值为 4。

9.5.3　data()方法

data()方法用于在指定的元素上获取或设置数据，该方法的语法格式如下。

```
$(selector).data(name, value)
```

上述语法格式中，selector 表示选择器，name 表示数据名，value 表示数据值。如果只传递 name 参数，则表示获取对应元素上的数据；如果传递了 value 参数，则表示设置对应元素上的数据。

为了让读者更好地掌握 data()方法的使用，下面通过代码进行演示。

```
1  <body>
2    <div>div 元素</div>
3    <script>
4      $('div').data('username', '小智');             // 设置数据
5      console.log($('div').data('username'));        // 获取数据，输出结果为：小智
6    </script>
7  </body>
```

在上述示例代码中，第 4 行代码使用 data()方法为 div 元素设置数据，当运行代码后，username 会保存到内存中，但是不会出现在 HTML 结构中；第 5 行代码使用 data()方法获取 div 元素中的数据。

data()方法不仅可以在指定的元素上获取或设置数据，而且可以读取 HTML5 的自定义属性 data-index，示例代码如下。

```
1  <body>
2    <div index="1" data-index="2">div 元素</div>
3    <script>
4      console.log($('div').data('index'));        // 输出结果为：2
5    </script>
6  </body>
```

上述示例代码中，第 4 行代码使用 data()方法获取 data-index 属性，在获取时属性名不需要"data-"前缀，返回结果是数字型数据。

本章小结

本章主要对 jQuery 的上半部分内容进行讲解，首先讲解了什么是 jQuery、下载和引入 jQuery、jQuery 的简单使用和 jQuery 对象，然后讲解了 jQuery 选择器，包括基本选择器、层次选择器、筛选选择器和其他选择器，最后讲解了 jQuery 内容操作、样式操作和属性操作。通过本章的学习，读者应能够运用 jQuery 开发常见的网页交互功能。

课后习题

一、填空题

1. 使用 jQuery 提供的＿＿＿＿选择器可以匹配所有元素。
2. jQuery 中的＿＿＿＿方法可以获取或设置元素的自定义属性。
3. jQuery 中的＿＿＿＿方法可以获取第 1 个匹配元素的 HTML 内容。
4. jQuery 中的＿＿＿＿方法可以获取或设置表单元素的 value 值。

二、判断题

1. 引入 jQuery 后在全局作用域下会新增$和 jQuery 两个全局变量。（　　　）
2. 使用 id 选择器获取指定 id 的元素，语法表示为$ ('.id')。（　　　）
3. jQuery 的语法简洁易懂，文档丰富。（　　　）
4. jQuery 可以包装一个或多个 DOM 对象。（　　　）

三、单选题

1. 下列选项中，通过标签名获取元素的是（　　　）。
A. $ ('#id')　　　　　　B. $ ('.class')　　　　C. $ ('div')　　　　D. $ ('*')

2. 下列选项中，关于 prop()方法的描述正确的是（　　　）。
A. 可以获取元素的内容　　　　　　　　　B. 可以获取元素的宽度
C. 可以获取元素固有属性　　　　　　　　D. 可以获取自定义属性

3. 下列选项中，属于 jQuery 中获取标签属性值的方法是（　　　）。
A. val()　　　　　　　　B. attr()　　　　　　C. html()　　　　　D. text()

4. 下列选项中，用于操作元素样式类的方法是（　　　）。
A. toggleClass()　　　　B. attr()　　　　　　C. val()　　　　　D. text()

四、简答题

1.　请列举 jQuery 中常用的基本选择器。

2.　请简述 jQuery 的特点。

五、编程题

请使用 jQuery 的语法设置页面中 div 元素的宽度为 100px，高度为 100px。

第 10 章

jQuery（下）

学习目标

★ 掌握 jQuery 元素操作，能够实现元素的遍历、查找、过滤、追加、复制、替换和删除操作

★ 掌握 jQuery 尺寸和位置操作，能够灵活应用尺寸和位置操作方法获取或设置元素的尺寸、位置

★ 掌握 jQuery 事件操作，能够根据实际场景完成事件注册、触发、委托等操作

★ 掌握 jQuery 动画，能够根据不同场景使用 jQuery 实现元素的显示、隐藏、滑动、停止、淡入淡出和自定义动画的效果

★ 了解 jQuery 其他方法，能够描述 $.extend()方法和$.ajax()方法的作用

第 9 章讲解了 jQuery 的基本使用，相信读者已经掌握了使用 jQuery 开发常见网页交互功能的技能。在 jQuery 中还提供了元素操作、尺寸和位置操作、事件操作、动画等方法，使用这些方法可以高效地开发更丰富的网页交互功能。本章将对 jQuery（下）进行讲解。

10.1 jQuery 元素操作

jQuery 提供了一系列方法用于元素操作，例如，使用 jQuery 提供的 each()方法可以实现元素的遍历操作；使用 jQuery 提供的 clone()方法可以实现元素的复制操作等。本节将详细讲解 jQuery 元素操作。

10.1.1 元素遍历操作

在 jQuery 中，当需要对多个元素进行相同的操作时，可以使用元素遍历操作，从而减少代码量。jQuery 提供了 each()方法用于快速实现元素遍历操作，each()方法的语法格式如下。

```
$(selector).each(function (index, domEle)) {
  // 具体操作
});
```
在上述语法格式中，selector 表示选择器，each()方法的参数是一个函数，该函数用于遍

历匹配的元素集合中的每个元素，函数的 index 参数表示元素的索引，domEle 参数表示 DOM
元素对象。

为了让读者更好地掌握元素遍历操作，下面通过代码进行演示。

```
1  <body>
2    <ul>
3      <li>第 1 个 li 元素</li>
4      <li>第 2 个 li 元素</li>
5      <li>第 3 个 li 元素</li>
6    </ul>
7    <script>
8      $('li').each(function (index, domEle) {
9        console.log('第' + (index + 1) + '个 li 元素：');
10       console.log(domEle);
11     });
12   </script>
13 </body>
```

在上述示例代码中，第 3～5 行代码用于定义 3 个 li 元素；第 8～11 行代码用于实现 li
元素的遍历，并在控制台输出结果。

运行上述示例代码后，元素遍历操作的运行结果如图 10-1 所示。

图 10-1　元素遍历操作的运行结果

由图 10-1 可知，在控制台输出了 3 个 li 元素，说明通过 jQuery 的 each() 方法实现了元
素遍历操作。

多学一招：$.each() 方法

$.each() 方法可以遍历任何对象，包括数组。$.each() 方法的语法格式如下。

```
$.each(collection, function (index, element) {
  // 具体操作
});
```

上述语法格式中，collection 表示被遍历的对象，index 表示数组元素索引或对象成员
名，element 表示数组元素值或对象成员值。

下面通过代码演示如何使用 $.each() 方法遍历数组和对象。

```
1  <script>
2    // 遍历数组
3    var arr = ['小明', '小智', '小强'];
4    $.each(arr, function(index, element) {
```

```
 5        console.log(index);          // 输出数组中每个元素的索引
 6        console.log(element);        // 输出数组中每个元素的值
 7    });
 8    // 遍历对象
 9    var obj = { name: '小明', age: 20 };
10    $.each(obj, function(index, element) {
11        console.log(index);          // 输出对象中成员的名称
12        console.log(element);        // 输出对象中成员的值
13    });
14 </script>
```

在上述示例代码中，第 3 行代码用于创建一个数组长度为 3 的 arr 数组；第 4～7 行代码使用$.each()方法遍历 arr 数组，并将 arr 数组中的元素索引和元素值输出到控制台；第 9 行代码用于创建一个 obj 对象；第 10～13 代码使用$.each()方法遍历 obj 对象，并将 obj 对象中的成员名称和成员值输出到控制台。

运行上述示例代码后，遍历数组和对象的运行结果如图 10-2 所示。

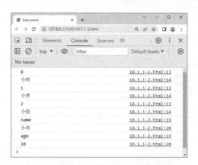

图10-2　遍历数组和对象的运行结果

由图 10-2 可知，控制台分别输出了 arr 数组中的元素索引和元素值以及 obj 对象中的成员名称和成员值，说明使用$.each()方法可以遍历数组和对象。

10.1.2　元素查找和过滤操作

在 9.2 节的学习中，已经了解了如何使用 jQuery 的选择器获取满足某个条件的元素，jQuery 还提供了一些查找和过滤元素的方法，用于快速获取元素。

下面列举 jQuery 中常用的元素查找方法和过滤方法，具体如表 10-1 所示。

表 10-1　jQuery 中常用的元素查找方法和过滤方法

分类	方法	说明
查找元素	find(selector|ele)	获取当前匹配元素集中每个元素的后代元素，通过选择器 selector 或元素 ele 过滤
	parents([selector])	获取当前匹配元素集中每个元素的祖先元素（不包含根元素）
	parent([selector])	获取当前匹配元素集中每个元素的父元素
	siblings([selector])	获取当前匹配元素集中每个元素的兄弟元素（不分前后）
	next([selector])	获取当前匹配元素集中每个元素紧邻的后一个兄弟元素
	prev([selector])	获取当前匹配元素集中每个元素紧邻的前一个兄弟元素

续表

分类	方法	说明
过滤元素	eq(index)	获取索引 index 对应的元素
	filter(selector|obj|ele|fn)	使用选择器 selector、对象 obj、元素 ele 或函数 fn 完成指定元素的筛选
	hasClass(class)	检查当前的元素是否含有某个特定的类，如果有，则返回 true，否则返回 false
	is(selector|obj|ele|fn)	根据选择器 selector、对象 obj、元素 ele 或函数 fn 检查当前匹配的一组元素，如果这些元素中至少有一个与给定的参数匹配，则返回 true
	has(selector|ele)	保留包含特定后代元素的元素，去掉不含有特定后代元素的元素

为了让读者更好地掌握元素查找和过滤操作，下面以 find() 方法、parent() 方法和 hasClass() 方法为例进行演示。首先定义 1 个 `<div>` 标签作为父元素，然后定义 3 个 `<div>` 标签作为父元素的子元素，示例代码如下。

```
1  <body>
2    <div class="father">
3      <div class="son1">子元素 1</div>
4      <div class="son2">子元素 2</div>
5      <div class="son3 remove">子元素 3</div>
6    </div>
7    <script>
8      $('div').find('.son1').css('font-weight', '600');
9      $('.son2').parent().css('background-color', 'grey');
10     console.log($('.son3').hasClass('remove'));
11   </script>
12  </body>
```

在上述示例代码中，第 8 行代码首先获取 div 元素的 class 值为 son1 的后代元素，然后设置该元素的 font-weight 样式属性值为 600；第 9 行代码获取 class 值为 son2 的元素的父元素，给父元素设置 background-color 样式属性值为 grey；第 10 行代码首先获取 class 值为 son3 的元素，然后判断该元素是否含有 remove 类。

运行上述示例代码后，元素查找和元素过滤操作的运行结果如图 10-3 所示。

图10-3　元素查找和元素过滤操作的运行结果

由图 10-3 可知，页面中"子元素 1""子元素 2""子元素 3"的背景颜色为灰色，其中，"子元素 1"的字体加粗显示，说明使用 find() 方法和 parent() 方法成功获取了元素。在控制台输出 true，说明使用 hasClass() 方法成功判断了元素中存在 remove 类。

10.1.3 【案例】精品展示

在电商网站的首页设计中，通常会有精品展示的功能，该功能用于推送热卖的商品，并支持快速切换商品。本案例将通过 jQuery 实现精品展示的功能，要求鼠标指针经过左侧菜单时，在右侧的图片区域显示对应的商品图。

读者可以扫描二维码查看实现精品展示功能的具体代码。

10.1.4　元素追加操作

在网页开发中，当需要根据用户行为动态地添加页面内容时，可以使用元素追加操作。例如，用户单击某个按钮时，页面会展示新的图片或打开新的菜单列表。

元素追加是指在现有的元素中进行子元素或兄弟元素的添加。jQuery 提供了元素追加方法，可以帮助开发者快速更新页面内容、改善用户体验、增强页面交互性。

下面列举 jQuery 中常用的元素追加方法，具体如表 10-2 所示。

表 10-2　jQuery 中常用的元素追加方法

分类	方法	说明
追加子元素	append(content|fn)	将参数指定的内容插入匹配元素集中每个元素内部的末尾
	prepend(content|fn)	将参数指定的内容插入匹配元素集中每个元素内部的开头
	appendTo(target)	将匹配元素集中的每个元素插入目标元素内部的末尾
	prependTo(target)	将匹配元素集中的每个元素插入目标元素内部的开头
追加兄弟元素	after(content|fn)	在匹配元素集中的每个元素之后插入由参数指定的内容
	before(content|fn)	在匹配元素集中的每个元素之前插入由参数指定的内容
	insertAfter(target)	在目标元素之后插入匹配元素集中的每个元素
	insertBefore(target)	在目标元素之前插入匹配元素集中的每个元素

表 10-2 中，参数 content 表示内容，可以是 DOM 元素、文本节点、元素集合、HTML 字符串或 jQuery 对象；参数 fn 是回调函数，该函数的返回值表示内容；参数 target 表示目标元素，可以是选择器、HTML 字符串、DOM 元素、元素集合或 jQuery 对象。

为了让读者更好地掌握元素追加操作，下面以 append() 方法和 after() 方法为例进行演示。创建一个无序列表，实现元素的追加，示例代码如下。

```
1  <body>
2    <ul>
3      <li>勤能补拙</li>
4      <li>孜孜不倦</li>
5    </ul>
6    <script>
7      // 将 li 元素追加到 ul 元素中
8      $('ul').append('<li>自强不息</li>');
9      // 追加 ul 元素的兄弟元素 ul
10     $('ul').after('<ul><li> 兢兢业业 </li><li> 勇往直前 </li><li> 坚定不移 </li></ul>');
11   </script>
12  </body>
```

在上述示例代码中，第 2～5 行代码用于定义无序列表的结构；第 8 行代码用于将 li 元素追加到 ul 元素的内部；第 10 行代码用于追加 ul 元素的兄弟元素。

运行上述示例代码后，元素追加操作的运行结果如图 10-4 所示。

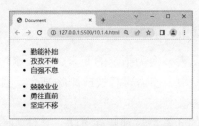

图10-4　元素追加操作的运行结果

由图 10-4 可知，页面中的第 1 个无序列表中多了一项"自强不息"，说明使用 append()
方法成功将 li 元素追加到 ul 元素中；页面中显示了第 2 个无序列表，说明使用 after()方法
成功追加了 ul 元素的兄弟元素。

10.1.5　元素复制操作

在实际开发中，当使用元素追加操作将匹配元素插入目标元素的末尾或者开头时，通
常会移动匹配元素的位置。若要实现在不移动元素位置的情况下将匹配元素插入目标元素
中，可以使用元素复制操作。

在 jQuery 中，使用 clone()方法可以实现元素复制操作，该方法的语法格式如下。

```
element.clone([Events][, deepEvents])
```

上述语法格式中，参数 Events 表示是否复制元素的事件驱动程序和数据，默认为 false；
参数 deepEvents 表示是否深层复制，默认为 false。

为了让读者更好地掌握元素复制操作，下面通过代码进行演示。

```
1  <body>
2    <div>
3      <p class="first">p 标签</p>
4      <div class="second">div 标签</div>
5    </div>
6    <script>
7      $('.first').clone().appendTo('.second');
8    </script>
9  </body>
```

在上述示例代码中，第 2～5 行代码用于实现页面结构；第 7 行代码用于获取 class 为
first 的元素，并将该元素复制后追加到 class 为 second 的元素末尾。

运行上述示例代码后，元素复制操作的运行结果如图 10-5 所示。

图10-5　元素复制操作的运行结果

由图 10-5 可知，子元素 p 成功被复制并追加到子元素 div 末尾，说明使用 clone()方法
实现了元素复制操作。

10.1.6　元素替换和删除操作

元素替换是指将选中的元素替换为指定的元素，元素删除是指将选中的元素或某个元素的子元素删除。在实际开发中，当需要替换或删除某个元素时，可以使用 jQuery 提供的元素替换方法或元素删除方法。

下面列举 jQuery 中常用的元素替换和删除方法，具体如表 10-3 所示。

表 10-3　jQuery 中常用的元素替换和删除方法

分类	方法	说明
元素替换	replaceWith(newContent)	将所有匹配的元素替换成新内容，参数 newContent 表示新内容，可以是 HTML 字符串、DOM 元素、元素数组或 jQuery 对象
	replaceAll(selector)	用匹配的元素替换掉所有 selector 匹配到的元素
元素删除	empty()	删除元素下的子元素，但不删除元素本身
	remove([selector])	删除元素下的子元素和元素本身，可选参数 selector 用于筛选元素

为了让读者更好地掌握元素替换和删除操作，下面通过代码进行演示。

```
1  <body>
2    <div id="first">
3      <p>标题一：实事求是</p>
4    </div>
5    <div id="second">
6      <p>标题二：与时俱进</p>
7    </div>
8    <div id="third">
9      <p>标题三：求真务实</p>
10   </div>
11   <script>
12     // 元素替换操作
13     $('#first').replaceWith('<b>标题一：实事求是</b>');
14     // 元素删除操作
15     $('#second').empty();
16     $('#third').remove();
17   </script>
18 </body>
```

在上述示例代码中，第 2～10 行代码用于实现页面的结构；第 13 行代码使用 replaceWith()方法将 id 为 first 的 div 元素的内容替换为指定内容；第 15 行代码使用 empty() 方法删除 id 为 second 的 div 元素的子元素；第 16 行代码使用 remove()方法删除 id 为 third 的 div 元素及其子元素。

运行上述示例代码后，元素替换和删除操作的运行结果如图 10-6 所示。

图 10-6 所示的页面中显示了加粗的"标题一：实事求是"，说明成功替换了 id 为 first 的 div 元素的内容；在"Elements"面板中显示的页面结构只有一个 id 为 second 的 div 元素，说明实现了元素的删除。

在进行元素的替换和删除操作时，应保持谨慎、负责的态度，确保操作的必要性和合理性，提高防范风险的意识。在实际工作中亦如此，我们在对某些数据或文件进行替换和删除操作前，都应该谨慎考虑可能出现的风险和影响，并采取必要的预防措施，培养责任感和爱岗敬业的职业道德观。

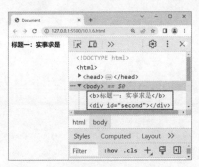

图10-6 元素替换和删除操作的运行结果

10.2 jQuery 尺寸和位置操作

在网页开发中，经常需要对元素的尺寸和位置进行操作，例如，根据用户输入的内容动态调整输入框的高度，或者根据浏览器窗口大小响应式调整页面布局等。此时，可以使用 jQuery 提供的尺寸操作方法和位置操作方法。本节将详细讲解 jQuery 尺寸和位置操作。

10.2.1 尺寸操作方法

jQuery 提供的尺寸操作方法用于获取或设置元素的高度和宽度，下面列举 jQuery 中常用的尺寸操作方法，具体如表 10-4 所示。

表 10-4 jQuery 中常用的尺寸操作方法

方法	说明
width()	获取第一个匹配元素的当前宽度，返回数字型结果
width(value)	为所有匹配的元素设置宽度，value 可以是字符串或数字
height()	获取第一个匹配元素的当前高度，返回数字型结果
height(value)	为所有匹配的元素设置高度，value 可以是字符串或数字
outerWidth([includeMargin])	匹配获取元素集中第一个元素当前计算的外部宽度，includeMargin 表示是否包括边距，默认为 false，表示不包括
outerWidth(value[, includeMargin])	为所有匹配的元素设置高度为 value

为了让读者更好地掌握 jQuery 中常用的尺寸操作方法，下面通过代码进行演示。

```
1  <head>
2    <style>
3     div {
4       width: 50px;
5       height: 50px;
6       border: 1px solid black;
7       position: absolute;
8       left: 20px;
9       top: 20px;
10    }
11  </style>
```

```
12 </head>
13 <body>
14   <div></div>
15   <script>
16     // 获取元素的尺寸
17     console.log($('div').width());
18     console.log($('div').height());
19     console.log($('div').outerWidth());
20     // 设置元素的尺寸
21     $('div').width(100);
22     $('div').height(100);
23   </script>
24 </body>
```

在上述示例代码中，第 2~11 行代码用于设置 div 元素的初始样式；第 17~19 行代码用于获取 div 元素的宽度、高度和外部宽度；第 21、22 行代码用于设置 div 元素的宽度为 100px，高度为 100px。

运行上述示例代码后，尺寸操作的运行结果如图 10-7 所示。

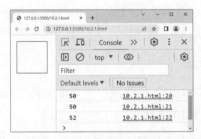

图10-7　尺寸操作的运行结果

由图 10-7 可知，控制台输出了 div 元素的初始宽度、高度和外部宽度，说明成功获取了元素的尺寸；页面中显示了设置宽度、高度后的 div 元素，说明成功设置了元素的尺寸。

10.2.2　位置操作方法

jQuery 提供的位置操作方法用于获取或设置元素的位置，下面列举 jQuery 中常用的位置操作方法，具体如表 10-5 所示。

表 10-5　jQuery 中常用的位置操作方法

方法	说明
offset()	获取元素的位置，返回的是一个对象，包含 left 属性和 top 属性
offset(coordinates)	使用对象 coordinates 设置元素的位置，必须包含 left 属性和 top 属性
scrollTop()和 scrollLeft()	获取匹配元素相对滚动条顶部和左部的位置
scrollTop(value)和 scrollLeft(value)	设置匹配元素相对滚动条顶部和左部的位置

为了让读者更好地掌握 jQuery 中常用的位置操作方法，下面以 scrollTop()方法和 scrollLeft()方法为例，演示如何获取和设置元素相对滚动条顶部和左部的位置。

```
1 <head>
2   <style>
3     .container {
```

```
4        width: 80px;
5        height: 80px;
6        background-color: pink;
7        overflow: scroll;
8      }
9      .son {
10       width: 200px;
11       height: 200px;
12     }
13   </style>
14 </head>
15 <body>
16   <div class="container">
17     <div class="son"></div>
18   </div>
19   <button>获取</button>
20   <script>
21     $('button').click(function () {
22       // 获取元素相对滚动条左部的位置
23       console.log($('.container').scrollLeft());
24       // 获取元素相对滚动条顶部的位置
25       console.log($('.container').scrollTop());
26     });
27     // 设置元素相对滚动条左部的位置
28     $('.container').scrollLeft(80);
29     // 设置元素相对滚动条顶部的位置
30     $('.container').scrollTop(100);
31   </script>
32 </body>
```

在上述示例代码中，第 2～13 行代码用于设置页面样式；第 16～18 行代码用于定义两个 div 元素；第 19 行代码用于定义一个按钮；第 21～26 行代码用于获取 button 元素并为该元素注册单击事件，其中，第 23 行代码用于获取元素相对滚动条左部的位置，第 25 行代码用于获取元素相对滚动条顶部的位置；第 28 行代码用于设置元素相对滚动条左部 80px 的位置；第 30 行代码用于设置元素相对滚动条顶部 100px 的位置。

运行上述示例代码后，页面会显示一个粉色的盒子和一个"获取"按钮，单击"获取"按钮后，位置操作的运行结果如图 10-8 所示。

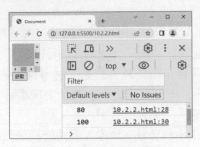

图10-8　位置操作的运行结果

由图 10-8 可知，控制台输出了"80""100"，说明成功获取和设置了元素相对滚动条顶部和左部的位置。

10.3　jQuery 事件操作

jQuery 提供了一些事件操作的方法，简化了事件的操作。在网页开发的过程中，通过直接调用相关事件的操作方法可以实现事件的处理，如页面加载事件、事件注册、事件触发等。本节将详细讲解 jQuery 事件操作。

10.3.1　页面加载事件

页面加载事件用于实现页面的初始化。在使用 jQuery 操作 DOM 元素时，为了确保 jQuery 代码能够生效，需要将 jQuery 代码写在 DOM 元素后面，否则代码不会生效。如果想要将 jQuery 代码写在 DOM 元素前面，就需要使用页面加载事件来实现。

在 jQuery 中，页面加载事件的语法格式有 3 种，具体如下。

```
$(document).ready(function () {})        // 语法格式 1
$().ready(function () {})                // 语法格式 2
$(function () {})                        // 语法格式 3
```

在上述语法格式中，ready() 方法用于监听页面加载事件。在页面 DOM 元素加载完成后，将需要运行的代码写到 function() 函数中，并传递给 jQuery，由 jQuery 在合适的时机运行。

为了让读者更好地掌握页面加载事件，下面通过代码进行演示。

```
1  <body>
2    <script>
3      $(function () {
4        $('div').css('background', 'pink')
5      });
6    </script>
7    <div>页面加载事件</div>
8  </body>
```

上述示例代码中，由于在第 7 行代码中定义了 <div> 标签，jQuery 代码写在了 <div> 标签之前，所以第 3~5 行代码使用页面加载事件，在事件处理函数中将 div 元素的背景颜色设置为粉色。

运行上述代码后，页面会显示"页面加载事件"，并且背景颜色为粉色，说明当 jQuery 代码写在 <div> 标签前面时，通过页面加载事件可以实现元素的相关操作。

10.3.2　事件注册

在第 6 章学习 DOM 的相关知识时，讲解了如何通过标签的属性进行事件注册，以及如何在 JavaScript 代码中获取元素后使用"元素对象.事件属性"完成事件的注册。在 jQuery 中，实现事件注册的方式有两种，第 1 种方式是通过事件方法实现事件注册，第 2 种方式是通过 on() 方法实现事件注册，下面分别讲解这两种实现事件注册的方式。

1. 通过事件方法实现注册

在 jQuery 中通过调用某个事件方法，并传入事件处理函数就可以实现事件注册。jQuery 的事件处理方法和 DOM 中的事件属性相比，省略了开头的"on"，例如，jQuery 中的 click() 方法对应 DOM 中的 onclick 事件属性。jQuery 中的事件方法允许多次调用，从而可以为一个事件注册多个事件处理函数。

下面列举 jQuery 中常用的事件方法，具体如表 10-6 所示。

表 10-6　jQuery 中常用的事件方法

分类	方法	说明
表单事件	blur([eventData][, handler])	当元素失去焦点时触发
	focus([eventData][, handler])	当元素获得焦点时触发
	change([eventData][, handler])	当元素的值发生改变时触发
	focusin([eventData][, handler])	在父元素上检测子元素获取焦点的情况
	focusout([eventData][, handler])	在父元素上检测子元素失去焦点的情况
	select([eventData][, handler])	当文本框（包括<input>和<textarea>）中的文本被选中时触发
	submit([eventData][, handler])	当表单提交时触发
键盘事件	keydown([eventData][, handler])	按键盘按键时触发
	keypress([eventData][, handler])	按键盘按键（"Shift""Fn""Caps Lock"等非字符键除外）时触发
	keyup([eventData][, handler])	键盘按键弹起时触发
鼠标事件	mouseover([eventData][, handler])	当鼠标指针移入元素或其子元素时触发
	mouseout([eventData][, handler])	当鼠标指针移出元素或其子元素时触发
	mouseenter([eventData][, handler])	当鼠标指针移入元素时触发
	mouseleave([eventData][, handler])	当鼠标指针移出元素时触发
	click([eventData][, handler])	当单击元素时触发
	dblclick([eventData][, handler])	当双击元素时触发
	mousedown([eventData][, handler])	当鼠标指针移动到元素上方，并按鼠标按键时触发
	mouseup([eventData][, handler])	当在元素上放松鼠标按键时会被触发
浏览器事件	scroll([eventData][, handler])	当滚动条发生变化时触发
	resize([eventData][, handler])	当调整浏览器窗口的大小时会被触发

表 10-6 中，参数 eventData 表示为事件处理函数传入数据，可以使用"事件对象.data"获取该数据，参数 handler 表示触发事件时运行的事件处理函数。

为了让读者更好地掌握 jQuery 中常用的事件方法的使用，下面以 click()方法和 mouseenter()方法为例进行演示。

```
1  <body>
2   <div>通过事件方法实现注册</div>
3   <script>
4     $('div').click(function () {
5       $(this).css('background', 'grey');
6     });
7     $('div').mouseenter(function () {
8       $(this).css('background', 'skyblue');
9     });
10  </script>
11 </body>
```

上述示例代码中，第 2 行代码用于定义<div>标签；第 4～6 行代码用于为 div 元素注册单击事件，其中，第 5 行代码用于设置当前元素的背景颜色为灰色，$(this)表示触发事件的元素的 jQuery 对象，this 表示当前 DOM 对象；第 7~9 行代码用于为 div 元素注册鼠标指针移入事件，实现当鼠标指针移入 div 元素时，将背景颜色修改为天蓝色。

运行上述代码后，页面会显示"通过事件方法实现注册"，当鼠标指针移入文字时，背景颜色变为天蓝色；当单击文字时，文字的背景颜色由天蓝色变为灰色，说明通过事件方法已经成功为 div 元素注册单击事件和鼠标指针移入事件。

2. 通过 on()方法实现事件注册

jQuery 提供的 on()方法用于为元素注册一个或多个事件，也可以为不同事件注册相同的事件处理函数。通过 on()方法注册一个事件的语法格式如下。

```
element.on(event, fn)
```

通过 on()方法注册多个事件的语法格式如下。

```
element.on({ event: fn }, { event: fn }, …)
```

通过 on()方法为不同的事件注册相同的事件处理函数的语法格式如下。

```
element.on(events, fn)
```

上述语法格式中，event 表示事件类型，如 click、mouseover 等；fn 表示事件处理函数；events 表示多个事件类型，每个事件类型使用空格分隔。

为了让读者更好地掌握如何使用 on()方法实现事件注册，下面通过代码进行演示，实现鼠标指针移入、单击和鼠标指针移出文字时分别显示天空蓝、粉色和绿色。

```
1  <body>
2    <div>通过 on()方法实现事件注册</div>
3    <script>
4      // 一次注册一个事件
5      $('div').on('click', function () {
6        $(this).css('background', 'grey');
7      });
8      // 一次注册多个事件
9      $('div').on({
10       mouseenter: function () {
11         $(this).css('background', 'skyblue');
12       },
13       click: function () {
14         $(this).css('background', 'pink');
15       },
16       mouseleave: function () {
17         $(this).css('background', 'green');
18       }
19     });
20     // 为不同的事件注册相同的事件处理函数
21     $('div').on('mouseenter mouseleave', function () {
22       $(this).toggleClass('current');
23     });
24   </script>
25 </body>
```

在上述示例代码中，第 5~7 行代码通过 on()方法注册单击事件；第 9~19 行代码通过 on()方法注册鼠标指针移入、单击和鼠标指针移出事件；第 21~23 行代码通过 on()方法同时为 mouseenter、mouseleave 事件注册相同的事件处理函数。

运行上述代码后，页面会显示"通过 on()方法实现事件注册"，当鼠标指针移入文字时，文字的背景颜色为天空蓝；当单击文字时，文字的背景颜色为粉色；当鼠标指针移出文字时，文字的背景颜色为绿色。这说明通过 on() 方法不仅可以注册一个或多个事件处理函数，而且可以为不同事件注册相同的事件处理函数。

■■■ 多学一招：使用 jQuery 的排他操作清除元素样式

在 6.5.4 小节操作元素的综合应用中，讲解了如何使用 JavaScript 排他操作实现高亮显示被单击的按钮，在实际开发中，还可以使用 jQuery 的排他操作清除元素样式。例如，页面中有 3 个按钮，当单击任意一个按钮时，该按钮的背景颜色将显示为粉色，其他两个按钮的背景颜色不显示。若要实现这样的效果，则可以使用 jQuery 的排他操作，示例代码如下。

```
1  <body>
2    <button>按钮 1</button>
3    <button>按钮 2</button>
4    <button>按钮 3</button>
5    <script>
6      $('button').click(function() {
7        $(this).css('background', 'pink');
8        $(this).siblings('button').css('background', '');
9      });
10   </script>
11 </body>
```

上述示例代码中，第 6～9 行代码用于获取按钮元素并绑定单击事件，其中，第 7 行代码用于设置被单击的按钮元素的背景颜色为粉色，第 8 行代码用于清除当前被单击元素的其他兄弟元素的背景颜色。

10.3.3　事件触发

通常在为元素注册事件后，由用户或浏览器触发事件，若希望某个事件在程序中被触发，就需要手动触发这个事件。在 jQuery 中，实现事件触发的方式有 3 种，第 1 种方式是通过事件方法实现事件触发；第 2 种方式是通过 trigger() 方法实现事件触发；第 3 种方式是通过 triggerHandler() 方法实现事件触发。下面分别讲解事件触发的 3 种方式。

1．通过事件方法实现事件触发

在 10.3.2 小节中讲解了通过调用事件方法可以实现事件注册，在 jQuery 中，调用事件方法还可以实现事件触发，两者的区别在于是否传入参数（传入参数表示事件注册，不传入参数则表示事件触发），示例代码如下。

```
1  <body>
2    <div>通过事件方法实现事件触发</div>
3    <script>
4      // 事件注册
5      $('div').click(function () {
6        alert('Hello');
7      });
8      // 事件触发
9      $('div').click();
10   </script>
```

```
11 </body>
```

在上述示例代码中，第5~7行代码用于为div元素注册单击事件；第9行代码调用click()方法触发单击事件。

2. 通过 trigger()方法实现事件触发

使用 trigger()方法可以触发指定事件，示例代码如下。

```
1  <body>
2    <div>通过 trigger()方法实现事件触发</div>
3    <script>
4      // 事件注册
5      $('div').click(function () {
6        alert('Hello');
7      });
8      // 事件触发
9      $('div').trigger('click');
10   </script>
11 </body>
```

在上述示例代码中，第9行代码调用 trigger()方法触发了 div 元素的单击事件。

3. 通过 triggerHandler()方法实现事件触发

通过事件方法和 trigger()方法触发事件时，都会运行元素的默认行为，而通过 triggerHandler()方法触发事件时不会运行元素的默认行为。元素的默认行为是指用户执行某个动作后元素自动产生的行为，例如，文本框获取焦点时有光标闪烁的现象。

下面通过代码演示 triggerHandler()方法的使用。

```
1  <body>
2    <input type="text">
3    <script>
4      // 注册获取焦点事件
5      $('input').focus(function () {
6        $(this).val('123456');
7      });
8      // 触发获取焦点事件
9      $('input').triggerHandler('focus');
10   </script>
11 </body>
```

在上述示例代码中，第5~7行代码用于为 input 元素注册获取焦点事件；第9行代码用于触发获取焦点事件。

运行上述代码后，页面会显示一个文本框，文本框的值为"123456"，并且该值后面没有闪烁的光标，当用户单击文本框后，该值后面才出现闪烁的光标，说明实现了触发获取焦点事件。

10.3.4　事件委托

事件委托是指把原本要给子元素注册的事件委托给父元素，也就是将子元素的事件注册到父元素上。事件委托的优势在于，可以为未来动态创建的元素注册事件，其原理是将事件委托给父元素后，在父元素中动态创建的子元素也会拥有事件。

在 jQuery 中，事件委托通过 on()方法实现，on()方法的语法格式如下。

```
element.on(event, selector, fn)
```

上述语法格式中，event 表示事件类型，selector 表示子元素选择器，fn 表示事件处理函数。

为了让读者更好地掌握如何使用 on()方法实现事件委托，下面通过代码进行演示。

```
1  <body>
2    <div id="father">
3      <p>第 1 个 p 标签</p>
4      <p>第 2 个 p 标签</p>
5    </div>
6    <script>
7      $('#father').on('click', 'p', function () {
8        $(this).css('background-color', 'grey');
9      });
10     // 动态创建 p 标签
11     $('#father').append('<p>新添加的第 3 个 p 标签</p>');
12   </script>
13 </body>
```

在上述示例代码中，第 2~5 行代码用于定义页面结构；第 7~9 行代码用于将子元素 p 的单击事件注册到 id 为 father 的父元素上，当单击 p 元素时，为 p 元素添加背景颜色，$(this)表示当前触发事件的元素；第 11 行代码用于动态创建 p 元素并将其追加到 id 为 father 的父元素末尾。

运行上述代码后，页面中会显示"第 1 个 p 标签""第 2 个 p 标签""新添加的第 3 个 p 标签"，当单击该页面上的任意一个标签时，都会显示灰色的背景颜色，说明实现了将子元素的事件注册到父元素上，并成功为动态创建的元素注册了单击事件。

10.3.5　事件解除

事件解除是指移除元素所注册的事件，在 jQuery 中，事件解除通过 off()方法实现。off()方法的语法格式如下。

```
element.off(event, selector)
```

上述语法格式中。当 off()方法中不传入参数时，表示解除元素上的所有事件；当 off()方法中只传入 event 参数时，表示解除元素上注册的指定事件；当 off()方法中传入 event 参数和 selector 参数时，表示解除元素上的事件委托。

为了让读者更好地掌握如何使用 off()方法实现事件解除，下面通过代码进行演示。

```
1  <body>
2    <div>宝剑锋从磨砺出，梅花香自苦寒来。</div>
3    <script>
4      // 事件注册
5      $('div').on({
6        mouseover: function () {
7          console.log('鼠标指针移入事件');
8        },
9        mouseout: function () {
10         console.log('鼠标指针移出事件');
11       }
12     });
13     // 事件解除
14     $('div').off('mouseout');
15   </script>
16 </body>
```

在上述示例代码中，第 5～12 行代码用于为 div 元素注册鼠标指针移入事件和鼠标指针移出事件；第 14 行代码用于解除 div 元素的鼠标指针移出事件。

运行上述代码后，页面中会显示"宝剑锋从磨砺出，梅花香自苦寒来。"，当鼠标指针移入文字时，控制台会输出"鼠标指针移入事件"，当鼠标指针移出文字时，控制台不会输出"鼠标指针移出事件"，说明鼠标指针移出事件已经成功被解除。

多学一招：one () 方法

one()方法用于注册一次性事件。在网页开发中，若希望元素的某个事件只触发一次，可以使用 one()方法实现。例如，为 div 元素注册一次性单击事件，示例代码如下。

```
<body>
  <div>div 元素</div>
  <script>
    $('div').one('click', function () {
      console.log('为 div 元素注册一次性单击事件');
    });
  </script>
</body>
```

上述示例代码运行后，页面会显示"div 元素"，当连续单击该元素时，控制台只会输出一次"为 div 元素注册一次性单击事件"，说明使用 one()方法实现了为 div 元素注册一次性单击事件。

10.3.6 事件对象

当事件被触发时，就会产生事件对象，在事件处理函数中可以使用参数接收事件对象。除此之外，还可以使用事件对象阻止默认行为和事件冒泡。

下面通过代码演示如何查看事件对象。

```
<body>
  <div>单击事件对象</div>
  <script>
    $('div').click(function (event) {
      console.log(event);
    });
  </script>
</body>
```

上述示例代码使用 click()方法为 div 元素注册了单击事件。当运行上述示例代码后，首先单击页面中的"单击事件对象"，然后查看事件对象的输出结果，如图 10-9 所示。

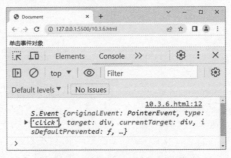

图10-9 查看事件对象的输出结果

由图 10-9 可知，控制台输出了事件的相关信息，如"click"表示事件的类型为单击事件。

为了让读者更好地掌握事件对象的使用，下面通过代码演示如何使用事件对象阻止默认行为和事件冒泡。

```
1  <body>
2   <a href="1.html">请单击</a>
3   <script>
4     $(document).on('click', function () {
5       console.log('单击了 document');
6     });
7     $('a').on('click', function (event) {
8       event.preventDefault();      // 阻止事件默认行为
9       console.log('单击了 a');
10    });
11  </script>
12 </body>
```

当运行上述示例代码后，单击页面中的超链接，控制台会依次输出"单击了 a"和"单击了 document"，说明发生了事件冒泡，由于第 8 行代码阻止了<a>标签的默认行为，所以并没有发生页面跳转。

若要阻止事件冒泡，可以在上述示例代码的第 8 行代码下方添加如下代码。

```
event.stopPropagation();                // 阻止事件冒泡
```

添加上述代码后，再次单击页面中的超链接，会看到控制台只输出了"单击了 a"，说明成功阻止了事件冒泡。

10.3.7　【案例】Tab 栏切换

Tab 是指页面中的标签，Tab 栏切换是一种常见的网页特效，在网页开发中，使用 Tab 栏切换可以提高用户的体验，当用户单击页面中的标签时，会显示当前标签下的内容。

下面将通过一个案例演示 Tab 栏切换的实现，本案例的具体实现思路如下。

① 编写页面结构。使用 div 元素、ul 元素和 li 元素分别定义 Tab 栏列表结构和展示当前标签下的页面结构。

② 编写页面样式。当单击当前标签时，当前标签的背景颜色变为绿色。

③ 通过 jQuery 实现业务逻辑。当单击顶部标签栏中的 li 元素时，当前 li 元素添加 current 类名，其他兄弟元素移除 current 类名，并且同时得到当前 li 元素的索引，让内容区域中相应索引的内容显示，其他内容隐藏。

读者可以扫描二维码查看实现 Tab 栏切换的具体代码。

10.4　jQuery 动画

在网页开发中，使用动画不仅可以使网站的页面效果更加生动有趣，而且可以使网站更具有吸引力，提升用户的体验。jQuery 提供了一系列方法用于实现动画，在开发过程中还可以自定义动画以满足实际需求。本节将讲解 jQuery 动画。

10.4.1   显示和隐藏效果

在某个电商平台的页面开发中，假设需要给用户提供商品筛选的功能，由于页面空间有限，需要当用户单击"展开筛选条件"按钮时，展开筛选条件，用户完成筛选后将筛选条件收起。若要实现这个开发需求，则可以使用 jQuery 中的显示和隐藏效果。jQuery 中控制元素显示和隐藏的方法如表 10-7 所示。

表 10-7   jQuery 中控制元素显示和隐藏的方法

方法	说明
show([duration][, easing][, complete])	显示被隐藏的匹配元素
hide([duration][, easing][, complete])	隐藏已显示的匹配元素
toggle([duration][, easing][, complete])	元素显示和隐藏切换

表 10-7 中，参数 duration 表示动画播放的速度，可设置为动画时长的毫秒值（如 1000），或预定的 3 种速度，分别为 slow、fast 和 normal，分别表示慢、快和正常；参数 easing 表示切换效果，默认值为 swing（开始和结束时速度慢，中间速度快），还可以设置为 linear（匀速）；参数 complete 表示在动画完成时运行的函数。

为了让读者更好地掌握如何实现显示和隐藏效果，下面通过代码演示当用户单击"显示"按钮时，显示一个粉红色的正方形，并弹出"已显示"的警告框；当用户单击"隐藏"按钮时，隐藏粉红色的正方形，并弹出"已隐藏"的警告框；当用户单击"切换"按钮时，会切换显示和隐藏粉红色的正方形。

```
1   <head>
2    <style>
3     div {width: 150px; height: 150px; background-color: pink;}
4    </style>
5   </head>
6   <body>
7    <button>显示</button>
8    <button>隐藏</button>
9    <button>切换</button>
10   <div></div>
11   <script>
12    $('button').eq(0).click(function () {
13      $('div').show(1000, function () {
14        alert('已显示');
15      });
16    });
17    $('button').eq(1).click(function () {
18      $('div').hide(1000, function () {
19        alert('已隐藏');
20      });
21    });
22    $('button').eq(2).click(function () {
23      $('div').toggle(1000);
24    });
25   </script>
```

```
26 </body>
```

在上述示例代码中，第 3 行代码用于设置 div 元素的样式；第 7~9 行代码用于定义 3 个按钮；第 10 行代码用于定义 div 元素；第 12~16 行代码用于获取第 1 个按钮，并为该按钮绑定单击事件，实现单击"显示"按钮时控制 div 元素的显示；第 17~21 行代码用于获取第 2 个按钮，并为该按钮绑定单击事件，实现单击"隐藏"按钮时控制 div 元素的隐藏；第 22~24 行代码用于获取第 3 个按钮，并为该按钮绑定单击事件，实现单击"切换"按钮时控制 div 元素的显示和隐藏。

保存代码，在浏览器中进行测试，显示、隐藏和切换效果如图 10-10 所示。

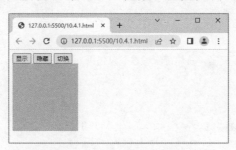

图10-10　显示、隐藏和切换效果

图 10-10 中，显示了一个粉红色的正方形。当单击"显示"按钮时，会弹出一个警告框并提示"已显示"；当单击"隐藏"按钮时，会隐藏粉红色的正方形，同时弹出一个警告框并提示"已隐藏"；当单击"切换"按钮时，可以实现切换粉红色正方形的显示和隐藏效果。

10.4.2　滑动效果

在网页开发中，使用滑动效果可以提升用户体验，例如，在开发垂直导航菜单时，可以通过滑动效果设置当用户单击导航菜单后，子菜单下拉显示，再次单击则收起子菜单。jQuery 中常用 slideDown()方法和 slideUp()方法实现滑动效果，其中，slideDown()方法可以让 HTML 元素或者文本自上而下逐渐显示，而 slideUp()方法则是将 HTML 元素或者文本自下而上逐渐隐藏。

jQuery 中控制元素上滑和下滑的方法和说明，具体如表 10-8 所示。

表 10-8　jQuery 中控制元素上滑和下滑的方法和说明

方法	说明
slideDown([duration][, easing][, complete])	垂直滑动显示匹配元素（自上而下逐渐显示）
slideUp([duration][, easing][, complete])	垂直滑动隐藏匹配元素（自下而上逐渐隐藏）
slideToggle([duration][, easing][, complete])	在 slideDown()和 slideUp()两种方法实现的效果之间切换

7.4 节讲解了下拉菜单的案例，为了让读者更好地掌握如何实现滑动效果，下面在下拉菜单的案例基础上，使用 jQuery 提供的 slideDown()方法和 slideUp()方法进行优化，使下拉菜单具有滑动效果，示例代码如下。

```
1  <head>
2    <style>
3      …（此处省略 CSS 代码，具体可参考本书源代码）
```

```
4    </style>
5   </head>
6   <body>
7    <div>
8    <ul class="nav">
9     <li>
10     <a href="#">家用电器</a>
11     <ul>
12      <li><a href="#">电视</a></li>
13      <li><a href="#">空调</a></li>
14      <li><a href="#">冰箱</a></li>
15     </ul>
16    </li>
17    …（此处省略 3 个 li 元素，具体可参考本书源代码）
18   </ul>
19   </div>
20   <script>
21    $('.nav > li').mouseover(function () {
22      $(this).children('ul').slideDown(200);
23    });
24    $('.nav > li').mouseout(function () {
25      $(this).children('ul').slideUp(200);
26    });
27   </script>
28  </body>
```

在上述示例代码中，第 21~23 行代码用于获取 li 元素并为该元素添加鼠标指针移入事件，其中，第 22 行代码用于实现菜单向下滑动效果；第 24~26 行代码用于获取 li 元素并为该元素添加鼠标指针移出事件，其中，第 25 行代码用于实现菜单向上滑动效果。

上述示例代码运行后，页面会显示一个菜单列表，当鼠标指针移入菜单列表下的任意一个选项时，会出现上滑和下滑的效果。

如果想让鼠标指针经过和离开时都触发动画效果，可以使用 hover()方法，该方法可以实现鼠标指针悬停时显示或隐藏元素，或者改变元素的样式效果。下面将上述示例代码中的第 21~26 行代码替换为如下代码。

```
$('.nav > li').hover(function () {
  $(this).children('ul').slideToggle(200);
});
```

上述代码使用 slideToggle()方法实现切换元素的动画效果。

10.4.3　停止效果

如果在同一个元素上调用了一个以上的动画方法，则该元素除了当前正在运行的动画，其他的动画将被放到一个队列中，这样就形成了动画队列。动画队列中的动画都是按照顺序运行的，默认只有当第 1 个动画运行完毕，才会运行下一个动画。如果想运行动画队列中的第 2 个动画或其他动画，则需要停止元素当前正在运行的动画。当需要停止动画时，可以使用 jQuery 提供的 stop()方法，其语法格式如下。

```
element.stop([clearQueue][, jumpToEnd])
```

在上述语法格式中，参数 clearQueue 是布尔值，表示是否删除动画队列中的动画，默认为 false；参数 jumpToEnd 也是布尔值，表示是否立即完成当前动画，默认为 false。

在程序中调用 stop()方法时，如果设置的参数不同，则会实现不同的效果。下面以 div 元素为例，演示使用 stop()方法的 3 种常用方式。

```
$('div').stop();
$('div').stop(true);
$('div').stop(true, true);
```

在上述示例代码中，当 stop()方法中不传入参数时，表示停止 div 元素当前正在运行的动画，继续运行下一个动画；当传入 1 个参数 true 时，表示清除 div 元素动画队列中的所有动画；当传入 2 个参数 true 时，表示清除 div 元素动画队列中的所有动画，但允许立即完成当前动画。

10.4.4　淡入淡出效果

在某个电商网站的开发中，为了提高用户体验，需要在首页展示热门商品，并提供一个"查看更多"的按钮。当用户单击该按钮时，若要让新加载的商品平滑渐显，就可以使用 jQuery 中控制元素淡入和淡出的方法。

下面列举 jQuery 中控制元素淡入和淡出的方法，具体如表 10-9 所示。

表 10-9　jQuery 中控制元素淡入和淡出的方法

方法	说明
fadeIn([duration][, easing][, complete])	淡入显示匹配元素
fadeOut([duration][, easing][, complete])	淡出隐藏匹配元素
fadeTo(duration,opacity[, easing][, complete])	以淡入淡出方式将匹配元素调整到指定的透明度
fadeToggle([duration][, easing][, complete])	在 fadeIn()和 fadeOut()两种方法实现的效果间切换

表 10-9 中，fadeTo()方法中的参数 opacity 表示透明度数值，范围为 0~1，0 代表完全透明，0.5 代表 50%透明，1 代表完全不透明。

为了让读者更好地掌握如何实现淡入淡出效果，下面通过代码进行演示。实现鼠标指针移入盒子时突出显示，其他盒子以 0.2 的透明度显示，示例代码如下。

```
1  <head>
2    <style>
3    div { width: 100px; height: 100px; float: left; margin-left: 5px; }
4    .box { width: 425px; height: 100px; padding: 5px; border: 1px solid gray; }
5    .red { background-color: red; }
6    .green { background-color: green; }
7    .yellow { background-color: yellow; }
8    .orange { background-color: orange; }
9    </style>
10 </head>
11 <body>
12   <div class="box">
13     <div class="red"></div>
14     <div class="green"></div>
15     <div class="yellow"></div>
16     <div class="orange"></div>
```

```
17    </div>
18    <script>
19      $('.box div').fadeTo(2000, 0.2);
20      // 鼠标指针移入时的效果
21      $('.box div').mouseover(function () {
22        $(this).fadeTo('fast', 1);
23      });
24      // 鼠标指针移出时的效果
25      $('.box div').mouseout(function () {
26        $(this).fadeTo('fast', 0.2);
27      });
28    </script>
29  </body>
```

在上述示例代码中，第 3~8 行代码用于设置元素的样式；第 12~17 行代码用于定义 4 个不同颜色的 div 元素；第 19 行代码调用 fadeTo() 方法为 div 元素设置 2 秒动画，实现以 0.2 的透明度显示；第 21~23 行代码用于为 div 元素注册鼠标指针移入事件，当鼠标指针移入时，div 元素突出显示；第 25~27 行代码用于为 div 元素注册鼠标指针移出事件，当鼠标指针移出时，div 元素以 0.2 的透明度显示。

上述示例代码运行后的初始效果如图 10-11 所示。

图 10-11 所示页面中，盒子以 0.2 的透明度显示，且持续时间为 2 秒。当鼠标指针移入第 1 个盒子时，效果如图 10-12 所示。

图10-11　初始效果

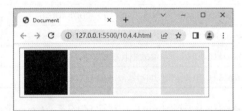

图10-12　鼠标指针移入第1个盒子时的效果

图 10-12 所示页面中，鼠标指针移入第 1 个盒子后，会突出显示，其他 3 个盒子以 0.2 的透明度显示，说明实现了元素的淡入淡出效果。

10.4.5　自定义动画

在网页开发中，当显示、隐藏、滑动、停止和淡入淡出的动画效果无法满足用户的实际需求时，可以使用 jQuery 提供的 animate() 方法自定义动画，该方法的语法格式如下。

```
element.animate(properties[, duration][, easing][, complete])
```

上述语法格式中，参数 properties 表示一组包含动画最终属性值的集合，如果属性名由两个单词组成，需要使用驼峰命名法，如 background-color，需要写为 backgroundColor。

为了让读者更好地掌握如何自定义动画，下面通过代码进行演示。

```
1  <head>
2    <style>
3      div {
4        width: 200px;
5        height: 200px;
```

```
6          background-color: pink;
7          position: relative;
8      }
9   </style>
10 </head>
11 <body>
12   <div></div>
13   <script>
14     $('div').mouseover(function () {
15       // 创建自定义动画
16       $('div').animate({ left: '+=100'}, 500);
17     });
18   </script>
19 </body>
```

在上述示例代码中，第 2~9 行代码用于设置 div 元素样式；第 12 行代码用于定义 div 元素；第 14~17 行代码用于为 div 元素注册事件，当鼠标指针移入时，元素到左边界的距离增加 100px。

上述示例代码运行后，页面会显示一个粉红色的盒子，只要鼠标指针移入盒子，盒子就会向右移动一段距离，说明使用 animate()方法可以实现自定义动画。

10.4.6　【案例】手风琴效果

在 10.4.1 小节~10.4.5 小节中已经讲解了 jQuery 动画的实现，如显示和隐藏效果、滑动效果等，为了让读者熟练掌握 jQuery 动画的使用，下面将通过 jQuery 动画实现手风琴效果的案例进行讲解，本案例的具体实现思路如下。

① 编写页面结构。在页面中定义 7 个不同颜色的小方块，将每个小方块的宽度和高度都设置为 69px，当鼠标指针经过不同颜色的小方块时，小方块将变为长度为 224px、高度为 69px 的大方块。

② 编写页面样式。为 7 个小方块设置不同的背景颜色，并且采用十六进制来区分。为了使页面样式更加美观，大方块的背景颜色采用接近于当前小方块的背景颜色。

③ 通过 jQuery 实现交互效果。当鼠标指针移动到小方块时，会触发鼠标指针移入事件。在使用选择器获取页面中的小方块时，通过 fadeIn()方法和 fadeOut()方法控制方块的显示与隐藏。

读者可以扫描二维码查看实现手风琴效果的具体代码。

在网页开发的过程中，使用 jQuery 动画可以增强页面的交互性和视觉效果。作为一名开发人员，考虑用户的需求和爱好至关重要，设计出符合用户期望的页面将有助于提高用户对网站的满意度和忠诚度，使网站更具有竞争力，吸引更多的用户。因此，在实际开发中，我们要培养细致、深入、透彻的思考习惯，尝试从多方面思考用户的需求，提高创新能力，提高思维深度和精度。

10.5　jQuery 其他方法

jQuery 还提供了 $.extend() 方法和 $.ajax() 方法，分别用于实现对象成员的扩展和 Ajax 请求。本节将对这两个方法进行讲解。

10.5.1　$.extend() 方法

$.extend() 方法可以将一个对象的成员赋值给另一个对象使用，其语法格式如下。

```
$.extend([deep], target, object1[, objectN])
```

上述语法格式中，参数 deep 为可选参数，如果设置为 true 表示深复制，默认值为 false，表示浅复制；参数 target 表示需要复制的目标对象，后面可以跟多个对象（object1～objectN）；参数 object1 表示待复制的第一个对象；参数 objectN 表示待复制的第 N 个对象。当不同对象中存在相同的成员名时，后面的对象的成员会覆盖前面的对象的成员。

为了让读者更好地掌握 $.extend() 方法的使用，下面通过代码进行演示。

```
1  var targetObj = {
2    id: 0,
3    msg: { sex: '男' }
4  };
5  var obj = {
6    id: 1,
7    name: '小智',
8    msg: { age: 20 }
9  };
10 $.extend(targetObj, obj);
11 console.log(targetObj);       // 输出结果为: {id: 1, msg: {…}, name: '小智'}
12 targetObj.msg.age = 22;
13 console.log(obj.msg.age);     // 输出结果为: 22
```

在上述示例代码中，第 3 行和第 8 行代码都是在对象中保存的对象；第 10、11 行代码用于将 obj 对象浅复制到目标对象 targetObj 中，并在控制台输出目标对象 targetObj。由输出结果可知，obj 对象已经合并到目标对象 targetObj 中，并且目标对象 targetObj 中原有的相同成员名的成员也会被覆盖。

若想实现深复制，可以将上述示例代码中的第 10 行代码替换为如下代码。

```
$.extend(true, targetObj, obj);
```

在上述代码中，$.extend() 方法的第 1 个参数为 true，表示深复制。深复制后，targetObj.msg 对象中的成员也发生了合并，此时的 targetObj.msg 和 obj.msg 是两个不同的对象，当修改其中一个对象的成员时，不会影响另一个对象。

10.5.2　$.ajax() 方法

jQuery 提供了 $.ajax() 方法用于通过 Ajax（Asynchronous JavaScript And XML，异步 JavaScript 和 XML）技术请求服务器，获取服务器的响应结果。Ajax 技术用于在浏览器中通过 JavaScript 向服务器发送请求，接收服务器返回的结果。

除 $.ajax() 方法外，jQuery 还提供了 get() 方法、post() 方法和 load() 方法发送 Ajax 请求。下面列举 jQuery 中常用的 Ajax 操作方法，具体如表 10-10 所示。

表 10-10　jQuery 中常用的 Ajax 操作方法

分类	方法	说明
高级应用	$.get(url[, data][, fn][, type])	通过 GET 请求载入信息
	$.post(url[, data][, fn][, type])	通过 POST 请求载入信息
	$.getJSON(url[, data][, fn])	通过 GET 请求载入 JSON 数据
	$.getScript(url[, fn])	通过 GET 请求载入并执行一个 JavaScript 文件
	对象.load(url[, data][, fn])	载入远程 HTML 文件代码并将其插入 DOM
底层应用	$.ajax(url[, options])	请求加载远程数据
	$.ajaxSetup(options)	设置全局 Ajax 默认选项

表 10-10 中，参数 url 表示请求的 URL；参数 data 表示传递的参数；参数 fn 表示请求成功时执行的回调函数；参数 type 用于设置服务器返回的数据类型，如 XML、JSON、HTML、TEXT 等；参数 options 用于设置 Ajax 请求的相关选项，常用的 Ajax 选项如表 10-11 所示。

表 10-11　常用的 Ajax 选项

选项名称	说明
url	处理 Ajax 请求的服务器地址
data	发送 Ajax 请求时传递的参数（字符串型）
success	Ajax 请求成功时所触发的回调函数
type	发送的 HTTP 请求方式，如 GET、POST
datatype	期待的返回值类型，如 XML、JSON、SCRIPT 或 HTML 数据类型
async	是否异步，true 表示异步，false 表示同步，默认值为 true
cache	是否缓存，true 表示缓存，false 表示不缓存，默认值为 true
contentType	内容类型请求头，默认值为 application/x-www-form-urlencoded;charset=UTF-8
complete	当服务器 URL 接收完 Ajax 请求传送的数据后触发的回调函数
jsonp	在一个 JSONP 请求中重写回调函数的名称

为了让读者掌握$.ajax()方法的使用，下面通过代码进行演示。首先创建 server.html 文件，在该文件中加入一段文字，具体如下。

服务器收到了请求

然后创建 Ajax.html 文件，在该文件中编写如下代码。

```
1  $.ajax({
2    type: 'GET',
3    url: 'server.html',
4    data: { root: 'admin', password: '123456' },
5    success: function(msg) {
6      console.log(msg);
7    }
8  });
```

上述代码表示发送一个 Ajax 请求，请求类型为 GET，请求地址为 server.html，请求时发送的数据为 "{ root: 'admin', password: '123456' }"。由于$.ajax()是一个异步请求方法，当它执行后就会立即向服务器发送请求，并且会继续执行后面的代码。请求成功后，会收到服务器响应的结果，然后执行 success 中的回调函数，将服务器返回的结果 msg 输出到控制台。

在使用 Ajax 技术进行异步请求时，经常涉及数据的传输，数据在传输的过程中会存在安全性问题。在现实生活中，如果数据在传输的过程中被恶意篡改或泄露，可能会给企业、国家带来巨大的损失，并可能干扰公共服务。因此，在实际开发中，我们需要重视数据传输的安全，树立防范意识，培养高度的责任感，并采取一些措施来保障数据的安全传输。

10.6 【案例】使用 jQuery 实现购物车功能

购物车是购物网站中常见的功能，为了巩固 jQuery 的基础知识，本节将使用 jQuery 实现购物车功能。

读者可以扫描二维码，查看使用 jQuery 实现购物车功能的开发步骤和具体代码。

本章小结

本章主要对 jQuery（下）进行讲解，首先使用 jQuery 实现了元素的遍历、查找、过滤、追加、复制、替换和删除操作；然后讲解了 jQuery 尺寸和位置操作、jQuery 事件操作、jQuery 动画；最后讲解了 jQuery 其他方法的使用，包括$.extend()方法和$.ajax()方法。通过本章的学习，读者应能够运用 jQuery 开发交互性更强的网页。

课后习题

一、填空题

1. 使用 jQuery 提供的_____方法可以实现元素的遍历。
2. 使用 jQuery 提供的_____方法可以实现元素显示和隐藏切换。
3. 使用 jQuery 提供的_____方法可以自定义动画。
4. 使用 jQuery 提供的_____方法可以淡入显示匹配元素。

二、判断题

1. 通过 triggerHandler()方法触发事件时不会运行元素的默认行为。（   ）
2. offset()方法获取元素的位置，返回的是一个对象，包含 left 属性和 right 属性。（   ）
3. 使用 clone()方法可以实现元素复制操作。（   ）
4. height()方法用于获取所有匹配元素的当前高度。（   ）

三、单选题

1. 下列选项中，用于实现停止动画效果的方法是（   ）。
A. stop()   B. fadeTo()
C. animate()   D. show()
2. 下列选项中，用于清除 div 元素动画队列中所有动画的是（   ）。
A. $('div').stop()   B. $('div').stop(true)
C. $('div').stop(false)   D. $('div').stop(false, false)
3. 下列选项中，用于垂直滑动自上而下逐渐显示匹配元素的方法是（   ）。

A. slideUp()　　　　　　　　　　　　B. slideToggle()

C. slideDown()　　　　　　　　　　　D. fadeOut()

4. 下列选项中，关于 jQuery 事件操作的描述错误的是（　　　）。

A. 在事件处理函数中可以使用参数接收事件对象

B. 事件解除通过 on()方法实现

C. 事件触发通过 trigger()方法实现

D. 事件委托是指把原本要给子元素注册的事件委托给父元素

5. 下列选项中，关于 jQuery 元素操作的描述正确的是（　　　）。

A. siblings()方法用于获取当前匹配元素集中每个元素的兄弟元素

B. prev()方法用于获取当前匹配元素集中每个元素紧邻的后一个兄弟元素

C. remove()方法用于删除元素下的子元素，但不删除元素本身

D. replaceWith()方法可以用匹配的元素替换掉所有选择器匹配到的元素

四、简答题

1. 请简述 jQuery 中实现事件触发的 3 种方式。

2. 请简述 jQuery 中实现事件注册的两种方式。

五、编程题

1. 请使用 jQuery 实现对象的深复制。

2. 请使用 jQuery 实现当单击页面中的一个按钮时，将 div 元素向右移动 100px。

第 **11** 章

JavaScript面向对象

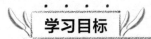
学习目标

★ 了解面向过程与面向对象，能够阐述面向过程与面向对象的区别

★ 熟悉面向对象的特征，能够归纳面向对象的三大特征

★ 了解类与对象的概念，能够阐述类与对象的区别

★ 掌握类的定义和继承，能够定义类及类中的属性和方法、实现子类继承父类

★ 掌握调用父类的方法，能够使用 super 关键字调用父类的构造方法或普通方法

★ 掌握原型对象的使用，能够实现原型对象的访问与使用

★ 了解成员查找机制，能够描述成员查找的顺序

★ 熟悉原型链的相关知识，能够绘制原型链

★ 掌握 this 指向的更改，能够灵活应用 apply()方法、call()方法和 bind()方法更改 this 指向

★ 掌握错误处理的方式，能够通过 try...catch 语句处理错误

★ 了解错误类型，能够列举常见的错误类型

★ 掌握错误对象的抛出，能够在程序出错时抛出错误对象

★ 了解错误对象的传递，能够列举错误对象的传递方式

　　面向对象（Object Oriented）是软件开发的一种编程思想，被广泛应用于数据库系统、交互式界面、应用结构、应用平台、分布式系统、网络管理结构、CAD（Computer Aided Design，计算机辅助设计）技术、人工智能等领域。在实际开发中，使用面向对象编程不仅可以使项目的结构更加清晰，而且可以使代码更易维护和更新。本章将详细讲解 JavaScript 面向对象。

11.1　面向对象概述

　　面向对象描述的是对象与对象之间的关系，与之相对的是面向过程，面向过程描述的是步骤与步骤之间的关系。本节将讲解面向过程与面向对象的区别以及面向对象的特征。

11.1.1　面向过程与面向对象的区别

当使用面向过程与面向对象思想解决问题时，面向过程的重点在于过程，也就是分析出解决问题需要的步骤，然后按照步骤逐步执行。面向过程的缺点在于，当步骤过多时，程序会变得复杂，代码的可复用性差，一旦步骤发生修改，就容易出现牵一发而动全身的情况。面向对象则是把问题分解为多个对象，这些对象可以完成它们各自负责的工作，只需要发出指令，就可以让这些对象去完成实际的操作。

相比面向过程，面向对象可以让开发者从复杂的步骤中解放出来，让一个团队能更好地分工协作。

下面对比面向对象和面向过程的优缺点，具体如表 11-1 所示。

表 11-1　面向对象和面向过程的优缺点

分类	优点	缺点
面向过程	代码无浪费，无额外开销，适合对性能要求极其苛刻的情况和项目规模非常小、功能非常少的情况	不易维护、复用和扩展
面向对象	易维护、易复用和易扩展，适合业务逻辑复杂的大型项目	增加了额外的开销

11.1.2　面向对象的特征

面向对象具有三大特征，分别是封装、继承和多态，下面将对这三大特征分别进行讲解。

1. 封装

封装是指隐藏内部的实现细节，只对外开放操作接口。接口是对象开放的属性和方法，无论对象的内部多么复杂，用户只需知道这些接口怎么使用即可，而不需要知道内部的实现细节。例如，计算机是非常精密的电子设备，其实现原理也非常复杂，而用户在使用时并不需要知道计算机的实现原理，只需要知道如何操作键盘和鼠标即可。

封装有利于对象的修改和升级，无论一个对象内部的代码经过了多少次修改，只要不改变接口，就不会影响到使用这个对象时编写的代码。

2. 继承

继承是指一个对象继承另一个对象的成员，从而在不改变另一个对象的前提下进行扩展。例如，猫和犬都属于动物，在程序中可以描述猫和犬继承自动物。同理，波斯猫和巴厘猫都继承自猫科，沙皮犬和斑点犬都继承自犬科，它们之间的继承关系如图 11-1 所示。

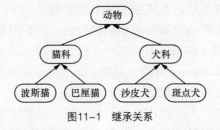

图11-1　继承关系

图 11-1 中，从波斯猫到猫科再到动物，是一个逐渐抽象的过程。通过抽象可以使对象的层次结构清晰。例如，当指挥所有的猫捉老鼠时，波斯猫和巴厘猫会听从命令，而犬科动物不受影响。

在实际开发中，使用继承不仅可以在保持接口兼容的前提下对功能进行扩展，而且可以增强代码的复用性，为程序的修改和补充提供便利。

3. 多态

多态是指同一个操作作用于不同的对象，会产生不同的执行结果。例如，项目中有视频对象、音频对象、图片对象，用户在对这些对象进行增、删、改、查操作时，如果这些接口的命名、用法都是相同的，用户的学习成本就会很低，如果每种对象都有一套对应的接口，则用户就需要学习每一种对象的使用方法，学习成本高。

实际上 JavaScript 被设计为一种弱类型语言（即一个变量可以存储任意类型的数据），就是多态的体现。例如，数字、数组、函数都具有 toString()方法，当使用不同的对象调用该方法时，执行结果不同，示例代码如下。

```javascript
var obj = 123456;
console.log(obj.toString());      // 输出结果为：123456
obj = [1, 2, 3, 4, 5, 6]
console.log(obj.toString());      // 输出结果为：1,2,3,4,5,6
obj = function () {};
console.log(obj.toString());      // 输出结果为: function () {}
```

在上述示例代码中，当obj 被赋值为不同类型的数据时，调用 toString()方法的输出结果不同。

在面向对象中，多态的实现往往离不开继承，这是因为多个对象继承同一个对象后，就获取了相同的方法，然后可以根据每个对象的特点来改变同名方法的执行结果。

虽然面向对象具有封装、继承和多态的特征，但并不代表只要满足这些特征就可以设计出优秀的程序，开发人员还需要考虑如何合理地运用这些特征。例如，在封装时，如何给外部调用者提供完整且最小的接口，使外部调用者可以顺利得到想要的功能，而不需要研究其内部的细节；在进行继承和多态设计时，如何为同类对象设计一套相同的方法进行操作等。

11.2　类与对象概述

在面向对象开发中，经常需要定义类并使用类创建对象，本节将详细讲解类与对象的相关知识，包括类与对象、类的定义和继承、调用父类的方法。

11.2.1　类与对象

假如开发一个学生管理系统，系统中的每个学生都是一个对象，每个学生都有姓名、学号等属性，并且每个学生可能会有一些相同的方法，例如唱歌、跳舞等。为了方便创建这样的对象，JavaScript 提供了构造函数。然而，在 Java 等主流的面向对象语言中，是通过类创建对象的，语法相比 JavaScript 有较大差别。为了符合面向对象的编程习惯，JavaScript 从 ECMAScript 6.0 开始，也新增了类的语法。

类是指创建对象的模板，类的作用是将对象的特征抽取出来，形成一段代码，通过这段代码可以创建出同一类的对象。例如，开发学生管理系统时，可以创建一个学生类，将学生的共同特征写在类中，然后通过类创建出所需的学生对象。创建同类对象的意义是这些对象拥有相同的属性名和方法名，即拥有相同的特征，在使用对象时，只需要记住同类对象的属性名和方法名，而不需要区分每个对象。

在面向对象开发中，首先需要分析项目中有哪些对象，然后分析这些对象的共同特征，即共有的属性和方法，将这些共同特征抽取出来，创建成类，最后通过实例化对象，实现项目的各个功能。

11.2.2　类的定义和继承

在面向对象编程中，可以定义类和继承类，下面分别进行讲解。

1. 类的定义

在 ECMAScript 6.0 中，使用 class 关键字可以定义一个类，在命名习惯上，类名使用首字母大写的驼峰命名法，在类中可以定义 constructor()构造方法，用于初始化对象的成员，该构造方法在使用类创建对象时会自动调用，在调用时会传入实例化的参数。

下面以定义 Student 类为例演示类的定义。

```
1  <script>
2    // 定义类
3    class Student {
4      constructor(name) {       // 构造方法
5        this.name = name;       // 为新创建的对象添加 name 属性
6      }
7    }
8    // 使用类创建对象
9    var stu1 = new Student('小明');
10   var stu2 = new Student('小智');
11   console.log(stu1);          // 输出结果为: Student {name: '小明'}
12   console.log(stu2);          // 输出结果为: Student {name: '小智'}
13 </script>
```

在上述示例代码中，第 3～7 行代码用于定义 Student 类，其中第 4～6 行代码通过构造方法为新创建的对象添加 name 属性，this 表示当前创建的对象；第 9 行代码使用 Student 类创建 stu1 对象，并传入参数'小明'；第 10 行代码使用 Student 类创建 stu2 对象，并传入参数'小智'；第 11、12 行代码用于在控制台输出 stu1 对象和 stu2 对象。

由上述示例代码的输出结果可知，已经定义了 Student 类，使用该类成功创建了 stu1 对象和 stu2 对象，并且已经成功访问了 stu1 对象和 stu2 对象的 name 属性。

当对象拥有共同的行为时，可以在类中编写对象的共有方法，在定义方法时，不需要使用 function 关键字，并且多个方法之间不需要使用逗号分隔。下面在上述示例代码定义的 Student 类中编写 say()方法，示例代码如下。

```
1  <script>
2    // 定义类
3    class Student {
4      constructor(name) {       // 构造方法
5        this.name = name;       // 为新创建的对象添加 name 属性
6      }
7      say() {
8        console.log('你好，我叫' + this.name);
9      }
10   }
11   // 使用类创建对象
12   var stu1 = new Student('小明');
```

```
13   var stu2 = new Student('小智');
14   stu1.say();
15   stu2.say();
16 </script>
```

在上述示例代码中，第 7～9 行代码用于定义 say()方法，this 表示实例对象，当 stu1 调用 say()方法时，this 表示 stu1 对象。

上述示例代码运行后，控制台会输出"你好，我叫小明"和"你好，我叫小智"，说明已经成功定义了 say()方法，并且 stu1 对象和 stu2 对象已经成功调用 say()方法。

2. 类的继承

在 JavaScript 中，子类可以继承父类的属性和方法，继承之后，子类还可以拥有独有的属性和方法。

在 ECMAScript 6.0 中，子类继承父类的属性或方法可以通过 extends 关键字实现，示例代码如下。

```
// 定义父类
class Father {}
// 子类继承父类
class Son extends Father {}
```

在上述示例代码中，使用 extends 关键字可以实现子类 Son 继承父类 Father。

下面以子类继承父类的 money()方法为例演示类的继承。

```
1  <script>
2    // 父类
3    class Father {
4      constructor() { }
5      money() {
6        console.log('10万');      // 输出结果为: 10 万
7      }
8    }
9    // 子类
10   class Son extends Father { }
11   var son1 = new Son();
12   son1.money();
13 </script>
```

在上述示例代码中，第 3～8 行代码用于定义父类，父类中有一个 money()方法；第 10 行代码用于定义子类，并使子类继承父类；第 11 行代码用于实例化子类对象 son1；第 12 行代码用于调用 son1.money()方法。

上述示例代码运行后，控制台会输出"10 万"，说明子类已经成功继承了父类的 money()方法。

代码的可靠性对于保证系统的稳定和安全至关重要，我们需要保持清晰的思维和专注的态度以确保代码的可靠性。在工作中，我们也要保持专注的态度并不断努力，这将有助于我们顺利完成工作目标和计划。

11.2.3 调用父类的方法

在程序中，子类可以调用父类的方法，包括父类的构造方法和普通方法。若子类需要调用父类的方法，可以使用 super 关键字。下面将详细讲解如何使用 super 关键字调用父类的方法。

1. 调用父类的构造方法

当子类继承父类后，若需要在子类的构造方法中调用父类的构造方法，可以使用 super()
函数，示例代码如下。

```
1  <script>
2    // 父类
3    class Father {
4      constructor(a, b) {
5        this.a = a;
6        this.b = b;
7      }
8      sum() {
9        console.log(this.a + this.b);    // 输出结果为：6
10     }
11   }
12   // 子类
13   class Son extends Father {
14     constructor(a, b) {
15       super(a, b);                     // 调用父类的构造方法
16     }
17   }
18   var son1 = new Son(3, 3);
19   son1.sum();
20 </script>
```

在上述示例代码中，第 3～11 行代码用于定义父类 Father；第 13～17 行代码用于定义
子类 Son 并继承父类，其中第 14～16 行代码用于在子类的构造方法中通过 super() 函数调用
父类的构造方法；第 18 行代码用于实例化子类对象，并传入两个参数；第 19 行代码使用
son1 对象调用 sum() 方法。

上述示例代码运行后，控制台会输出"6"，说明子类对象 son1 成功调用了父类的构造
方法。

2. 调用父类的普通方法

若需要在子类的方法中调用父类的普通方法，可以使用 super 对象，示例代码如下。

```
1  <script>
2    // 父类
3    class Father {
4      num() {
5        return 1;
6      }
7    }
8    // 子类
9    class Son extends Father {
10     num() {
11       var num1 = super.num();          // 调用父类的 num() 方法
12       console.log(num1);
13     }
14   }
15   var son = new Son();
```

```
16   son.num();
17 </script>
```

在上述示例代码中，第 10～13 行代码用于定义子类的 num()方法，其中，第 11 行代码使用 super 对象调用父类的 num()方法，并赋值给 num1 变量；第 12 行代码用于在控制台输出 num1 变量。

上述示例代码运行后，控制台会输出"1"，说明在子类的 num()方法中，使用 super 对象成功调用了父类的 num()方法。

需要说明的是，如果子类想要继承父类的方法，同时在自己内部扩展自己的方法，使用 super 关键字调用父类的构造方法时，super 必须在子类的 this 之前调用，示例代码如下。

```
1  <script>
2    // 父类
3    class Father {
4      constructor(a, b) {
5        this.a = a;
6        this.b = b;
7      }
8      sum() {
9        console.log(this.a + this.b);
10     }
11   }
12   // 子类
13   class Son extends Father {
14     constructor(a, b) {
15       super(a, b);                    // 调用父类的构造方法
16       this.a++;
17       this.b++;
18     }
19     subtract() {
20       console.log(this.a - this.b);
21     }
22   }
23   var son = new Son(5, 4);
24   son.sum();                          // 输出结果为：11
25   son.subtract();                     // 输出结果为：1
26 </script>
```

在上述示例代码中，第 3～11 行代码用于定义父类；第 13～22 行代码用于定义子类并使用 extends 关键字继承父类，其中，第 15 行代码使用 super 函数调用父类的构造方法，第 16、17 行代码中的 this 表示实例对象，super 必须放在 this 的前面，否则程序会出错；第 19～21 行代码实现了扩展子类的方法。

上述示例代码运行后，控制台会输出"11"和"1"，说明子类成功继承了父类的 sum()方法，并且成功扩展了 subtract()方法。

11.3　原型

原型是 JavaScript 的难点内容，掌握原型的内容可以帮助读者更好地理解 JavaScript 内

部的继承机制。本节将详细讲解原型的相关内容，包括原型对象、成员查找机制和原型链。

11.3.1 原型对象

第 5 章讲解了如何通过构造函数创建对象，11.2.2 小节还讲解了如何通过类创建对象。构造函数是使用 function 关键字声明的，并在内部使用 this 关键字为对象添加属性和方法；而类是使用 class 关键字声明的，类中的成员属性和方法使用 constructor()方法进行定义。

虽然使用构造函数和类都能创建对象，但是两者创建对象的方式有所不同。当使用类创建多个对象时，多个对象的方法都是共享的，而使用构造函数创建多个对象时，每个对象都保存了自己的方法。为了使构造函数创建的对象能够实现方法共享，JavaScript 为构造函数提供了原型对象。

在 JavaScript 中，原型对象是一个构造函数的所有实例对象的原型，每个构造函数都有一个原型对象，使用构造函数的 prototype 属性可以访问原型对象。

下面通过代码演示如何访问构造函数 Person1()的原型对象。

```
1  function Person1() {}
2  console.log(Person1.prototype);          // 输出结果为: {constructor: f}
3  console.log(typeof Person1.prototype);   // 输出结果为: object
```

在上述示例代码中，第 2 行代码使用 prototype 属性访问 Person1()构造函数的原型对象；第 3 行代码使用 typeof 检测 Person1()构造函数的原型对象的类型。

当为原型对象添加方法时，原型对象的方法会被所有实例对象共享。例如，为 Person1()构造函数的原型对象添加一个 introduce()方法，示例代码如下。

```
1  function Person1() { }
2  Person1.prototype.introduce = function () {
3    console.log('你好! ');
4  };
```

在上述代码中，第 2~4 行代码用于为 Person1()构造函数的原型对象添加 introduce()方法。

以上讲解了使用类创建对象和使用构造函数创建对象的区别，以及原型对象的基本使用。为了让读者更好地理解原型对象，下面通过代码进行演示。创建一个 Student1 类和一个 Student2()构造函数，并创建相应的实例对象，判断实例对象的方法是否共享，示例代码如下。

```
1  <script>
2    // 使用类创建对象
3    class Student1 {
4      sing() {
5        console.log('singing');
6      }
7    }
8    var stu1 = new Student1();
9    var stu2 = new Student1();
10   console.log(stu1.sing === stu2.sing);          // 输出结果为: true
11   // 使用构造函数创建对象
12   function Student2 () {
13     this.sing = function () {
14       console.log('singing');
15     };
```

```
16   }
17   var student1 = new Student2();
18   var student2 = new Student2();
19   console.log(student1.sing === student2.sing);    // 输出结果为：false
20 </script>
```

在上述示例代码中，第3～10行代码使用类创建对象，其中，第3～7行代码用于创建 Student1 类，并定义了 sing() 方法，第8、9行代码用于实例化 stu1 对象和 stu2 对象，第10行代码用于比较 stu1 对象的 sing() 方法和 stu2 对象的 sing() 方法是否为同一个方法，并在控制台输出比较结果。

第12～19行代码使用构造函数创建对象，其中，第12～16行代码用于自定义 Student2() 构造函数，并在该构造函数中定义 sing() 方法，this 表示新创建的对象，第17～18行代码用于实例化 student1 对象和 student2 对象，第19行代码用于比较 student1 对象的 sing() 方法和 student2 对象的 sing() 方法是否为同一个方法，并在控制台输出比较结果。

上述示例代码运行后，控制台会输出"true"和"false"，说明使用类创建的对象，在调用类的方法时，调用的是同一个方法，而使用构造函数创建的对象，在调用方法时，调用的不是同一个方法。

从以上示例代码可以看出，使用构造函数创建的对象，不能实现方法共享。如果想要实现方法共享，可以将方法定义在原型对象中，当实例对象调用方法时就会访问原型对象的方法。

修改上述示例代码中的第11～19行，改为用原型对象实现方法共享，示例代码如下。

```
1  // 使用构造函数创建对象
2  function Student2 () {
3  }
4  Student2.prototype.sing = function () {
5    console.log('singing');
6  };
7  var student1 = new Student2();
8  var student2 = new Student2();
9  console.log(student1.sing === student2.sing);    // 输出结果为：true
```

在上述示例代码中，第2～3行代码用于定义构造函数 Student2()；第4～6行代码用于在 Student2() 的原型对象中添加 sing() 方法；第7、8行代码用于实例化 student1 对象和 student2 对象；第9行代码用于判断 student1 对象的 sing() 方法和 student2 对象的 sing() 方法是否为同一个方法。

上述示例代码运行后，控制台会输出"true"，说明实例化 student1 对象和 student2 对象已经成功访问到构造函数 Student() 的原型对象中的 sing() 方法，且 student1 对象和 student2 对象调用的是同一个 sing() 方法，实现了方法的共享。

通过学习原型对象，我们可以创建共享的方法和属性，从而避免在每个实例中重复定义相同的方法和属性，减少冗余的代码。为了避免程序中出现大量的冗余代码，作为开发人员，在编写程序时，应该充分利用可以共享的方法，并合理地组织代码结构，这样可以提高程序的可维护性和开发效率，也能帮助开发人员更好地实现程序的需求。

■■■ **多学一招**：传统的继承方式

在 ECMAScript 6.0 之前，JavaScript 中并没有类的概念，在没有类的情况下，可以使用 4 种传统的方式实现继承。下面分别介绍 JavaScript 中 4 种传统的继承方式。

1. 使用原型对象实现继承

如果一个对象中本来没有某个属性和方法，但是可以从原型对象中获取，就会继承原型对象的属性和方法，示例代码如下。

```
1  <script>
2    function Student(name) {
3      this.name = name;
4    }
5    Student.prototype.sayHello = function () {
6      console.log('您好，我叫' + this.name);
7    };
8    var student1 = new Student('小明');
9    var student2 = new Student('小智');
10   student1.sayHello();
11   student2.sayHello();
12 </script>
```

在上述示例代码中，student1 对象和 student2 对象继承了构造函数 Student()的原型对象中的 sayHello()方法。

2. 替换原型对象实现继承

在 JavaScript 中，可以将构造函数的原型对象替换为另一个对象，基于构造函数创建的对象就会继承新的原型对象，示例代码如下。

```
1  <script>
2    function Student() {}
3    Student.prototype = {
4      sayHello: function () {
5        console.log('新的对象');
6      }
7    };
8    var student = new Student();
9    student.sayHello();
10 </script>
```

在上述示例代码中，第 3～7 行代码将构造函数 Student()的 prototype 属性指向一个新的对象，用于替换原始的原型对象；第 9 行代码中实例对象访问的 sayHello()方法本身不在对象中，但替换原型对象后，实例对象 student 会找到新的原型对象中的 sayHello()方法，实现了继承。

需要注意的是，在基于构造函数创建对象时，代码应写在替换原型对象之后，否则创建的对象仍然会继承原来的原型对象。

3. 使用 Object.create()实现继承

Object 对象的 create()方法用于创建一个新对象，该方法的参数表示将新对象的 prototype 指向指定的对象，示例代码如下。

```
1  <script>
2    var obj = {
3      sayHello: function () {
4        console.log('使用 Object.create()实现继承');
5      }
6    };
7    var newObj = Object.create(obj);
```

```
8    newObj.sayHello();
9  </script>
```

在上述示例代码中，第 7 行代码使用 Object.create()方法使 newObj 对象继承了 obj 对象，因此 newObj 对象可以访问 sayHello()方法。

4. 混入继承

混入继承是将一个对象成员加入另一个对象中，实现对象功能的扩展。实现混入继承的方法是将一个对象的成员赋值给另一个对象，示例代码如下。

```
1  <script>
2    var o1 = {};
3    var o2 = {
4      sayHello: function () {
5        console.log('Hello');
6      }
7    };
8    o1.sayHello = o2.sayHello;
9    o1.sayHello();
10 </script>
```

在上述示例代码中，定义了 o1 对象和 o2 对象，通过将 o2 对象的 sayHello()方法赋值给 o1 对象的 sayHello()方法实现了混入继承。

11.3.2　成员查找机制

当访问一个实例对象的成员时，JavaScript 首先会判断实例对象是否拥有这个成员，如果实例对象拥有这个成员，则直接使用，否则将会在原型对象中搜索这个成员。如果原型对象中有这个成员，就使用该成员，否则继续在原型对象的原型对象中查找。如果按照这个顺序没有查找到，则返回 undefined。

下面通过代码演示成员查找机制。

```
1  <script>
2    function Student() {
3      this.age = 20;
4    }
5    Student.prototype.age = 21;
6    var student = new Student();
7    console.log(student.age);        // 输出结果为：20
8    delete student.age;
9    console.log(student.age);        // 输出结果为：21
10   delete Student.prototype.age;
11   console.log(student.age);        // 输出结果为：undefined
12 </script>
```

在上述示例代码中，第 2～4 行代码用于定义 Student()构造函数；第 5 行代码用于为 Student()的原型对象添加 age 属性；第 6 行代码用于实例化 student 对象；第 7 行代码用于在控制台输出 student 对象的 age 属性，此时 student 对象存在 age 属性；第 8 行代码用于删除实例对象的 age 属性，因此第 9 行代码输出的 student 对象的 age 属性实际上是输出的原型对象的 age 属性；第 10、11 行代码用于删除原型对象的 age 属性并在控制台输出结果。

上述示例代码运行后，控制台会输出"20""21""undefined"，其中，"20"是实例对象中的 age 属性，"21"是原型对象中的 age 属性，"undefined"表示查找到最后没有找到 age 属性。

11.3.3　原型链

在 JavaScript 中，实例对象有原型对象，原型对象也有原型对象，这就形成了一个链式结构，称为原型链。下面将讲解原型链的相关知识。

1. 访问对象的原型对象

通过 11.3.1 小节的学习可以知道，使用构造函数的 prototype 属性可以访问原型对象，在不明确对象的构造函数的情况下，可以使用对象的__proto__属性访问原型对象。

在 JavaScript 中，每个对象都有一个__proto__属性，该对象指向了对象的原型对象，且与构造函数的 prototype 属性指向的是同一个对象。下面通过代码演示使用__proto__属性访问对象的原型对象。

```
1  <script>
2    function Student() { }
3    var student = new Student();
4    console.log(student.__proto__);
5    console.log(student.__proto__ === Student.prototype);
6  </script>
```

在上述示例代码中，第 4 行代码使用__proto__属性访问了实例对象 student 的原型对象；第 5 行代码用于比较实例对象的原型对象和构造函数的原型对象。

上述示例代码运行后，控制台会输出 "{constructor: *f*}" 和 "true"，说明通过__proto__属性成功访问了对象的原型对象，且实例对象的__proto__属性和构造函数的 prototype 属性指向的是同一个对象。

需要注意的是，__proto__是一个非标准的属性，是浏览器为了方便用户查看对象的原型对象而提供的，在实际开发中不推荐使用这个属性。

2. 访问对象的构造函数

在原型对象中有一个 constructor 属性，该属性指向构造函数。由于实例对象可以访问原型对象的属性和方法，所以通过实例对象的 constructor 属性可以访问实例对象的构造函数。下面通过代码演示使用实例对象的 constructor 属性访问对象的构造函数。

```
1  <script>
2    function Student() { }
3    var student = new Student();
4    // 通过原型对象的 constructor 属性访问构造函数
5    console.log(Student.prototype.constructor);
6    // 通过实例对象的 constructor 属性访问构造函数
7    console.log(student.constructor);
8  </script>
```

在上述示例代码中，第 5 行代码通过原型对象的 constructor 属性访问了构造函数，并在控制台输出结果；第 7 行代码通过实例对象的 constructor 属性访问了构造函数，并在控制台输出结果。

上述示例代码运行后，控制台会连续输出两个 "*f*　Student() { }"，说明通过原型对象和实例对象的 constructor 属性都访问到了对象的构造函数。

需要注意的是，如果将构造函数的原型对象修改为另一个不同的对象，将无法使用 constructor 属性访问原来的构造函数，示例代码如下。

```
1  <script>
```

```
2   function Student() { }
3   Student.prototype = {
4     class: '101 班'
5   };
6   var student = new Student();
7   console.log(student.constructor === Student);
8   console.log(student.constructor);
9 </script>
```

在上述示例代码中，第 3~5 行代码用于将 Student 的原型对象指向一个新的对象；第 7 行代码用于检测修改原型对象后，实例化对象 student 的 constructor 属性是否指向 Student 构造函数。

上述示例代码运行后，控制台会输出"false"和"ƒ Object() { [native code] }"，说明使用对象的 constructor 属性无法获取原始的构造函数 Student()，而获取到的是 Object()构造函数。这是因为定义构造函数 Student()后，重新改写了该构造函数的原型对象，新的原型对象的 constructor 属性指向 Object()构造函数，此时实例对象 student 使用 constructor 属性获取到的就是 Object()构造函数。

如果希望在改变原型对象的同时，依然能够使用 constructor 属性获取原始的构造函数，可以在新的原型对象中将 constructor 属性手动指向原始的构造函数，示例代码如下。

```
1  <script>
2    function Student() { }
3    Student.prototype = {
4      constructor: Student,
5      class: '101 班'
6    };
7    var student = new Student();
8    console.log(student.constructor === Student);
9    console.log(student.constructor);
10 </script>
```

在上述示例代码中，第 4 行代码用于将新的原型对象的 constructor 属性指向构造函数 Student()，此时实例对象 student 访问 constructor 属性就能找到 Student()构造函数。

上述示例代码运行后，控制台会输出"true"和"ƒ Student() { }"，说明使用 constructor 属性已经成功将新的原型对象指向了原始构造函数 Student()。

构造函数、原型对象和实例对象的关系如图 11-2 所示。

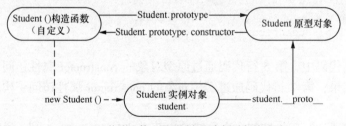

图11-2　构造函数、原型对象和实例对象的关系

3. 访问原型对象的原型对象

在 JavaScript 中，原型对象也是一个对象，通过原型对象的__proto__属性可以访问原型对象的原型对象，示例代码如下。

```
1 function Student() { }
2 console.log(Student.prototype.__proto__);
3 console.log(Student.prototype.__proto__.constructor);
```

在上述示例代码中，第 2 行代码用于访问原型对象的__proto__属性；第 3 行代码用于访问原型对象的原型对象的 constructor 属性。

上述示例代码运行后，控制台会输出"{constructor: ƒ, __defineGetter__: ƒ, __defineSetter__: ƒ, hasOwnProperty: ƒ, __lookupGetter__: ƒ, ...}"和"ƒ Object() { [native code] }"，说明通过原型对象的__proto__属性访问到了原型对象的原型对象，并且通过原型对象的原型对象的 constructor 属性访问到了该原型对象的构造函数 Object()。

实际上，通过原型对象的__proto__属性访问到的对象是构造函数 Object()的原型对象，这个对象是所有 Object()实例对象的原型对象，可以通过以下示例代码进行验证。

```
1 function Student() { }
2 console.log(Student.prototype.__proto__ === Object.prototype);
3 var object = new Object();
4 console.log(object.__proto__ === Object.prototype);
```

在上述示例代码中，第 2 行代码用于验证 Student.prototype.__proto__ 对象与 Object.prototype 是否为同一个对象，输出结果为 true；第 3 行代码用于创建 object 对象；第 4 行代码用于验证 object 对象的原型对象是否为 Object.prototype 对象，输出结果为 true。

如果继续访问 Object.prototype 的原型对象，则结果为 null，示例代码如下。

```
console.log(Object.prototype.__proto__);
```

4. 绘制原型链

通过前面的分析，可以将原型链的结构总结为以下 4 点。

① 每个构造函数都有一个 prototype 属性指向原型对象。

② 原型对象通过 constructor 属性指回构造函数。

③ 通过构造函数创建的实例对象通过__proto__属性可以访问原型对象。

④ 原型对象可以通过__proto__属性访问原型对象的原型对象，即 Object 原型对象，再继续访问，__proto__属性值为 null。

下面根据以上 4 点绘制原型链的结构，如图 11-3 所示。

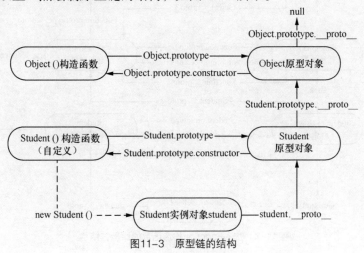

图11-3　原型链的结构

多学一招：函数的构造函数

在 JavaScript 中，函数也属于对象类型，也拥有属性和方法。通过 constructor 属性可以访问函数的构造函数。实际上函数的构造函数是 Function()函数，Function()函数的构造函数是它本身。下面通过代码演示如何访问函数的构造函数。

```
1  function Student() { }
2  console.log(Student.constructor);      // 输出结果为：f Function() { [native code] }
3  console.log(Function.constructor);     // 输出结果为：f Function() { [native code] }
```

在上述示例代码中，第 2 行代码用于访问函数的构造函数；第 3 行代码用于访问 Function()函数的构造函数。由输出结果可知，通过函数的 constructor 属性可以访问函数的构造函数，访问结果为 Function()函数，且 Function()函数的构造函数是它本身。

此外，通过实例化 Function()构造函数可以创建函数，语法格式如下。

```
new Function('参数 1', '参数 2', …, '参数 N', '函数体')
```

上述语法格式中，Function()构造函数的参数不是固定的，前面的参数 1、参数 2 等表示新创建的参数，最后一个参数表示新创建函数的函数体。

下面通过代码演示 Function()构造函数的使用。

```
var fn = new Function('a', 'b', 'console.log(a + b)');
fn(30, 60);                                          // 输出结果为：90
```

在上述示例代码中，通过实例化 Function()构造函数创建了函数 fn，该函数接收两个参数，分别是 a 和 b，调用该函数时传入 30 和 60，控制台的输出结果为 90。

Function()构造函数也可以通过 prototype 属性访问它的原型对象，且该原型对象与 Object()构造函数的 __proto__ 属性指向的对象为同一个对象，通过以下代码可以验证。

```
console.log(Function.prototype === Object.__proto__); // 输出结果为：true
```

分析函数的构造函数之后，下面将 Function 构造函数加入原型链结构中，如图 11-4 所示。

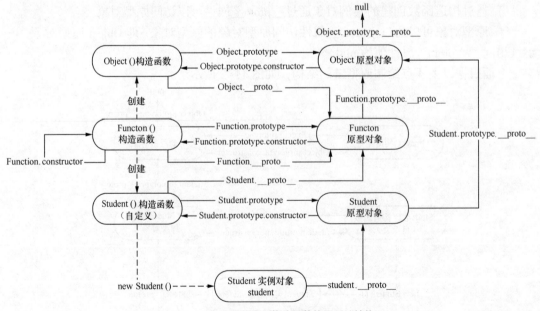

图11-4 加入Function构造函数的原型链结构

11.3.4　【案例】利用原型对象扩展数组方法

通过第 5 章的学习可以知道 Array() 数组对象中提供了一些数组的操作方法，本案例将实现扩展 Array() 数组对象操作方法，为数组对象添加 sum() 方法，实现数组元素的求和。根据成员查找机制，当对象中不存在某个属性或方法时，将会到该对象的原型对象中进行查找，因此可以将 sum() 方法写在 Array 对象的原型对象中，以便所有的实例对象可以使用该方法进行数组求和。

下面编写代码实现为 Array 对象添加 sum() 方法，具体代码如例 11-1 所示。

例 11-1　Example1.html

```
1  <!DOCTYPE html>
2  <html>
3  <head>
4   <meta charset="UTF-8">
5   <title>Document</title>
6  </head>
7  <body>
8   <script>
9    Array.prototype.sum = function () {
10     var sum = 0;
11     for (var i = 0; i < this.length; i++) {
12       sum += this[i];
13     }
14     return sum;
15   };
16   var arr = [1, 3, 5, 7, 9, 11];
17   console.log(arr.sum());                    // 输出结果为: 36
18  </script>
19 </body>
20 </html>
```

例 11-1 中，第 9~15 行代码通过 Array 对象的原型对象扩展了数组方法，其中，第 11~13 行代码用于遍历数组并累加数组中的元素，this 表示数组实例；第 16 行代码用于创建数组并赋值给变量 arr；第 17 行代码用于调用 sum() 方法，并在控制台输出结果。

运行例 11-1 中的代码后，控制台会输出 "36"，说明利用原型对象已经成功为 Array 对象添加了 sum() 方法，实现了数组求和。

11.4　更改 this 指向

在 JavaScript 中，函数有多种调用的方式，如直接通过函数名调用、作为对象的方法调用、作为构造函数调用等。根据函数不同的调用方式，函数中的 this 指向也会不同。如果默认的 this 指向不满足需求，则可以更改 this 指向，下面讲解如何更改 this 指向。

JavaScript 提供了可以更改 this 的指向的 3 个方法，分别是 apply() 方法、call() 方法和 bind() 方法，这 3 个方法都通过函数对象来调用，表示将函数中 this 的指向更改为指定的对象。apply() 方法和 call() 方法都会调用函数并更改 this 指向，而 bind() 方法不会调用函数。

apply() 方法、call() 方法和 bind() 方法的第 1 个参数相同，表示将 this 指向更改为哪个对

象。apply()方法的第 2 个参数表示给函数传递参数，以数组形式传递，而 call()方法和 bind()
方法的第 2～N 个参数表示给函数传递的参数，用逗号分隔。

下面通过代码演示如何使用 apply()方法、call()方法和 bind()方法更改 this 指向。

```
1  <script>
2    var name = '小明';
3    function method(a, b) {
4      console.log(this.name + a + b);
5    }
6    // 使用 apply()方法更改 this 指向
7    method.apply({ name: '小智' }, ['1', '8']);
8    // 使用 call()方法更改 this 指向
9    method.call({ name: '小智' }, '1', '8');
10   // 使用 bind()方法更改 this 指向
11   var test = method.bind({ name: '小智' }, '1', '8');
12   method('1', '8');
13   test();
14 </script>
```

在上述示例代码中，第 7 行代码通过 apply()方法更改 method()函数的 this 指向，并将一
个包含字符串'1'和'8'的数组传递给该函数，输出结果为"小智 18"；第 9 行代码通过 call()
方法更改 method()函数的 this 指向，传递的参数以逗号分隔，输出结果为"小智 18"；第 11
行代码通过 bind()方法更改 method()函数的 this 指向，并赋值给变量 test；第 12 行代码直接
调用 method()函数，输出结果为"小明 18"；第 13 行代码调用 test()函数，此时 test()函数中
this 指向"{ name: '小智' }"，因此输出的结果为"小智 18"。

11.5　错误处理

JavaScript 提供了 try…catch 语句来捕获和处理程序可能出现的错误。在开发项目时，
如果使用 if 语句来捕获和处理程序中可能出现的错误，会导致代码冗余，不易于维护。相
比之下，使用 try…catch 语句能够集中地处理程序中可能出现的错误，使代码结构更加简洁，
方便定位错误和调试代码。本节将详细讲解错误处理。

11.5.1　错误处理的方式

在编写 JavaScript 程序时，经常会遇到各种各样的错误，如调用的方法不存在、访问的
变量不存在等。下面通过代码演示在 JavaScript 程序中发生错误的情况。

```
1  var o = {};
2  o.func();
3  console.log('test');
```

在上述示例代码中，第 2 行代码调用了对象 o 中不存在的方法 func()，因此当程序运行
到第 2 行代码时会出错。由于第 2 行代码会出错，所以第 3 行代码不会执行。运行上述示
例代码后，可以在控制台查看错误信息，如图 11-5 所示。

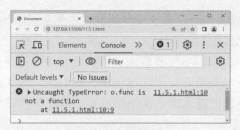

图11-5　错误信息

由图 11-5 可知，发生了一个未捕获的 TypeError 类型的错误，错误信息的含义是 o.func 不是一个函数。

当发生错误时，JavaScript 引擎会抛出一个错误对象，使用 try…catch 语句可以对错误对象进行捕获，捕获后可以查看错误信息。try…catch 语句的语法格式如下。

```
try {
  // 在 try 中编写可能出现错误的代码
} catch (e) {
  // 在 catch 中处理错误
}
```

在上述语法格式中，当 try 中的代码发生错误时，使用 catch 可以进行错误处理，e 表示错误对象。需要注意的是，在 try 中如果有多行代码，只要其中一行代码出现错误，后面的代码都不会执行。当发生错误后，就会进入 catch 中进行处理，处理完成后，catch 后面的代码会继续执行。

下面通过代码演示 try…catch 语句的使用。

```
1  <script>
2    var o = {};
3    try {
4      o.func();
5      console.log('test01');
6    } catch (e) {
7      console.log(e);
8    }
9    console.log('test02');
10 </script>
```

在上述示例代码中，第 4 行代码调用了对象 o 中不存在的方法 func()，因此代码会出错，第 5 行代码将不会执行，直接进入 catch 语句中进行错误处理；第 7 行代码用于在控制台输出错误对象 e。当 catch 中的代码执行后，继续执行第 9 行代码，并在控制台输出结果。

保存代码，在浏览器中测试，使用 try…catch 语句后的运行结果如图 11-6 所示。

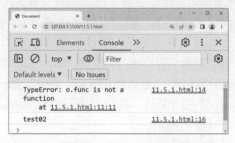

图11-6　使用try…catch语句后的运行结果

由图 11-6 可知，错误的信息已经变成普通的文本信息被输出，并输出"test02"，说明通过 try…catch 语句成功处理了错误。

在错误处理的过程中，我们不仅要掌握如何捕获和解决程序中的错误，而且要关注错误产生的根本原因。在学习和研究技术的过程中，我们也应该关注技术带来的影响和应该承担的社会责任，并能够掌握技术的正确使用方式，避免某些技术被滥用而造成损失。

11.5.2　错误类型

在 JavaScript 中共有 7 种错误类型，当发生错误时，JavaScript 会根据不同的错误类型抛出不同的错误对象，具体如表 11-2 所示。

表 11-2　错误类型

错误类型	说明
Error	表示普通错误，其他 6 种类型的错误对象都继承自该对象
EvalError	表示调用 eval()函数错误，已经弃用，为了向后兼容，低版本还可以使用
RangeError	表示超出有效范围，如"new Array(-1)"
ReferenceError	表示引用了一个不存在的变量，如"var a = 1; a + b;"（变量 b 未定义）
SyntaxError	表示解析过程语法错误，如"{;}""if()""var a = new;"
TypeError	表示变量或参数不是预期类型的，如调用了不存在的函数或方法
URIError	表示解析 URI 编码出错，在调用 encodeURI()、escape()等 URI 处理函数时出现

需要注意的是，在通过 try…catch 语句处理错误时，无法处理语法错误（SyntaxError），如果程序存在语法错误，则整个代码都无法执行。

下面通过代码演示存在语法错误的情况。

```
<script>
  try {
    var o = { ; };    // 语法错误
  } catch (e) {
    console.log(e.message);
  }
</script>
```

上述示例代码运行后，控制台会输出错误提示"Uncaught SyntaxError: Unexpected token ';'"，即分号";"造成了语法错误。

11.5.3　错误对象的抛出

当 JavaScript 程序出现错误时，程序会自动抛出错误对象，错误对象中保存了错误出现的位置、错误的类型、错误信息等数据。错误对象会传递给 catch 语句，通过 catch(e)的方式来接收，其中 e 是变量名，表示错误对象，变量名可以自定义。

除了由程序自动抛出错误对象，用户也可以使用 throw 关键字手动抛出错误对象。错误对象需要先通过 Error()构造函数创建，然后使用 throw 关键字抛出。Error()构造函数的参数表示错误信息。在通过 catch 捕获错误后，通过"错误对象.message"可以获取错误信息。

下面通过代码演示错误对象的抛出。

```
1  <script>
```

```
2    try {
3      var e1 = new Error('错误信息');
4      throw e1;
5    } catch (e) {
6      console.log(e.message);
7      console.log(e1 === e);
8    }
9  </script>
```

在上述示例代码中，第 3 行代码用于创建错误对象 e1；第 4 行代码用于抛出错误对象 e1；第 6 行代码用于在控制台输出错误信息；第 7 行代码用于比较 e1 和 e 是否为同一个错误对象，并在控制台输出结果。

上述示例代码运行后，控制台会输出"错误信息"和"true"，说明成功将错误对象抛出。

11.5.4　错误对象的传递

在 JavaScript 中，错误对象也可以作为参数传递给函数或方法。当 try 中的代码调用了其他函数时，如果在其他函数中出现了错误，并且没有使用 try…catch 语句处理，程序就会停下来，将错误对象传递到调用当前函数的上一层函数，如果上一层函数仍然没有处理，则继续向上传递。

下面通过代码演示错误对象的传递。

```
1  <script>
2    function divide(x, y) {
3      if (y === 0) {
4        throw new Error('除数不能为0');
5      }
6      return x / y;
7    }
8    function calculate() {
9      let result;
10     try {
11       result = divide(3, 0);
12     } catch (error) {
13       console.log(error.message);
14     }
15     console.log(result);
16   }
17   calculate();
18 </script>
```

在上述示例代码中，第 2～7 行代码定义了 divide()函数，该函数用于除法运算，如果除数为 0，则抛出一个错误对象，并提示除数不能为 0；第 8～16 行代码定义了 calculate()函数，其中第 10～14 行代码用于调用 divide()函数，并通过 try…catch 语句捕获可能抛出的错误；第 17 行代码用于执行 calculate()函数。

上述示例代码运行后，控制台会输出"除数不能为 0"和"undefined"，说明成功捕获了 divide()函数抛出的错误对象，错误对象被传递到 catch 中作为错误参数，并被用于输出错误信息。

本章小结

本章主要讲解了 JavaScript 面向对象的相关知识，首先讲解了面向过程与面向对象的区别、面向对象的特征，然后讲解了类与对象、类的定义和继承、调用父类的方法，最后讲解了原型、更改 this 指向和错误处理，在原型中主要讲解了原型对象、成员查找机制和原型链，在错误处理中主要讲解了错误处理的方式、错误类型、错误对象的抛出和错误对象的传递。通过本章的学习，读者应能够使用面向对象思想实现项目的开发。

课后习题

一、填空题

1. 面向对象的特征是封装、继承和＿＿＿＿＿。
2. 类的继承使用＿＿＿＿＿关键字。
3. 面向对象编程的优点是易维护、易复用和＿＿＿＿＿。
4. 使用构造函数的＿＿＿＿＿属性可以访问原型对象。
5. 抛出错误对象使用的关键字是＿＿＿＿＿。

二、判断题

1. 业务逻辑复杂的大型项目适合采用面向对象编程。（　　　）
2. 使用 class 关键字可以定义一个类。（　　　）
3. 子类可以继承父类的属性和方法。（　　　）
4. __proto__ 是一个标准的属性。（　　　）
5. 在原型对象中有一个 constructor 属性，该属性指回构造函数。（　　　）
6. 通过 try...catch 语句无法处理语法错误（SyntaxError）。（　　　）

三、单选题

1. 下列选项中，不能用于更改 this 指向的是（　　　）。
A. call()　　　　　　　B. apply()　　　　　　C. method()　　　　　　D. bind()
2. 下列选项中，关于类的描述错误的是（　　　）。
A. 在命名习惯上类名使用首字母大写的形式
B. 类是指创建对象的模板
C. 在类中定义方法时，不需要使用 function 关键字
D. 使用 super 关键字只能调用父类的构造方法
3. 下列选项中，描述错误的是（　　　）。
A. 通过原型对象的 __proto__ 属性可以访问原型对象的原型对象
B. 原型对象里有一个 constructor 属性，该属性指回构造函数
C. 每个对象都有一个 __proto__ 属性
D. 通过实例对象的 __proto__ 属性可以访问该对象的构造函数
4. 下列选项中，用于通过实例对象 student 访问构造函数的语句是（　　　）。
A. console.log(student.constructor)

    B.　console.log(student.__proto__)

    C.　console.log(student.prototype.__proto__)

    D.　console.log(student.prototype)

四、简答题

1. 请简述面向对象和面向过程的区别。

2. 请简述通过构造函数创建对象和通过类创建对象的区别。

五、编程题

1. 创建一个 Student()构造函数，通过该构造函数创建实例对象 student，在控制台中输出实例对象 student 的原型对象和构造函数的原型对象。

2. 使用 ECMAScript 6.0 中的类实现子类继承父类，其中父类中有 money 属性、cars 属性、house 属性、manage()方法。

第 12 章

正则表达式

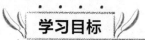

★ 了解正则表达式，能够描述正则表达式的概念和作用

★ 掌握正则表达式的使用，能够使用正则表达式匹配字符串

★ 掌握正则表达式中元字符的使用，能够根据实际需求选择合适的元字符

★ 掌握正则表达式常用方法，能够实现字符串的匹配、分割和替换

在实际开发中，经常需要对文本内容进行搜索、查找、匹配、分割和替换等操作，正则表达式提供了简单的语法，可以高效完成这些操作。例如，可以使用正则表达式验证用户在表单中输入的数据格式，如用户名、密码、手机号、身份证号等的格式。此外，在处理字符串、数组、对象等数据类型时，正则表达式也可以提供数据匹配、分割、替换等操作。本章将对正则表达式进行详细讲解。

12.1 认识正则表达式

正则表达式（Regular Expression）是一种描述字符串规律的表达式，用于匹配字符串中的特定内容。正则表达式的语法灵活、匹配能力强大，可以使用各种符号、特殊字符匹配复杂的字符串。

在实际开发中，正则表达式通常被用于匹配或替换符合某个规律的文本，例如，用户在某个网站中注册账号时，网站要求用户的账号由 11 位有效手机号组成，网站的开发人员在对用户的账号进行格式验证时，就会使用正则表达式。

在 JavaScript 中，正则表达式是一种对象。创建正则表达式的方式有两种，一种是使用字面量创建，另一种是使用 RegExp()构造函数创建。

使用字面量创建正则表达式的语法格式如下。

```
/pattern/flags
```

上述语法格式中，pattern 表示模式，由元字符和文本字符组成，用于描述字符串特征；flags 表示模式修饰符。

使用 RegExp() 构造函数创建正则表达式的语法格式如下。

```
new RegExp(pattern[, flags])
```

上述语法格式中，pattern 表示模式，flags 表示模式修饰符。

下面分别对元字符、文本字符和模式修饰符进行简单的介绍。

● 元字符：具有特殊含义的字符，例如，元字符"."表示匹配除换行符、回车符之外的任意单个字符，元字符"*"表示匹配前面的字符 0 次或多次。

● 文本字符：又称为原义字符，它没有特殊含义，用于表示原本的字符。例如，"a"表示字符 a，"1"表示字符 1。

● 模式修饰符：用于指定额外的匹配策略，如果不需要指定额外的匹配策略，则模式修饰符可以省略。例如，"i"表示忽略大小写；"g"表示全局匹配；"m"表示多行匹配；"s"表示允许点字符"."匹配换行符和回车符；"u"表示使用 Unicode 模式进行匹配；"y"表示执行黏性搜索，匹配从目标字符串的当前位置开始。

下面通过代码演示正则表达式的创建。

```
// 使用字面量创建正则表达式
var reg = /ab/i;
// 使用 RegExp() 构造函数创建正则表达式
var reg1 = new RegExp('ab', 'i');
```

上述示例代码分别使用字面量和 RegExp() 构造函数创建了正则表达式。

12.2　使用正则表达式

创建正则表达式后就可以使用正则表达式，下面通过一些例子讲解如何在实际开发中使用正则表达式。

1. 检测字符串是否包含敏感词

当需要检测一个字符串是否包含敏感词时，可以使用正则表达式中的 test() 方法。test() 方法用于检测字符串是否匹配某个正则表达式，匹配成功则返回 true，否则返回 false。test() 方法的语法格式如下。

```
正则表达式.test(需要匹配的字符串)
```

下面通过代码演示如何使用 test() 方法检测字符串是否包含敏感词。

```
1  var reg = /admin/;
2  console.log(reg.test('suadmin'));      // 输出结果为：true
3  console.log(reg.test('address'));      // 输出结果为：false
```

在上述示例代码中，首先使用字面量创建了正则表达式 /admin/，并赋值给变量 reg，表示需要匹配的敏感词为 admin，然后使用 test() 方法检测字符串 'suadmin' 和 'address' 是否包含敏感词。第 2 行代码的输出结果为 true，说明字符串 'suadmin' 包含敏感词，第 3 行代码的输出结果为 false，说明字符串 'address' 不包含敏感词。

2. 获取正则表达式匹配结果

使用 test() 方法虽然可以检测字符串是否匹配某个正则表达式，但是无法返回匹配结果。当需要获取正则表达式匹配结果时，可以使用 match() 方法。match() 方法用于在目标字符串中进行搜索匹配，匹配成功时，返回一个包含附加属性的数组，否则返回 null。match() 方法的语法格式如下。

```
string.match(regexp)
```

上述语法格式中，string 表示被搜索的字符串；参数 regexp 是一个正则表达式对象或一个字符串，如果 regexp 是一个字符串，则会被隐式转换为正则表达式对象。

下面通过代码演示如何使用 match()方法获取正则表达式匹配结果。

```
1  var reg = /a.min/;
2  console.log('1admin2admin'.match(reg));
   // 输出结果为：['admin', index: 1, input: '1admin2admin', groups: undefined]
3  console.log('address'.match(reg));          // 输出结果为：null
```

在上述示例代码中，首先使用字面量创建了正则表达式/a.min/，用于匹配 a 和 min 之间只有一个字符的字符串，然后使用 match()方法在字符串'1admin2admin'和'address'中进行搜索匹配。由第 2 行代码的输出结果可知，match()方法匹配到了 admin，并返回一个数组['admin', index: 1, input: '1admin2admin', groups: undefined]，关于该数组的具体解释如下。

- 数组元素'admin'表示匹配到的内容。
- 附加属性 index 表示匹配到的内容'admin'在原字符串中的起始索引。
- 附加属性 input 表示原字符串。
- 附加属性 groups 是 ECMAScript 2018 中新增的内容，表示捕获数组，由于没有定义命名捕获组，结果为 undefined。

由第 3 行代码的输出结果可知，在字符串'address'中没有匹配到内容，因此返回 null。

3. 获取正则表达式全局匹配结果

当需要匹配字符串中所有符合正则表达式的内容时，可以使用 match()方法结合模式修饰符"g"完成匹配。模式修饰符"g"表示全局匹配，即匹配到第 1 个符合正则表达式的内容后继续向后匹配。

下面通过代码演示如何使用 match()方法结合模式修饰符"g"获取正则表达式全局匹配结果。

```
1  var reg = /a.s/g;
2  var str = 'abs abc ads abd ass amas';
3  console.log(str.match(reg));          // 输出结果为：(3) ['abs', 'ads', 'ass']
```

在上述示例代码中，首先创建正则表达式，用于匹配所有 a 和 s 中间包含一个字符的字符串，然后定义字符串' abs abc ads abd ass amas '并赋值给变量 str，最后使用 match()方法匹配所有符合正则表达式的字符串，并将匹配结果输出到控制台。

12.3　正则表达式中的元字符

元字符是指具有特殊含义的字符，通过元字符可以描述字符串的特征，从而使正则表达式具有处理字符串的能力。

读者可以扫描二维码查看正则表达式中的元字符的详细讲解。

12.4　正则表达式常用方法

12.2 节已经介绍了如何使用正则表达式中 test()方法和 match()方法对字符串进行检测和匹配，此外，在正则表达式中还会使用 String 对象中的一些方法对字符串进行匹配、分割和替换，如 search()方法、split()方法和 replace()方法。本节将讲解正则表达式常用方法。

12.4.1　search()方法

search()方法可以获取子字符串在给定的字符串中首次出现的索引，匹配成功则返回其首次出现的索引，匹配失败则返回-1。

search()方法的语法格式如下。

```
string.search(regexp)
```

上述语法格式中，string 表示被搜索的字符串；参数 regexp 是一个正则表达式对象或一个字符串，如果 regexp 是一个字符串，则会使用 RegExp()构造函数将字符串隐式转换为正则表达式对象。

下面通过代码演示使用 search()方法查找字符 a 和字符 c 中间只有一个字符的子字符串在目标字符串'abcadc'中首次出现的索引。

```
var str = 'abcadc';
console.log(str.search('a.c'));          // 输出结果为：0
console.log(str.search(/a.c/));          // 输出结果为：0
```

在上述示例代码中，第 2 行代码 search()方法的参数被隐式转换成正则表达式对象，相当于获取"/a.c/"的匹配结果在字符串 str 中首次出现的索引。

12.4.2　split()方法

在实际开发中，若要将字符串"test@qq.com"以"@"和"."为分隔符分割成 3 部分，需要对字符串进行截取，并且需要知道每一部分的起始位置和长度，这样需要写 3 次字符串截取的代码，如果字符串中包含多个分隔符，还需要编写更多次字符串截取的代码，非常麻烦，这时可以使用 split()方法，配合正则表达式快速实现字符串分割。

split()方法用于根据指定的分隔符将一个字符串分割成字符串数组，其分割后的字符串数组中不包括分隔符本身。当分隔符不止一个时，需要定义正则表达式对象来完成字符串的分割操作。在实现分割操作时还可以指定分割的次数。

split()方法的语法格式如下。

```
string.split(separator, limit)
```

上述语法格式中，string 表示被分割的字符串；参数 separator 是一个字符串或正则表达式对象，用于指定分割的位置，如果省略该参数，则返回包含整个字符串的数组；参数 limit 是一个整数，用于指定返回的数组的最大长度。

下面讲解 split()方法的具体使用。

1. 使用正则表达式匹配的方式分割字符串

下面通过代码演示如何使用"@"和"."两种分隔符对字符串进行分割。

```
var str = 'test@qq.com';
var reg = /[@\.]/;
var arr = str.split(reg);
console.log(arr);                  // 输出结果为：(3) ['test', 'qq', 'com']
```

在上述示例代码中，使用 split()方法将字符串'test@qq.com'分割成'test'、'qq'和'com'这 3 个字符串。

2. 指定分割次数

在使用正则表达式匹配的方式分割字符串时，还可以指定字符串分割的次数。当指定

字符串分割次数后，若指定的次数小于实际字符串中符合规则分割的次数，则最后的返回
结果中会忽略其他的分割结果，示例代码如下。

```
var str = 'We are a family';
var reg = /\s/;
var split_res = str.split(reg, 2);
console.log(split_res);          // 输出结果为: (2) ['We', 'are']
```

在上述示例代码中，使用 split()方法将字符串'We are a family'分割成'We'和'are'两个字
符串。

在使用 split()方法分割字符串时，需要读者能够深入思考和分析字符串的结构，了解不
同字符之间的分隔符，并通过反复实践来掌握 split()方法的使用，以便更准确地分割复杂的
字符串。在日常生活中，无论是学习知识还是某项技能，我们都需要通过反复实践才能够
不断地积累经验并加深对知识或技能的理解和掌握程度，从而更加自如地应对现实生活中
的问题和挑战。

12.4.3 replace()方法

在实际开发中，如果需要对一篇文章中多次出现的错别字进行修改，采用一边查找一
边修改的方式不仅非常麻烦而且容易遗漏，这时使用 replace()方法结合正则表达式可以很
方便地进行字符串查找并替换。

replace()方法用于替换字符串，该方法的语法格式如下。

```
string.replace(searchValue, replaceValue)
```

上述语法格式中，string 表示被替换的字符串；参数 searchValue 是一个字符串或正则
表达式对象，用于指定要被替换的字符串，如果该参数是一个字符串，则只会替换第一个
匹配的字符串，如果该参数是一个正则表达式，则可能会替换多个匹配的字符串，当正则
表达式包含子模式时，使用"$数字"可以引用子模式的捕获结果；参数 replaceValue 是一
个字符串，用于替换参数 searchValue 的匹配结果。

下面通过代码演示如何使用 replace()方法将字符串'Hello Word'中的'Word'替换为'World'。

```
var str = 'Hello Word';
var reg = /(\w+)\s(\w+)/gi;
var newStr = str.replace(reg, '$1 World');
console.log(newStr);                              // 输出结果为: Hello World
```

在上述示例代码中，replace()方法中的第一个参数为正则表达式，用于与 str 字符串进
行匹配，将符合规则的内容利用第 2 个参数设置的内容进行替换。其中，$1 表示正则表达
式中第 1 个子模式被捕获的内容'Hello'。

12.4.4 【案例】查找并替换敏感词

在网页开发中，为了避免用户填写或上传的内容中含有敏感词、保护用户提交的个人
信息，可以使用 JavaScript 的正则表达式完成查找内容并替换敏感词的相关操作。下面通过
一个案例演示如何查找并替换敏感词。首先查找文本域中的"bad"，然后将查找到的内容
替换为"*"，具体代码如例 12-1 所示。

例 12-1 Example1.html

```
1  <!DOCTYPE html>
2  <html>
```

```
3   <head>
4     <meta charset="UTF-8">
5     <title></title>
6     <style>
7       div {
8         float: left;
9         margin-left: 5px;
10      }
11    </style>
12  </head>
13  <body>
14    <div>过滤前内容:<br>
15      <textarea id="pre" rows="10" cols="40"></textarea>
16      <input id="btn" type="button" value="过滤">
17    </div>
18    <div>过滤后内容:<br>
19      <textarea id="res" rows="10" cols="40"></textarea>
20    </div>
21    <script>
22      document.getElementById('btn').onclick = function () {
23        var reg = /(bad)/gi;
24        var str = document.getElementById('pre').value;
25        var newstr = str.replace(reg, '*');
26        document.getElementById('res').innerHTML = newstr;
27      };
28    </script>
29  </body>
30 </html>
```

例 12-1 中，第 14～20 行代码用于定义两个文本域，一个用于用户输入，另一个用于显示按照要求替换后的过滤内容；第 22～27 行代码用于实现内容的查找和替换，其中，第 22 行代码用于给页面中的按钮添加单击事件，第 23 行代码用于定义查找内容的正则对象，第 24 行代码用于获取需要进行替换的内容；第 25 行代码使用 replace() 方法将符合 reg 的内容替换成 "*"，第 26 行代码用于将替换后的内容显示到指定区域。

保存代码，在浏览器中进行测试，例 12-1 的运行结果如图 12-1 所示。

图12-1　例12-1的运行结果（1）

图 12-1 所示页面中，在"过滤前内容："下方的文本域中输入一段内容并单击"过滤"按钮后，例 12-1 的运行结果如图 12-2 所示。

由图 12-2 可知，在"过滤前内容："文本域中的"bad"均被替换为"*"，说明实现了敏感词的查找和替换。

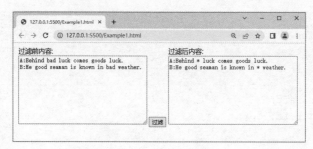

图12-2　例12-1的运行结果（2）

本章小结

本章主要讲解了正则表达式的内容，首先讲解了正则表达式的概念、作用和创建方式，然后讲解了正则表达式的使用，最后讲解了正则表达式中的元字符和正则表达式常用方法。通过本章的学习，读者应能够掌握正则表达式的基本用法，并能够使用正则表达式对字符串进行匹配、分割和替换操作。

课后习题

一、填空题

1. 正则表达式用于匹配_____中的特定内容。
2. 使用_____方法可以获取子字符串在给定的字符串中首次出现的索引。
3. 在正则表达式中，模式由元字符和_____组成。
4. replace()方法用于_____。

二、判断题

1. 在 JavaScript 中，正则表达式是一种对象。（　　　）
2. 使用 test()方法检测字符串是否匹配某个正则表达式时会返回匹配结果。（　　　）
3. 中括号"[]"和连字符"–"连用时表示匹配某个范围内的字符。（　　　）
4. [^cat]表示匹配除 c、a、t 以外的字符。（　　　）
5. 正则表达式/world$/可以匹配以"world"开头的字符串。（　　　）

三、单选题

1. 下列选项中，用于匹配所有 0～9 以外的字符的是（　　　）。
A. \D　　　　　　　　　B. \d　　　　　　　　　C. \s　　　　　　　　　D. \S
2. 下列选项中，正则表达式 "/[m][e]/gi" 匹配字符串'programmer'的结果是（　　　）。
A. m　　　　　　　　　B. me　　　　　　　　　C. programmer　　　　D. e
3. 下列选项中，用于完成正则表达式中特殊字符转义的是（　　　）。
A. /　　　　　　　　　B. \　　　　　　　　　C. ^　　　　　　　　　D. $

四、简答题

1. 请简述 split()方法的作用。
2. 请简述创建正则表达式的两种方式。